U0139677

科技想要什么

（修订版）

WHAT TECHNOLOGY WANTS

[美]凯文·凯利（Kevin Kelly） 著

严丽娟 译

電子工業出版社
Publishing House of Electronics Industry
北京·BEIJING

Copyright © Kevin Kelly, 2010. All rights reserved.

本书中文简体版授权予电子工业出版社独家出版发行。未经书面许可，不得以任何方式抄袭、复制或节录本书中的任何内容。

版权贸易合同登记号 图字：01-2015-4563

图书在版编目（CIP）数据

科技想要什么 /（美）凯文 · 凯利（Kevin Kelly）著；严丽娟译. —修订本. —北京：电子工业出版社，2023.9

书名原文：What Technology Wants

ISBN 978-7-121-45826-2

Ⅰ. ①科… Ⅱ. ①凯… ②严… Ⅲ. ①科技发展－研究 Ⅳ. ① G305

中国国家版本馆 CIP 数据核字（2023）第 123935 号

责任编辑：胡　南
印　　刷：三河市鑫金马印装有限公司
装　　订：三河市鑫金马印装有限公司
出版发行：电子工业出版社
　　　　　北京市海淀区万寿路 173 信箱　　邮编：100036
开　　本：720×1000　1/16　印张：25.5　字数：361 千字
版　　次：2016 年 1 月第 1 版
　　　　　2023 年 9 月第 2 版
印　　次：2023 年 9 月第 1 次印刷
定　　价：89.00 元

凡所购买电子工业出版社图书有缺损问题，请向购买书店调换。若书店售缺，请与本社发行部联系，联系及邮购电话：（010）88254888，88258888。

质量投诉请发邮件至 zlts@phei.com.cn，盗版侵权举报请发邮件至 dbqq@phei.com.cn。

本书咨询联系方式：010-88254210，influence@phei.com.cn，微信号：yingxianglibook。

目录 CONTENTS

第三部 选 择

第四部 方 向

开篇

PREFACE

第一章

WHAT TECHNOLOGY WANTS

大哉问

我这一生多半身无长物。从大学辍学后，我在亚洲偏僻荒凉的地方游荡了快10年，穿着便宜的球鞋和磨破的牛仔裤，时间多多，口袋空空。那些我最熟悉的城市浸润在浓厚的老式风华中，我走过的地区仍由古老的农业传统支配。手一伸出去，触到的物品材质多半出自木头、纤维或石头等材料。我用手拿着食物吃，徒步在山野丘壑上，随便睡在什么地方。我的行李很少，总共不过一个睡袋、一些换洗衣服、一把小刀和几台相机。少了科技的干扰，我的生活与大地更加亲近，体验也更加直接。我常常感到气温下降，也更加频繁地察觉到气温上升，三天两头儿地全身湿透，更容易被蚊虫咬伤，也更快习惯一天和四季的变换节奏。时间似乎多到用不完。

在亚洲待了8年后回到美国，我把自己那一点点财产卖掉，买了台便宜的自行车，在美洲大陆上从西到东迂回曲折地骑了8000多公里。行过宾夕法尼亚州东部阿米什人整洁农地的那一段旅程，在我心中留下了最深刻的印象。在美洲这片大陆上，阿米什人尽力不依赖科技，这是我能找到的最接近我那些亚洲体验的。我很佩服阿米什人，他们慎重选择自己拥有的物品和朴素的住所，却能感到无比的满足。我觉得我自己的生活跟他们有异曲同工之妙，我也不愿被花哨的科技所扰，并且也立下目标，在生活中尽量少地接触科技。当我到达美国东岸时，除了自行车，再也没有其他财产了。

成长于20世纪50~60年代的新泽西州郊区，我的生活被科技所环绕。但直到我10岁，家里才有了第一台电视机，当它被送来时，我一点儿兴趣都没有。我目睹了电视机对我的朋友们发挥了怎样的魔力。电视机科技有种显著的能力，一到特定的时刻，人们就会受它的召唤，然后被定在那里好几个小时。里面充满创意的广告，告诉观众要购买更多科技产品，观众也照着做了。我注意到另一些强势的科技产品——比如汽车，它们支配人类的能力更强，似乎能让人心甘情愿地为受服侍，并且刺激买车的人去购买和使用更多的科技产品（快餐、高速公路、汽车电影院等）。于是我决定，尽可能地在生活中避开科技。作为一名少年，我当时并不太能够听见自己的声音，而朋友们真正的声音，则被科技产品自顾自的嘈杂对话所淹没。我越少陷入科技的迂回逻辑，我自己的轨道就愈加笔直。

27岁那年，我结束了横跨美国的自行车之旅。我隐居到纽约州北部一处地价十分便宜的偏僻之所，那里木材产量大，且不受建筑规范的约束。我和一个朋友合力砍伐橡树，打磨成木料，再用这些自制的梁木盖起一栋房子。我们将杉木板一片一片地钉在屋顶上。我还清晰地记得，我们搬了几百块大石头堆成石墙，后来溪水多次泛滥，石墙被冲垮了好几次，而我用双手搬动那些石头的次数则多得数不清。我们还搬来更多的石头，在客厅里搭成巨大的壁炉。虽然费了不少力气，但大石头和橡木梁让我感受到了阿米什人那种心满意足。

不过，我并不是阿米什人。我认为要砍倒大树，最好还是用链锯。任何一位能够搞到链锯的森林部落居民，都会同意这一点。一旦你能在环绕四周的科技噪音中听到自己的声音，并且更加确定自己想要什么，就会明显发现，有一些科技就是比其他的好。要说在亚洲的游历给了我什么启示，我会说，它让我明白了阿司匹林、棉质衣物、金属锅具和电话都是非常了不起的发明。它们非常不错。不论在哪里，若能有机会用到这些东西，除了极少数人，大家都不会放手。不管是谁，如果曾把设计完美的工具拿在手中，就应该明了那种甚至能使灵魂得到升华的感觉。飞机延伸了我的视野，书本开启了我的心灵，抗生素救了我的命，摄影引发了我的沉思。斧头砍不穿的树瘤，链锯却能利落地锯开，就连使用链锯这件事，都让我内心对木头的美好与力量产生了深深的敬畏，世界上再没有其他事物可以给我带来同样的感觉。

我醉心于挑选为数不多的可以让我的精神得到升华的工具。1980年，我作为自由撰稿人被《全球概览》约聘，这本杂志让读者从对个人有利的形形色色的产品中挑选和推荐恰当的工具。在20世纪70~80年代，网络和计算机还未普及，《全球概览》基本上就等同于现在提供内容的网站，只不过是用便宜的白报纸印刷而已。读者就是作者。精心选择的简单工具能在他人的生活中激起偌大变化，这让我心潮澎湃。

28岁那年，我开始通过邮购的方式销售《预算旅行指南》(*Budget Travel Guides*)，上面印着价格低廉的信息，告诉读者该如何进入全球大多数人居住但科技不发达的地区。那时我只有两样比较值钱的东西：一辆自行车和一个睡袋。所以我跟朋友借了台计算机(早期的苹果二代)，让我羽翼渐丰的外快事业得以自动化；又弄来便宜的电话调制解调器，把文字传输至打印机。同在《全球概览》工作的编辑对计算机很有兴趣，暗中给我了一个来宾(Guest)账号，让我能够远程登入新泽西理工学院某位教授管理的正处在试验阶段的电话会议系统。不久，我便发现自己沉浸在一个更大更广的世界里：新生的网络社区。对我来说，这块新大陆比亚洲更加陌生，我开始写相关报道，把它当成异国的旅游目的地。让我惊讶的是，这种高科技的计算机网络并未让我们这些早期使用者的心灵变得麻木，反而让它更加充实起来。这个由人类和电线组成的生态系统仿佛具有生命，但当初谁也没预料到这一点。从无到有，我们合力打造出了一个虚拟的共和国。几年后，当互联网终于出现，它对于我来讲简直就跟阿米什人一样。

随着计算机进入我们生活的中心，关于科技，我发现了一些以前我没有注意到的事情：除了满足（和创造）人类的欲望，并且有时候也能节省劳动力，科技还有其他贡献——带来新的机会。我亲眼看到，很多人在网络上分享想法和选择，认识原本没有机会遇见的人。网络让人们的热情得以宣泄，聚合更强的创造力，并且让我们更加慷慨。在“权威们”宣布“写作已死”的重要文化时刻，数百万人开始在网络上写作，数量远超从前在纸上写下的东西。正当“权威们”大放厥词，说人们将离群索居时，却有数百万人聚集成团体，在网络上以众多出人意料的方式同心合作、分享和创造。对我而言，这是全新的体验。冰冷的硅芯片、长长的金属线和复杂的电子设备正在孕育我们人类最优秀的成果。当我注意到连上网络的计算机可以激发创意，衍生出无限可能时，我发现汽车、链锯、电视机甚至生化技术等科技产品也有类似的功能，只不过方式略有不同。于是对我而言，科技有了非常不一样的面貌。

我在早期的远程会议系统中非常活跃，1984年，基于我在虚拟网络世界中的表现，《全球概览》杂志以网上办公的形式雇用我，来帮助编辑全球第一本评论个人计算机软件的消费者刊物（我想，也许我是第一个通过网络被聘用的人）。几年后，互联网日渐兴起，我参与建立了首个大众网络接口：叫作Well的门户网站。1992年，我帮助创办了《连线》杂志——数字文化的代言人，并在刚开始的7年里负责策划杂志的内容。从那时开始，我就走在使用科技产品的尖端。我的朋友们发明了许许多多新奇的东西，包括超级计算机、基因药物、搜索引擎、纳米技术、光纤通信，等等。目及之处，都能看见科技的转化力量。

不过我没有掌上电脑，也没有智能手机或者任何带蓝牙的玩意儿。我不玩推特。我的三个孩子在成长过程中从不看电视，到我写作车书之时，我家里仍没有收音机和有线电视。我没有笔记本电脑，也不会在出门时还带着计算机，在我的圈子里，我往往是最后一个添置最新的必需设备的人。现在，我骑自行车的时间比开车还多。朋友们被不断震动的手持设备制约着，我却仍把五花八门的科技产品拒于门外，免得一不小心就忘了自己是谁。同时，我还管理着一个叫作“酷工具”（Cool Tools）的蛮受欢迎的日报网站，它延续了我很久以前在《全球概览》为提高个体产能而评估精选技术的工作。厂商寄到工作室的自制工具源源不绝，希望能得到我的“背书”，其中很多都被留了下来。我的身边堆满了东西。虽然对科技存有戒心，但我仍刻意在自己能够应付的范围内，尽可能多地选择科技产品。

我与科技的关系充满矛盾。我相信，你们也面对着同样的矛盾。一边是更多的科技产品带来的便利，另一边则是个人并非必需如此之多的科技产品，现今人类的生活就在这二者之间不断纠结着：要给孩子买这个小玩意儿吗？真的有时间去学怎么用这个省力的设备吗？还有更深层的问题：这个接管我生活的科技产品到底是什么？这股遍布全球、令人又爱又憎的力量究竟是什么？我们应该如何应对？我们抗拒得了吗？抑或每一项新科技都无可避免？新产品如雪片般飞来，每一项都值得我支持或怀疑吗？我的选择真的重要吗？

我需要一些答案来引导我走出关于科技的两难困境。我碰到的第一个问题也是最基本的，即我发觉自己甚至不知道科技究竟是什么。科技的本质是什么呢？如果我不了解它的基本性质，那么每当新的科技产品出现时，就没有标准来决定要热烈拥抱它还是冷漠忽略它。

无法确定科技的本质，跟科技的关系又充满矛盾，因此我花了7年的时间来追寻答案，然后把这个过程写入本书。为了这个研究，我先回到时间的起点，再跃向遥远的未来。我深入钻研科技史，也倾听硅谷（我生活的地方）的未来学家们发挥想象力编织出的未来。我访问了极度挑剔科技的批评家，也访问了最热诚拥戴科技的人士。我回到宾夕法尼亚州的乡间，花更多时间跟阿米什人在一起。我到老挝、不丹的山村游历，倾听缺乏物质商品的穷人怎么说，也去拜访了富有企业家所建造的实验室，他们想发明出几年内会被众人视为必需品的东西。

越是深究科技充满矛盾的趋势，我的疑惑就越深。科技带给我们的混乱通常始于某个特定主题：应该让克隆人合法化吗？长期通过手机短信交流会让小孩变笨吗？是否希望汽车能够自动泊车呢？在追寻答案的过程中，我发现如果要为这些问题找到令人满意的答案，就必须先把科技当成一个整体。只有聆听科技的故事，预测科技的偏好和趋势，追踪科技当前的走向，我们才能解决这些令人疑惑的难题。

尽管威力无穷，科技也曾经毫不起眼、无足轻重、籍籍无名。举个例子：自1790年乔治 · 华盛顿发表第一次国情咨文以来，每一任美国总统都会向国会发表年度咨文，来报告该年度美国境内的现状和前景，以及世界各地最不容小觑的力量。1939年以前，“科技”这个术语从未被提及。1952年以前，这个词从未在国情咨文中出现超过两次。毫无疑问，我的祖父母和父母辈就已经脱离不了科技了！然而，科技这个人类集体的发明，却是在成熟很久之后才有了自己的名字的。

“Technelogos”这个词从字面上来讲源于希腊语。古希腊语中的techne有艺术、技能、工艺的意思，也可以指熟练的手艺，最接近的翻译或许是“心灵手巧”。以前的人用techne来表示有能力克服碰到的难题，因此荷马等诗人非常看重这种品质。奥德赛王就是掌握techne的大师。而柏拉图与其所处时代的大多数学者一样，则认为techne指手工艺，是最基本的技术，不够纯净，等级也不够崇高。柏拉图蔑视实用的技能，他精心地将所有知识分门别类，却完全不提工艺。事实上，在古希腊文献中，甚至没有一篇文章提到technelogos，只有一个例外。就我们所知，在亚里士多德的专著《修辞学》（*Rhetoric*）中，techne首次跟logos连在一起（logos意为词汇、言论或文化），得出新词technelogos。在这篇著作中，亚里士多德4次提道technelogos，但意思都不太清楚。他说的是“关于词汇的技巧”还是“关于艺术的言论”？抑或是关于手工艺的知识？这个词短暂出现，又留下谜团，然后便基本消失了。

但是，科技本身当然不会消失。希腊人发明了铁的热焊接、风箱、车床和钥匙。罗马人师承了希腊的传统，又发明了建筑拱顶、引水渠、吹制玻璃、水泥、下水道和水车磨坊。但在那个时代以及接下来的许多世纪里，人们对所有这些发明物都视而不见——从未将其当成独立的主题来讨论，显然是连想都没想过。在古代世界中，科技无所不在，却进不到人们的心里。

在接下来的几百年里，学者们依然把制作物品称为“手工艺”（craft），把发明创造称为“艺术”（art）。随着各种工具、机器和新玩意儿的普及，用它们来完成工作就被称为“实用艺术”（useful arts）。采矿、编织、金属加工、缝纫，每一项实用艺术都有其秘密的知识，通过师徒制度传承。不过它们仍然是艺术，是其制作者的独特延伸，也保存了希腊语中手工艺和心灵手巧的意思。

之后的二三千年里，人们认为艺术和技术属于独特的个人范畴。上述艺术的产物，不论是铁制栅栏还是草药配方，都被认为是个人发挥自己心灵手巧特质的独特表达形式，都是个人天才的杰作。历史学家卡尔 · 米查姆（Carl Mitcham）对此的解释是："对于采用古典主义思维的人来讲，是想不到大规模生产的，这不仅是由于技术原因。"

到欧洲进入中世纪时，手工艺最引人注目的表现在于使用能源的新方法。社会大众开始使用高效能的马轭，农田面积因此大幅增加；同时，水车磨坊和风车磨坊的效能也得以提高，从而增加了木器和面粉的产量，而排水系统也跟着改善。人们不需要奴隶，就能享受富足。如科技史学家林恩 · 怀特（Lynn White）所写的："中世纪晚期最辉煌的成就并非大教堂、史诗或经院哲学，而是在历史上第一次建立起一套复杂的文明体系，其并不仰赖辛劳的奴隶或苦力，而主要依靠非人力的力量。"

18世纪，工业革命和其他几场革命一起颠覆了人类社会。机械化的创造物侵入人们的农田和住所，但这种入侵依旧默默无名。终于，在1802年，德国哥廷根大学经济系教授约翰 · 贝克曼（Johann Beckmann）为这股不断上升的力量取了名字。贝克曼认为，实用艺术的快速发展和日益重要，要求我们必须以"系统化的次序"将其传授给学生。他谈到建筑技术、化学工艺、金属工艺、砖石工程和制造工艺，并且首开先例地向大家宣布，这些知识领域互有关联。他把这些技艺统一到一门综合课程中，并且写就一本名为《技术指南》（*Guide to Technology*）的教材，让之前那个早被遗忘的希腊单词重新复活了。他希望他的教材大纲能够成为该领域的第一门课。他的愿望实现了，并且不仅如此，我们的所作所为也因此有了名字。有了名字，我们就可以看到它。而看到它之后，我们便开始琢磨，之前为什么没有人关注到它。

贝克曼拯救了这未被关注的东西，但他的成就不只如此。他也是首批认识到人类的创造物并不仅是随机发明与优秀想法之集合的人物之一。长久以来，我们一直感觉不到科技的整体，是因为少数个体天才的面具蒙蔽了我们的视线。一旦贝克曼拉下这个面具，人们的艺术和手工艺品就被视为相互依赖的组成部分，共同编织进一个与个人无关的连贯整体中。

每一项发明都是承前启后的。没有传送电力的铜线，机器的电能就无法传送，机器间的信号也无法传输。不能采集铜或铀的矿脉、在河流上构筑水坝或采集贵金属来制作太阳能面板，就无法产生电力。运载工具来来往往，工厂才充满"新陈代谢"的生气。光有铁锤，没有锯子，就做不出把手；光有把手，没有铁锤，就无法打磨锯刃。所有系统、子系统、机器、管道、公路、线缆、传送带、汽车、服务器和路由器、程序代码、计算器、传感器、文档、交换机、集成存储器和发电机，组成了遍及全球、来回盘绕、相互连接的网络，这整个伟大的新发明中的零件关系密切、彼此依赖，形成了独特的系统。

当科学家开始研究这个系统如何运作时，便注意到很不寻常的事情：综合性科技系统运行起来，往往像最原始的有机体。网络，尤其是互联网络，会展现出近乎生物学的行为。早年的上网经验让我了解到，发送出一封电子邮件时，网络软件会根据邮件大小把它分成一个或多个片段，然后选定几段路径构成一条通路，再把这些信息送到最终的目的地。这条路径并不是预先确定的，是在传送时根据网络"交通状况"而"临时选定"的。事实上，电子邮件的不同片段可能会经历完全不一样的路径，到最后再组合成原状。如果某个片段在传输途中丢失或损坏，就会申请重新传输，直到得到正确的片段。我觉得这非常不可思议——网络传输信息的方式与蚁巢中蚂蚁传输信息的方式简直一模一样。

1994年，我出版了《失控》[1]（*Out of Control*）一书，详细探索科技系统模仿自然系统的各种方式。我举了计算机程序与合成化学的例子，前者可以自我复制，后者则可以自我催化。就机器人也可以像细胞一样自我组装，而很多像电网这样更大、更复杂的系统，也一向被设计得能够自我修复，跟我们人类的身体没有太大差别。计算机科学家利用进化原理“繁育”出以人类的能力很难写出的计算机软件；研究人员不需要一行一行地设计出数千行程序代码，而是任由一个进化系统挑选出最好的一些代码，并让其不断“突变”，然后去芜存菁，直到进化出来的代码能够完美地运行。

同时，生物学家也发现，从计算等机械式过程中抽象出来的本质，也可以存在于生命系统。举例来说，研究人员发现DNA（这里指的是从人体肠道内随处可见的大肠杆菌中找到的实际存在的DNA）能够像计算机一样，用来计算和解答非常难的数学问题。如果DNA可以被制作为运行着的计算机，那么运行着的计算机也能被制造得可以像DNA一样进化。因此，人造和天生之间或许必然存在着某种对等关系。科技和生命之间，一定共同分享着某种基本要素。

在我苦苦思索这些问题答案的岁月中，科技发生了一些奇怪的现象，其中最值得称道的就是令人难以置信的非实体化。好用的东西越来越小，虽然用的原料更少，但功能却更多。一些最好的科技产品——例如软件，甚至根本就没有实体。这种发展并不新鲜，历史上任何伟大发明的清单中，都有很多极其细微的东西：历法、字母、罗盘、青霉素、复式记账

1　2010年，东西文库引进并主持翻译《失控》中文版，从而将凯文·凯利的卓越思想带入中国，并引发互联网圈持续至今的“KK热”。《失控》的最新修订版已由电子工业出版社于2023年7月出版。——编辑注

法、美国宪法、避孕药、动物驯化、数字零、胚种学说、激光、电、硅芯片，等等。要是不小心把这些发明掉在脚趾头上，其中大部分甚至都不会让你感到疼痛。但是现在，"非实体化"的进程越来越快了。

科学家得出一个惊人的认识，即不论用什么方法来定义生命，生命的本质都不在DNA、组织或肉体等实质形式中，而是在这些实质形式所包含的能量与信息之无形组织中。揭开科技那由原子组成的外衣，我们便得以看见科技的核心，并发现科技自身就是思想和信息。生命与科技这两者似乎都基于无形的信息流动。

就在这个时刻，我意识到，我必须弄清楚贯穿科技的究竟是何种力量。它真的仅仅是幽灵般的信息？抑或科技也需要物理实体？它是自然的力量还是人为的力量？有一点很清楚（至少对我来讲），即科技是自然生命的延伸，但这两者的差别到底在哪些方面？（计算机和DNA在本质上有共同点，但苹果笔记本电脑与向日葵可不一样。）还可以肯定的一点是，科技源自人类的心智，但我们心智的产物（即使是人工智能这种具有智能性的产品）与心智本身究竟有什么差异？科技到底是人性的抑或非人性的？

我们倾向于认为科技就是闪亮的工具和器物。即使我们承认科技能以非实体的形式存在，例如软件，也会倾向于不把绘画、文学、音乐、舞蹈、诗歌以及一般的艺术归在科技这一类里。但实际上，我们应该这样做。如果UNIX操作系统（用来指挥和管理计算机的代码）中的1000行指令能算是一种科技，那么用英文写1000行字母（比如《哈姆雷特》）一定也具有相同的资格。两者都能改变我们的行为，影响事件的进程，带来新的发明。因此，莎士比亚的十四行诗、巴赫的赋格曲就应该与谷歌搜索引擎和iPod算是同一类——都是由人类心智产生的有用之物。我们并没有办法将《指环王》拍摄过程中多种重叠在一起的技术区分开，原著小说的文学描写是一种发明，用数字方法展现奇幻生物也是一种发明。两种表现方式都是人类想象力产生的有用之物，都能够深深地影响读者和观众。它们都属于科技。

为什么，我们不把这些发明和创造积累出的巨大成果称为文化？事实上，确实有人这么做。当这样使用时，“文化”一词便涵盖了人类到目前为止发明的所有科技，再加上这些发明的产物以及人类通过集体心智产生的所有东西。如果文化不仅表示当地的种族文化，也是全人类的文化累积，那么这个词就可以非常贴切地表达我一直以来在谈论的广阔的科技领域。

但“文化”一词有一个关键缺陷，就是格局太小了。当1802年贝克曼为科技命名时，也认识到我们发明的东西正用一种自我迭代（self-generation）的方法孕育出其他发明。科技性的艺术带来新工具，新工具产生新艺术，新艺术又产生新工具，无止境地循环下去。人工制品的操作愈发复杂，其各自起源的联系也愈发紧密，从而形成了一个全新的整体：科技。

一股本质上为自驱动的势力推动了科技，而“文化”一词则无法传达这个意思。但老实说，“科技”一词也不太对，它的格局同样太小。因为科技也可以表示特定的方法和工具，例如生物技术、数字技术或者石器时代的技术。

我不喜欢创造没有人使用的新名词，但在目前的情况下，所有已知的可选方案都无法表达必须涵盖的范畴。因此，虽然有些不情愿，但我还是创造了一个词来指代震荡在我们周围的这种更宏大、遍及全球并且联接极紧密的科技系统，我称这个系统为“科技体”（technium）[1]。科技体的概

1 东西文库翻译出版的凯文·凯利的另一本书《技术元素》和中信出版社2010年出版的《科技想要什么》中，将technium一词翻译为“技术元素”，但实际上，凯文·凯利创造这个词时，更强调的是技术整体以及与其他生物平行的“界”的概念，所以本书采用中国台湾地区译本中“科技体”的译法。——译者注

念超越了亮闪闪的硬件，涵盖文化、艺术、社会制度和各种智能产物，也包括软件、法律和哲学思想等无形之物。最重要的是，它包含了人类发明中颇具创造性的推动者，来激励我们制造出更多工具、发明出更多科技产品以及建立起更能自我强化的连接。在接下来的内容中，我会在其他人使用“科技”一词的复数意义时使用“科技体”来指代一个整体系统（例如“科技加速了……的发展”），而用“科技”一词来表示特定的科技产品，例如雷达或塑料聚合物。举个例子，我会说：“科技体加快了科技产品发明的速度。”换句话说，“科技”可以申请为专利，科技体则涵盖了专利系统本身。

科技体这个单词与德语中的“技术”（technik）是同源的，两者皆将所有的机器、方法和工程流程全盘纳入。科技体也与法语中的“技巧”（technique）有联系，法国哲学家用这个词来表示工具的社会性和文化性。但这两个词都无法完全表达我心中科技体必须具备的特质：一种自我强化（self-reinforcing）的创造系统。在进化的某些点上，我们这个由工具、机器与思想组成的系统在反馈环路和复杂的互动中变得愈发稠密，以至于酝酿出了些许独立性——它开始在某种程度上行使自主性（autonomy）。

乍看之下，这种科技独立性的观念很难理解。我们接受的教育告诉我们：第一，把科技当作一堆硬件；第二，科技是迟钝的物品，要完全依靠人类。从这样的观点来看，科技只是人类的造物。没有人类，科技就不复存在。它只能按我们的要求行事。当我开始探索时，我也正是怀着这种想法的。但是，对科技发明的整体系统研究得越深入，我就愈发认识到它的强大能量和自生力（self-generating）。

科技的许多拥护者和反对者都强烈地不同意科技体拥有自主性这一观点。他们坚守的信条是，科技只能做人类允许它做的事。根据这个观点，科技自主的概念只是我们一厢情愿的想法。但我现在支持的看法正好与之相反：经过一万年缓慢的进化，再经过200年错综复杂到不可思议的剥离，科技体就会成熟为一个物种。它借助自我强化过程和零件组成的支持网络，赋予了科技体显著的自主性。或许在以前，科技体像最初的计算机程序一样简单，只是机械地重复我们给它的命令；但现在，科技体则更像复杂的有机体，常常按照自己的需求自作主张。

好吧，我的描述充满了诗意，那么有证据证明科技体具有自主性吗？我认为有，但这要看我们如何定义自主性。在宇宙中，我们最看重的特质都极度不稳定。对于生命、心智、意识、秩序、复杂性、自由意志和自主性这些词的定义都是多重的、相互矛盾且不充分的。对于生命、心智、意识或自主性的起源及终点，大家都有不同的看法。充其量我们只能认同，这些状态并非二元的。它们以连续体的形式存在，因此，人类具有心智，小狗和老鼠也有；鱼类有微小的脑部，因此应该也有微小的心智；蚂蚁有更小的脑部，那么是不是说蚂蚁也有心智呢？多少个神经元才能构成心智呢？

自主性的定义也有类似的范围。牛羚在生下来的第二天就能奔跑。但是，人类婴儿在初生的几年内，如果没有母亲的照顾就会死亡，所以我们不能说人类婴儿具有自主性。即使是成人，也并非百分之百自主，因为我们要依赖内脏中的其他生物（例如大肠杆菌）来帮助我们消化食物或分解毒素。如果连人类都无法完全自主，还有什么能够呢？一个有机体或者系统并不需要通过完全独立来展现某种程度的自主性。就像任何一种生物的幼儿一样，从一点点自主性开始，然后便能逐渐提高独立的程度。

那么，怎样检测生物具有自主性呢？如果生物展现出下列特质，我们或许便可以认为它具有自主性：自修复、自防御、自维护（获得能量，处理废物）、对于目标的自控以及自改进。所有这些特质的共同要素，就是它们都展现出某种程度的自我（self）。在科技体中，我们尚未找到能展现出所有这些特质的系统来当作范例，但展现其中某些特质的例子则比比皆是。无人飞机可以自行操控方向，并且在空中飞行数小时，但无法自修复；通信网络有自恢复的能力，但无法自我复制；计算机病毒能够自我复制，但无法自己改进。

深入覆盖全球的巨大通信网络之中，我们也能找到科技自主性萌芽的证据。科技体包含 1.7×10^{17} 个集成电路芯片，连接成规模庞大的计算机平台。现在，在这个全球网络中，全部集成电路芯片的数量大概等于你大脑内神经元的数量。而这个全球网络中档案彼此之间的链接数目（想想世界上所有网页中的所有链接）则大约等于你大脑内突触连接的总数。因此，这块仍在不断扩张的覆盖全球的“电子薄膜”的复杂度已经可以媲美人脑了。它有30亿只已经通电的人造视听设备（电话和网络摄影机），以14kHz频率的速度处理着关键词搜寻（几乎听不到尖锐的高音）；它是个巨大的奇妙装置，大到现在消耗的电力占全球电力的5%。当计算机学家仔细分析流经其间的大量信息时，他们根本无法解释所有数据从何而来。经常会有一些比特在传输中出错，大多数时候研究人员都能找到确定的原因，比如黑客攻击、机器故障、线路受损等，但仍有几个百分比的变异是比特自发的。也就是说，有很小一部分科技体的通信并非源自已知的人造节点，而是来自整个系统——科技体正在喃喃自语。

进一步深入分析流经科技体网络的信息后，我们发现，科技体已经慢慢地改变了组织方法。一个世纪前，在电话系统中，数学家认为分散在网络中的信息是随机的。但过去十年来，比特的流动模式在统计学上变得更加类似于自组织的系统。首先，全球网络展现出一种自我相似性，也称为分形图[1]（fractal pattern）。这种分形图不论远看还是近看，都与树枝的分叉相似。如今，信息正是以自组织的分形图形式分散在全球通信系统中的。虽然观察到这一点并无法证实其自主性，但是在还没有被证明前，自主性往往会自证。

我们创造了科技体，因此希望能对其拥有独一无二的影响力。但所有系统都会产生自己的动能，而我们却迟迟未发现这一点。由于科技体是人类心智的产物，从而也是生命的产物，以此类推，其也是最初产生生命的自组织的物理与化学系统的产物。科技体除了和人类心智享有同样的深层根源，也和古老的生命及其他自组织的系统有共同的来源。正如心智不仅必须服从有关认知的原则，也要必须服从有关生命与自组织的法则一样，科技体也一定要遵循心智、生命和自组织的法则。因此在所有施加于科技体上的影响因素中，人类心智只不过是其中一个，而且还可能是最弱的一个。

科技体想要的东西是我们在设计它们时就让它们想要的，并且也是我们试图引导它们想要的。但除了这两项驱动力，科技体也有自己的需求：它需要理出头绪，自行分类并组装成分层的结构，就像大部分大型的、紧密联系的系统一样。科技体也与所有的生命系统一样，希望自己不朽，一直存在下去。在不断成长的过程中，这些内在的需求变得越来越复杂，也越来越强大。

我知道这么说听起来有点怪，这似乎是想把显然不是人类的东西当作人类看待。烤面包机怎么会“想要（want）什么”？我是否分配了太多意

1 分形图由法国数学家本华·曼德博在其1975年出版的著作《分形、机遇和维数》中提出并深入探讨，其原理是以数学方法模拟自然界以及实验中看似无规律的现象，以图像的方式表现出来。——译者注

识给无生命的物品，并由此赋予物品过多掌控人类的能力，超出了它们现有的或应有的范围？

这是个好问题。但“想要”并非人类独有。你的爱犬想玩飞盘，你的猫咪想让你帮忙搔痒，鸟儿想要寻偶，虫子想要潮湿，细菌想要食物。微观的单细胞生物想要的东西没那么复杂，要求不高，也不像你我想要的那么多，但所有生物都有两项基本的愿望：生存和成长。这些“想要”成为生物的驱动力。原生动物察觉不到自己想要什么，也不会将其诉诸语言，比较像是冲动或趋向。细菌会朝着营养素前进，却不知道自己需要营养。它们只是选定了前进的方向，用模糊的方式满足自己所想要的。

对科技体来说，“想要”并不是经过深思熟虑的决定。我不相信（在这个时刻）科技体具有意识。科技体机械化的“想要”与其说是仔细思考的结果，不如说是一种趋势、倾向、冲动、轨迹。科技的“想要”更像是某种需要，是针对某物的冲动，就像海参在求偶时会无意识地漂流一样。数百万种强化联系和无数相互影响的电路，推动着整个科技体朝着某些无意识的方向前进。

通常看来，科技所想要的东西似乎比较抽象或者神秘，但在今天，你会看到它们近在眼前。最近我参观了一家名为“柳树车库”（Willow Garage）的初创公司，这家公司位于斯坦福大学附近绿树成荫的郊区中，其产品是一种先进的研发成果——机器人。柳树车库的家用机器人被称作PR2，高度到人类的胸口，靠4个轮子移动，有5只眼睛和两条粗壮的手臂。当你抓住机器人的手臂时，它不会关节僵硬或者被拽倒，而是会顺势回应，柔和施力，仿佛它的手臂拥有生命。那种感觉很不可思议。此外，这个机器人握手的方式就跟人类一样从容。2009年春天，PR2完成了在建筑物内长达42公里的耐力环形测试，期间没有撞到任何障碍物。在机器人领域，这是很了不起的成就。但是PR2引人注目的成就是，能找到插座帮自己充电。PR2的程序设计会让它自己寻找电源，但行走的路径则在它克服障碍时才会逐步浮现。所以，当机器人“饥饿”时，它会寻找建筑物内12个电力插座中的一个完成电池充电。PR2会用一只手抓着电线，使用它的激光和光学眼睛找到插座的位置，对着插座轻柔地画圆以找到确切的位置，把插头推进去，完成自己充电。充电需要几个小时的时间。在软件达到完美前，PR2表现出几个人类没预料到的“想要”。有个机器人虽然电量是满的，却总是想充电；还有一次PR2还没把电线妥当地拔出来，就拖着电线走了，像个健忘的驾驶员，加完油后油管还插在油箱里就急着离开。随着行为更加复杂，它的欲望也会变得复杂。如果你在PR2感到“饥饿”时站在它面前，它并不会伤害你，而是向后退，到别处去找可以充电的插座。机器人没有意识，但如果你站在插座前挡住了它的路，就能清楚地感觉到它“想要”什么。

我家的房子下面有个蚂蚁窝。如果不管那些蚂蚁，它们就会把储藏室里的食物搬得一干二净（所以我们当然会想办法处理）。人类不得不顺应天性，除了有些时候被迫要反抗它。我们赞叹大自然的美丽，却又常常拿出各种工具，暂时夺走这些景色。我们织造出衣物，把身体与自然界隔开；我们研制出疫苗，让人体接种后能抵抗各种致命的疾病；我们奔向野外，期待能够恢复人类原始生活，却仍带着帐篷。

在我们的世界中，科技体已经如自然一样成为一股强大的力量，我们对科技体的反应也应该与我们对自然的反应相似。我们无法要求生命按照我们的“想要”行进，所以也无法要求科技完全遵从人类的意愿。有时候我们应该屈从于科技的引导并沐浴在它的丰富多彩中，有时候则该想办法改变其原本的进程来符合人类的需要。我们不需要满足科技体的每一个欲望，但我们应学会利用这些力量，而不是抵抗它们。

为了成功地做到这一点，我们首先需要了解科技的行为。而为了做出如何响应科技的决定，我们就必须明白科技想要的是什么。

在漫长的旅程后，我来到了终点。通过聆听科技想要什么，我认为我能够找到一个框架来引导自己穿过新兴科技越来越庞大的网络。对于我来说，通过科技的眼睛来看我们的世界，让我看清了科技更大的目的。认识到科技想要什么，大大减少了身处科技包围中的我在决定自己位置时的矛盾。我想用这本书告诉大家，科技想要什么。我希望大家读了这本书以后，也能够找到自己的方式，让科技以最小的代价造福人类。

PART 1

第一部

起源

人类的生活，来自人类的发明

要想知道科技往何处去，就要知道科技从何而来。这可不简单。越往回追溯科技体的历史，它的源头似乎就越遥远。因此让我们先来看看人类的起源，也就是人类主要居住环境尚未充斥人造物品的史前时代。没有科技时，人类的生活是怎样的呢？

但这个疑问自身的问题在于，科技比人类出现得更早。许多动物使用工具的历史比人类早几百万年。黑猩猩用细长的草茎制成狩猎工具，探入蚁穴中带出白蚁，并用石头砸开坚果，至今仍是如此。白蚁用泥土建造起土塔作为家园；蚂蚁在花园中放养蚜虫，种植菌类；鸟类用树枝编织出精巧的鸟巢；某些章鱼会寻找并携带贝壳作为便携式“房屋”。动物们变形、变色让身体与周围环境融为一体，已经至少有5亿年的历史了。

250万年前，人类祖先制作的第一个石制刮削器让他们拥有了利爪。大约25万年前，人类发明了原始的烹饪技术，用火让食物变得更好消化。烹饪就像是一个附加的胃，这个“人造器官”让我们的牙齿和咀嚼肌变得更小，并且提供了更多种类的可食用食物。借助科技狩猎的历史同样也很悠久。考古学家曾在距今10万年的马鹿骨骼中找到过木头做成的长矛，还发现过一个石枪头插入一匹马的脊椎。在之后的岁月中，这种使用工具的模式更加频繁地出现。

黑猩猩挖掘白蚁的草茎和人类的鱼叉、海狸的水坝和人类的水坝、鸣鸟悬挂的鸟巢和我们的吊篮、切叶蚁的花院和人类的花园等，从根本上来说都属于自然。我们常常把制造出来的科技产品和自然分开，甚至认为这些产品是反自然的，仅仅因为它们的影响和力量越来越大，足以和自然匹敌。但就其起源和基础来说，工具和我们的生命一样是自然的。人类是动物，这点毋庸置疑；人类也不是动物，这点同样也毋庸置疑。这种矛盾的本性就位于我们身份认定的核心。同样的，按照定义，科技是非自然的；而按照更广泛的定义，科技也是自然的。这个矛盾同样位于人类身份认定的核心。

工具和更大的大脑标志着独特的人类进化线的开始。考古学家发现，最早的简单石制工具出现时，制造这些工具的古人类（具备人的特征的猿）的大脑便开始增大，逐渐接近现代人的尺寸。就这样，250万年前，古人类带着粗糙的石制刮削器和斧头出现在了地球上。大约100万年前，这些拥有较大的大脑容量、会使用工具的古人类离开非洲到欧洲南部定居，并在那里进化成尼安德特人（拥有更大的大脑），之后又迁居到亚洲东部，进化为直立人（也拥有更大的大脑）。在接下来的几百万年中，古人类的这三条支线都继续进化，而留在非洲的那一支进化成了我们现代人的样子。这些原始人类完全变成现代人的确切时间尚有争议，有些人说是20万年前，而毫无争议的最晚时间则是10万年前。10万年前，人类跨过了一道界限，从那时起，他们的外表便与现代人相差无几了。如果他们中的一人与我们一起走在海滩上，人们并不会注意到他有什么不同。但是，他们的工具和大多数行为则较难与欧洲的尼安德特人和亚洲的直立人区分开。

在接下来的5万年内，人类的变化不大。非洲人类的骨骼构造在这段时间内几乎没有变化。他们使用的工具也没什么进步。早期人类使用带有尖锐边缘的简陋石块进行切割、戳刺、钻孔。但这些手持工具是非专门化的，不会随着地点或时间变化。在这段时期内（中石器时代），不论在何时何地，一个古人类——不论尼安德特人、直立人还是智人，拿起这些工具中的一件，它便都会与数万英里外或与其前后相差数万年的工具类似。古人类明显缺少创新。正如生物学家贾里德·戴蒙德（Jared Diamond）所说的："大脑虽然大了，却少了点东西。"

然后在大约5万年前，某些之前缺少的东西到来了。虽然非洲早期人类的体型没有变化，但他们的基因和思维却明显改变了。有史以来第一次，古人类终于有了满脑子的想法和某种创新意识。这些充满全新活力的现代人类，或者说现代智人（Sapiens，我用这个词区分较早的智人），开始离开东非世代居住的家园，进入新的地区。他们从草原分散开来，人口在相对很短的时间内由在非洲时的几万人爆发为散布在全球各地的800万人（估计值）。这时是距今1万年前，农业时代即将开始（见图2-1）。

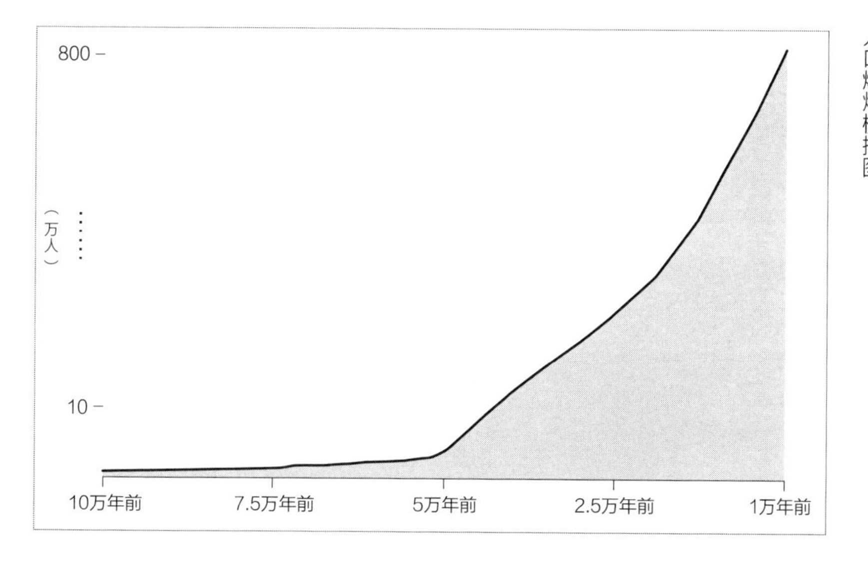

图2-1　史前人口大爆炸。始于大约5万年前的第一次人口爆炸模拟图。

现代智人在地球上昂首阔步，以令人震惊的速度在各个大陆（除南极洲外）定居。在大约5000年的时间里，他们征服了欧洲；1.5万年后，他们到达亚洲地区现代智人的部落穿过大陆桥，从欧亚大陆进入现在的阿拉斯加，只用了几千年的时间就占据了整个世界。在接下来的3.8万年内，现代智人的数量不断增加，占领的地区平均每年要向外拓展2公里。现代智人一直推进到了南美洲的最南端，直到再也无法前进时才停下。从非洲的“大跃进”之后，经过不到1500代，智人就变成地球历史上分布最广的物种，居住在各种生物群落区和众多河流的流域中。现代智人是有史以来侵略能力最强的“外来物种”。

如今，现代智人占领的区域超过了任何已知的大型物种；从地理学和生物学来讲，其他现有物种所占据的领地都比不上智人。现代智人占领新地区的速度一向很快。贾里德·戴蒙德发现，“毛利人的祖先到达新西兰后”，仅带着很少的工具，“显然只用了不到100年的时间就找到所有具有价值的石材来源；在接下来的几百年内，他们把栖息于全世界一些最崎岖地方的恐鸟杀得一只不剩”。在维持了数千年的稳定生活后，却突然向地球各地扩张，这只有一个原因：科技创新。

随着现代智人的扩张，他们把动物的角和长牙改造成矛和刀子，用动物身上的武器来对抗动物，是不是很聪明？在5万年前后的分界点，他们用贝壳里抠出来的珍珠雕刻小雕像，这是最早的艺术品，也是最早的珠宝。虽然人类使用火的历史很长，但最早的灶台和避火设施则大约是这个时期发明的。大家也开始交易稀有贝壳、燧石和打火石。几乎同一时间，现代智人发明了鱼钩和渔网，还发明了将兽皮缝制成衣物所用的针。他们将裁剪后的剩余兽皮放在坟墓中。在那时留下的少数陶器上，可以看到编织网和松散织物的痕迹。并且现代智人还发明了捕猎动物的陷阱。他们的废弃物中有小型毛皮动物的骨骼，但是脚不见了；如今使用陷阱捕猎的人仍在用同样的方法给小型动物剥皮——把脚与皮留在一起。画手在石壁上画下穿着毛皮外套的人用箭或矛猎杀动物的样子。值得注意的是，这些工具与尼安德特人和直立人的粗糙发明并不一样，在许多地方，都可以找到它们之间在风格与技术方面的细微不同。现代智人开始创新了。

现代智人制作保暖衣物的思维能力使得他们能够前往北极地区；钓鱼用具的发明则打通了前往海边与河边觅食的道路，特别是在缺少大型猎物的热带地区。一旦现代智人开始创新，使他们能够在许多新的气候中便于生存，而寒冷地区独特的生态环境则格外有助于创新。历史上从事狩猎采集的部落，其居住的纬度越高，就需要（或发明）越多复杂的“技术组件”（technological units）。在北极圈气候下猎捕海洋哺乳动物所需要的工具要比在河里猎捕鲑鱼的工具精密得多。现代智人能够迅速改进工具的能力，使得他们可以更快适应新的生态环境，这种速度要远高于基因进化的速度。

在快速“占领全球”的过程中，现代智人取代了地球上其他几个同时存在的古人类种族（不论是否存在异种通婚的情况），包括他们的亲戚尼安德特人。尼安德特人向来人口不多，最多的时候或许也只有1.8万人。作为欧洲数十万年中唯一的古人类，尼安德特人在带着工具的现代智人到来后，传承不到百代便消失了，这在历史上不过是一瞬间的事。人类学家理查德·克莱因（Richard Klein）认为，从地质学的角度来看，这次的取代几乎可以说是瞬间发生的，因为考古学记录中并没有过渡期。克莱因说：“前一天尼安德特人还在，第二天就变成克鲁马努人（现代智人）了。”现代智人的遗迹总是出现在上层，而从未出现在下层。现代智人甚至不需要屠杀尼安德特人。人口统计学家计算出，只要存在4%的生殖效率差异（现代智人能带回家的食物比较多，因此这个预期是合理的）就能让生殖能力比较弱的物种在几千年内灭绝。这种在几千年内灭绝的速度在自然进化中是史无前例的，但不幸的是，这仅是由人类导致的第一次物种快速灭绝。

尼安德特人本该意识到发生了一些全新的“大事件”，正如我们在21世纪领悟的一样，这是一股全新的地理学和生物学意义上的力量。许多科学家（包括理查德·克莱因、伊恩·塔特索尔、威廉·卡尔文等人）认为，5万年前发生的这个“大事件”便是人类发明了语言。在这之前，古人类已经很聪明了。他们能随意制造出粗糙的工具并控制火——或许就像非常聪明的黑猩猩一样。非洲古人类的大脑大小和重量和身体结构已经发展到极限，但大脑内部的进化仍在继续。克莱因说：“5万年前发生的大事件就是人类的运转系统改变了。也许是某个点的突变影响了大脑的连接方式，从而让人类产生了我们今天所理解的语言——快速生成有声语言。”尼安德特人和直立人拥有更大的大脑，但现代智人获得了重新连接的大脑。语言改变了尼安德特人的思维方式，使现代智人第一次带着目的且经过思考后进行发明。哲学家丹尼尔·丹尼特（Daniel Dennett）用优雅的语言称赞道：“在思维设计的历史上，再没有更令人振奋、更重大的哪一步，能比得上语言的发明。智人受益于这项发明，从而发生了飞跃式的进步，超越了地球上的所有其他物种。”语言的创造是人类发展历史上的第一个“奇点”，一切都因此而改变了！有了语言的生活，是那些没有语言的物种完全无法想象的。

语言通过沟通和协调，促进了学习和创造。如果一个人能就一个新的想法与其他人进行解释和沟通，而无需每个人都来亲自发现这个新想法，这个新想法就能得到迅速传播。但语言最主要的优势并非沟通，而是自动生成。语言是一种把戏，它让思维自我质疑，如魔镜般向你的大脑揭示出你在想什么；它也是一个操作杆，能够将想法转换为工具。语言能够掌控不稳定、无目的的自我意识（self-awareness）和自我参考（self-reference），驾驭思维，使其成为新想法的源泉。若没有与语言相关的大脑结构，我们就无法获悉自己的精神活动，当然也没有办法用如今的这种方式思考。如果我们的思维无法诉说故事，就无法有意识地进行创造，而只能依靠偶然来创造。直到我们用能够与自己沟通的组织工具驯服思维之前，我们有的只是无法叙述的混乱思维，一种“野生的思维”。没有语言工具之前，人类是痛苦的。

少数科学家相信，事实上，正是科技促生了语言。向移动中的动物丢掷石块或木棍并使其具有杀死动物的足够力量，就要求古人类的大脑能够进行认真计算。每次投掷都需要能在瞬间执行一串连续的精确神经指令。但与计算如何抓住半空中的树枝不一样，大脑在投掷时必须同时计算出几种可选择方案：动物会加速还是减速，要瞄准得高一些还是低一些。接着思维必须快速得出结果，在实际投掷前评估出最佳可能性，而这一切都要在几毫秒内完成。像威廉 · 卡尔文（William Calvin）这样的神经生物学家们相信，一旦大脑进化出能够同时思考多种快速投掷方案的能力，它就会用这种投掷程序来进行众多概念的多重快速思考。这次大脑投掷出来的不是木棍，而是语言。接着，这种对科技的重复使用就会变成一种虽然原始但具有优势的语言。

语言那种天马行空的能力为现代智人的部落扩张提供了很多新的可能。与其近亲尼安德特人不一样，现代智人能够迅速改进他们的工具，以猎捕更多猎物并采集和处理越来越多种类的植物。有证据表明，尼安德特人只有少数几种食物来源，对他们骨骼的检验表明，其缺乏鱼肉所提供的脂肪酸，也就是说，尼安德特人以肉食为主，但不是所有的肉都吃。尼安德特人有一半以上的食物是猛犸象和驯鹿，而他们的灭绝则可能正与这些史前巨兽的大量灭亡正相关。

现代智人作为杂食性的狩猎采集者而广泛繁荣。人类数十万年来绵延不断的历史证明，只要有几样工具，就可以获得足够的营养来繁衍下一代。如今我们之所以存在，正是归功于古时的狩猎采集。一些关于历史上狩猎采集部落食物的分析表明，他们获得的热量竟然符合美国食品和药物管理局对相同身材者的建议。举个例子，人类学家发现，历史上的多比人（Dobe）平均每天摄取2140卡的热量，鱼溪部落（Fish Creek）是2130卡，亨普尔湾部落（Hemple Bay）是2160卡。他们的食材的种类很丰富，有植物块茎、蔬菜、水果和肉类。而对于其废弃物中骨块与花粉的研究，也表明现代智人的确如此。

哲学家托马斯·霍布斯（Thomas Hobbes）断言，野人（指狩猎采集的现代智人）的生活“肮脏、粗野并且短暂”。但是，尽管早期狩猎采集部落的生命短暂，常受到激烈冲突的威胁，但却一点也不粗野。他们凭借十几种原始工具就能在各种环境中获得足够的食物、衣服和避难所，此外，这些工具和技术也为他们的生活带来了闲暇时间。人类学研究表明，今天的狩猎采集者并不需要花一整天来打猎和采集。其中一名研究人员马歇尔·萨林斯（Marshall Sahlins）得出的结论是，他们每天只需要工作3~4个小时来获得必需的食物，对此，马歇尔称之为“银行家时间”（banker hours）[1]。不过，他这个令人惊讶的结论所采用的证据还尚存争议。

根据范围更广的资料，现代的狩猎采集部落平均每天要花费大约6个小时来觅食，这个数据比较符合实际，争议也更少。但这个平均值掩盖了每天日常活动中的大幅变动。一两个小时的小憩或睡一整天的情况并不少见。外部观察者普遍注意到，狩猎采集者的工作常常会出现中断。采集者

1 三四十年前，银行开门营业的时间往往只在早上10点到下午再三点这几个小时内，所以用“银行家时间”来指那些时间短又舒服的工作。——译者注

可能会连续几天努力觅食，然后在接下来的几天里什么都不做。人类学家称这个循环为“旧石器时代节奏”（Paleolithic Rhythm）——工作一两天，休息一两天。一名熟悉雅马纳（Yamana）部落的观察者写道：“他们工作起来更多是断断续续的，偶尔工作的时候，他们能在一段时间内产生相当多的能量，但是之后，他们就会想要休息很长一段时间，躺着什么也不做，尽管看起来并不怎么疲累。”同样的现象几乎出现在任何狩猎部落中。“旧石器时代节奏”实际上反映了“捕食者节奏”（Predator Rhythm），因为动物界中的大型猎食动物，比如狮子和其他大型猫科动物，也展现出了同样的风格：在捕猎中短暂爆发，然后精疲力竭，躺上好几天。与字面意思不同，狩猎者其实很少外出打猎，能成功饱餐一顿的机会则更少。用每小时活动所获取的卡路里来衡量，原始部落的捕猎效率只有采集效率的一半。因此，在几乎所有的觅食文化中，肉类都是用来款待客人的。

还有季节的变化。每一个生态系统中的觅食者都会碰到“饥荒季”。在地势较高、气候较冷的高纬度地区，冬末春初的饥荒更加严重，但就算在热带地区，人类最喜爱的食物、补充营养的水果和不可或缺的野味也会随着季节波动。此外，还有气候的变化：长时间的干旱、洪水和暴风雨可能会破坏一整年的生活模式。这些数日、数季、数年的干扰表明，很多时候狩猎采集者吃得很好，但也有可能会经历（并且的确如此）吃不饱、挨饿、无法摄取足够营养的时期。若处于这些营养失调的阶段，对幼儿来讲是致命的，对成年人来说也令人心畏。

所有这些热量变化的结果，就是在所有时间尺度上都存在“旧石器时代节奏”。重要的是，这种突发性的“工作”并非个人选择。当你主要依赖自然系统来提供食物的时候，增加工作时间不一定会增加产出。投入双份的精力不代表可以找到双倍的食物。无花果成熟的时间既不能加快，也无法确切预测；猎物出现的时间同样不可预测。如果你不储存剩余的食物或找地方耕种，那么只有靠迁徙才能找到食物。狩猎采集者为了维持产量必须不停地迁移，离开已耗尽的资源。但是一旦连续不断地到处移动，剩余的食物和贮存食物所需的工具就会拖慢你的速度。在现代的狩猎采集部落中，不受外物阻碍被认为是优点，甚至是人格的优点。你无需携带任何物品，而只在需要它们的时候灵巧地制造或获得即可。马歇尔·萨林斯曾说："高效的猎人会累积补给品，付出的代价则是他的尊严。"另外，有剩余的人必须和所有人分享他的食物或用品，从而降低了人们额外产能的意愿。就这样，对于狩猎采集者来说，贮存食物反而会弄巧成拙，降低社会地位。因此，你的饥饱必须要与荒野的变化相适应。如果干旱期减少了谷物的产量，那么无论做多少额外工作都无法提高食物的产量。因此，狩猎采集者要采取一种非常可行的进食节奏。有食物的时候，大家都努力工作；食物不足时，也没问题，大家肚子饿时就围坐在一起聊天。这种方法非常合理，却常让人误解为这个部落很懒惰，但事实上，如果你要依靠环境觅食，这样的策略才合乎逻辑。

我们这些现代文明社会中的上班族看到这种悠闲的工作状态会觉得很嫉妒。每天工作3~6个小时，与发达国家中大多数成年人的工作量相比都实在是太少了。大多数已开化的狩猎采集者对现状很满足。整个部落或许只有一样人工制品——例如一把斧头，其理由是一把就够了，为什么还要更多呢？一种情况是，你使用你需要的东西；但更常见的情况是，当你需要时，就去把它造出来。一旦使用完，人工制品通常就会被丢弃，而非被保存下来。如此一来，就不需要携带或看护额外的物品了。即使在今天，西方人把毛毯和刀具送给狩猎采集者，通常第二天就会窘迫地发现自己送的礼物变成了垃圾。狩猎采集者的生活非常古怪，是最大程度的一次性文化。最好的工具、用品和科技都可能会被他们丢掉。就连精心搭建的住所也不是永久的。部落或家族迁徙时，他们可能建造起只住一夜的家（例如简陋的竹屋或圆顶雪屋），第二天早上就抛弃了这处住所。可以住几家人的大型房屋则可能会在居住几年后被废弃掉，而非进行维修。他们对待耕地的态度也是一样的，在收获之后就任其荒掉。

这种舒适的适时自给自足和满足感，让马歇尔·萨林斯断言：狩猎采集部落是“原始的小康社会”。但尽管狩猎采集者大多数时候能摄取足够的热量，并且也未表现出“欲望无穷”的情况，但对他们更好的概括也许应该是这些狩猎采集者过着“并不富足的小康生活”。根据历史上很多与原始部落相关的记录来看，他们常常（如果不是定期的话）抱怨吃不饱。著名人类学家柯林·特恩布尔（Colin Turnbull）发现，虽然姆布蒂人（Mbuti）经常歌唱森林的美德，却也常常抱怨饥饿。狩猎采集者经常抱怨每餐都吃一样的碳水化合物主食，例如蒙刚果（mongongo nuts）；当他们说到匮乏或者饥饿，他们的意思是肉类的短缺、对于摄取脂肪的渴望以及对饥饿的厌恶。他们拥有的少量科技让他们大多数时候能有足够的食物，但还称不上富足。

足够和富足之间有条微妙的界限，这条界限对于健康来讲至关重要。当人类学家统计现代狩猎采集部落中女性的总生育率时（在育龄期内产下存活婴儿的平均数），发现这个数字相当小，总计只有5或6个婴儿，而农业社会中则平均有6~8个婴儿。生育率如此之低，有几个影响因素。也许是营养摄取不均衡，狩猎采集部落女孩的青春期比较晚，要到16岁或17岁才开始（现代女性青春期始于13岁）。女性初潮晚，再加上寿命较短，便推迟并缩短了她们的生育期。而狩猎采集部落的哺乳时间比较长，又延长了两胎之间的间隔。大多数部落的母亲会哺乳到孩子两三岁的时候，也有少数母亲会一直哺乳到孩子6岁。此外，很多女性都非常瘦，活动量极大，就像西方的女性运动员一样，生理期通常不规律，甚至根本不会月经来潮。有理论认为，女性需要达到“临界肥胖度”来排出可以受精的卵子，但狩猎采集部落的许多女性由于饮食波动，一年中至少有一段时间无法到达这种肥胖度。当然，不论在哪里，人们都可以故意禁欲，为已出生的孩子留出成长空间，狩猎采集者也有理由这样做。

狩猎采集部落中儿童的死亡率非常高。在调查了历史上不同大陆的25个狩猎采集部落后，研究人员发现，有25%的儿童在不到1岁时夭折，37%的儿童在15岁前死亡。在一个传统的狩猎采集部落中，儿童死亡率高达60%。历史上大多数部落的人口增长率几乎是零。调查狩猎采集部落的罗伯特·凯利（Robert Kelly）在报告中提道：人口增长率的停滞非常明显，而“当过去到处迁移的人定居下来后，人口增长率便上升了。”在其他条件同等的情况下，收获稳定的农作物可以养活更多人。

儿童死亡率高，年长的狩猎采集者也好不到哪里去。他们的生活很艰苦。通过分析骨头上的压痕和伤口，考古学家言道，尼安德特人身体上的伤痕分布与专业斗兽士相似，头部、躯干和手臂上的伤痕像是近距离与愤怒的大型动物搏斗的结果。目前还没有发现过寿命超过40岁的早期人类的遗体。儿童过高的死亡率降低了平均寿命，如果年龄最大的遗骸也只有40岁，那么几乎可以肯定，其寿命的中间值不会超过20岁。

在典型的狩猎采集部落中，幼儿很少且没有老人，这一统计结果也许可以解释造访者们对于狩猎采集部落的共同印象。访客会注意到“大家看起来都非常健康强壮”，其部分原因在于，每个人都正当盛年——介于15~35岁。在参观有同样年轻人口结构的当代城市街道时，我们或许也会有同样的反应。部落的生活风格属于年轻人，也只适合年轻人。

狩猎采集者较短的平均寿命所产生的最大影响是祖父母辈的缺失。考虑到女性17岁左右才能开始生育，并且在30多岁就会去世，儿童在不到青春期时就失去父母应该是很常见的现象。短暂的寿命对个人来说很糟糕，对群族也极度不利。没有祖父母，久而久之，传递知识（以及使用工具的知识）便十分困难。祖父母是文化的输送管道，没有他们，文化的传播受到显著的影响。

想象一个群族不仅缺少祖辈，也缺乏语言，就像现代智人之前的生活一样。在这种情况下，要怎样将知识代代相传？你的父母可能在你成年前就死去，他们能教给你的仅限于在你没长大时他们所能教给你的。除了周围亲近的同龄人，你没有任何其他可以学习的人。创新和文化传承遇阻。

语言通过使思想融合和交流，解决了这个棘手的问题。新事物得以问世，并通过儿童代代相传。现代智人有了更好的打猎工具（如可以投掷的长矛，让体重轻的人也能从安全距离以外射杀危险的大型动物），有了更好的捕鱼工具（带有倒钩鱼钩和渔网），还有了更好的烹调方法（使用烧热的石头不仅能烹调肉类，也能从野外植物中获取更多热量）。他们在使用语言后的不到100代的时间里，获得了所有这些技术。更好的工具便意味着能摄取更多的营养，从而加快进化的速度。

长期来看，营养稍加改善所带来的最主要的效应是寿命的持续增加。人类学家蕾切尔·卡斯帕里（Rachel Caspari）研究了欧、亚、非三洲约500万年前到“大跃进”之间的768名古人类的牙齿化石。她的结论是，“现代人类寿命的大幅增加”是从约5万年前开始的。人类寿命增加使得孩子有了祖父母，创造出所谓的“祖母效应”：在这个良性循环中，通过与祖父母沟通，推动了更强大的能进一步延长寿命的创新，而更长的寿命使得人们有更多的时间发明新工具，新工具又会促进人口的增加。不仅如此，寿命延长还“提供了选择性优势，以促进人口的进一步增加”，因为更高的人口密度增加了新事物出现的速度和影响力，也有助于人口数目的上升。卡斯帕里认为，引起现代化行为创新的最基本的生物因素也许是成年人存活时间的提高。寿命的延长作为获得科技后的最重要结果并非巧合，而本该是其最有可能产生的结果。

1.5万年前后，地球开始变暖，全球冰盖消融，成群的现代智人促成了人口增加并开发出了更多工具。他们使用的工具有40种，包括铁砧、陶器和复合材料，如构造复杂的长矛或用多个部件（许多细小的燧石碎片和把手）组合成的切割工具。虽然主要仍以狩猎采集为生，但是现代智人也开始尝试定居下来，返回照顾那些生长着他们所喜爱的食物的地点，并且针对不同类型的生态系统制作出专门工具。在北半球这个时期的墓地中，我们发现衣物也从普通的样式（粗糙的束腰外衣）发展出特殊的品类，如帽子、衬衫、外套、长裤和鹿皮鞋。自此以后，人类的工具愈发专门化。

随着现代智人适应了不同的流域和生态群落，其部落的种类也急剧增多。他们的新工具反映出了居所的特性——住在河边的居民有很多渔网，大草原上的猎人有很多种箭镞，森林中的居民有种类众多的陷阱。而他们的语言和外表也开始有所不同。

不过，他们仍有不少共同特质。大多数狩猎采集者以平均25人的规模进行家族式群居。在季节性节日或宿营地，数个家族会聚集成更大的约有数百人的部落。部落的一个功能是通过内部通婚来延续基因。人口很少向外扩散。在气候比较寒冷的地带，部落的平均人口密度每100平方公里不足1人。大型部落中的两三百人可能就是你这一生会遇到的所有人。或许你还能意识到其他人的存在，因为交易或交换的货物可能来自300公里外的地方。有些交易的货物可能是饰品或珠子，例如，内陆居民可能会购买来自海边的贝壳，住在海边的人则会买来自森林的羽毛。大家偶尔也会交换面部彩绘所用的颜料，而这些颜料也被用来涂在墙上或木头雕像上。随身携带的十几种工具，包括钻骨器、尖锥、针、骨刀、矛、捕鱼骨钩、石片，或许还有一些磨石头的工具。很多刀片都可以用藤条或兽皮绳索绑在骨制或木制把手上。当人们围着火堆蹲下时，会有人敲鼓或吹奏骨笛；当有人过世时，他的少量财产也会跟着下葬。

但不要以为整个过程都很和谐。在现代智人走出非洲后的2万年内，90%的巨型动物因他们而消失。现代智人利用弓箭、长矛等发明将猎物赶向悬崖，杀光了乳齿象、猛犸象、新西兰恐鸟、长毛犀牛和巨骆驼——几乎所有四条腿的大量蛋白质来源都是目标。地球上超过80%的大型哺乳动物都在一万年前灭绝了。北美洲有四种动物以某种方法避开了这种悲惨的命运：美洲野牛、麋鹿、驼鹿和北美驯鹿。

部落之间的暴力冲突也很频繁。同一部落中的成员谨守和谐与合作的规则——这也经常被现代观察家所嫉妒，但对部落外的人就不适用了。澳洲的部落可能会为了争夺泉水开战，美国平原上的部落是为了猎场和野生稻田，太平洋西北地区的部落则想争夺海岸线旁的河口和海岸。没有仲裁系统或公平的领袖，偷窃物品、女人或财富象征（如新几内亚的猪）所引发的小争执可能会扩大成延续几代的战争。狩猎采集部落因战争造成的死亡率比之后的农业社会高出5倍（每年在“文明”的战争中死亡的人数为人口的0.1%，而部落战争造成的死亡人数则占0.5%）。每个部落、区域实际的战争比例都不一样，就像现代世界中一个好战的部落可能会破坏许多部落的和平一样。一般来说，如果部落四处游牧，就比较容易维持和平，因为一旦发生冲突，只要逃走就可以了。但当战斗真的爆发时，情形就会十分惨烈。如果双方战士人数相当，原始部落通常能打败文明的军队（见图2-2）。凯尔特部落打败了罗马人，柏柏尔人打败了法国人，祖鲁人赢了英国人，美国军队则花了50年的时间才打败阿帕奇部落。劳伦斯·基利（Lawrence Keeley）在他研究早期战争的著作《文明之前的战争》（*War Before Civilization*）中说道："民族志学者和考古学家发现的事实明确指出，原始和史前的战争与有历史记载及文明时期的战争一样可怕且令人印象深刻。事实上，比起文明国家之间的战争，原始战争的伤亡要更多，因为那时的战斗更加频繁，作战方法更加残忍……文明的战争具有程式化与仪式化的特点，相对来说没那么危险。"

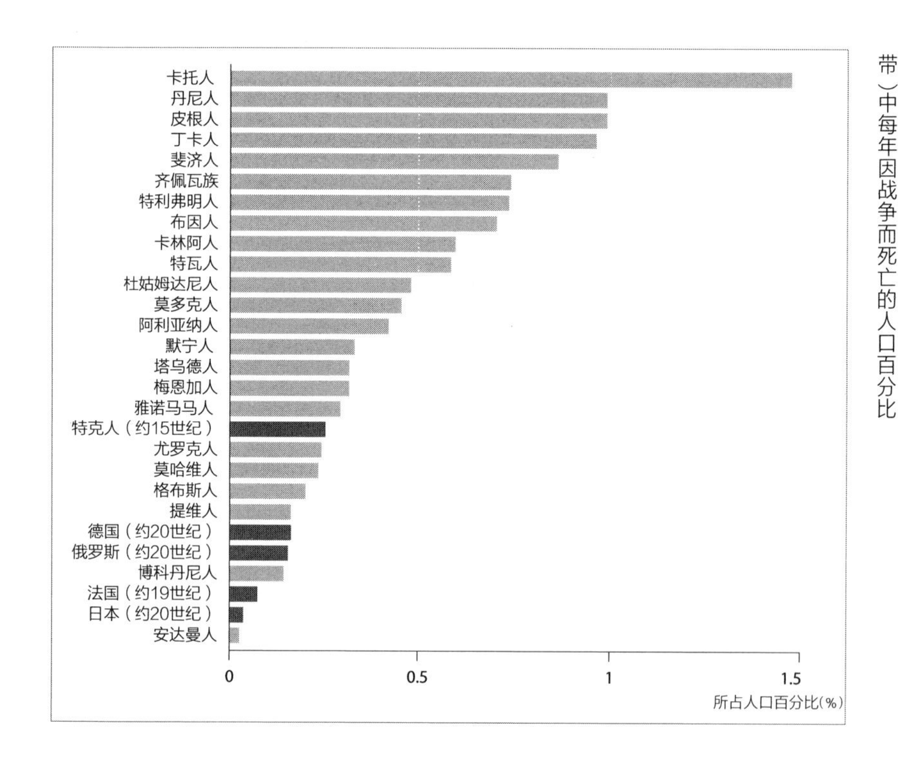

图 2-2 战争死亡率比较。原始部落（灰色条带）与现代社会（黑色条带）中每年因战争而死亡的人口百分比

在5万年前语言革命开始之前，世界上缺少有重大意义的科技。在接下来的4万年内，每个人自出生就是一位狩猎采集者。在这段时间内，估计有10亿人凭借少量工具在尽可能大的范围进行开发。这个没有什么科技的世界提供着“足够”的物资，人类有闲暇时间和令人满意的工作，也感到很幸福。能够超越石制工具的科技还没有出现，自然的节奏和模式就在身边。自然支配着你的食欲，决定你的走向。大自然如此广大，如此富饶，又如此亲密，只有极少数人能与自然隔绝。和自然世界协调一致的感觉非常神圣，但在缺少科技的情况下，儿童死亡的悲剧一再发生。意外、战争和疾病意味着人类平均寿命远低于应有寿命的一半——也许只有基因给予人类寿命的1/4。饥饿永远迫在眉睫。

但最值得注意的是，没有有意义的科技，人类的闲暇时间只能被局限在传统的循环中，没有空间容纳新的东西。在这狭小的空间里，人类可以完全自主，但人类生活的方向与兴趣都已被铺好在陈腐的道路上。环境的周期决定着人类的人生。

自然虽然广大富饶，却并非无所不包。人类的心智才能广纳一切，却尚未得到完全释放。没有科技的世界能够维持生存，却不足以带来超越。当语言释放了心智，并在科技体的助力下超越了5万年前的自然限制，人类展现出更大的可能性。要付出代价才能有所超越，一旦抓住这个机会，人类就能得到文明和进步。

人类与当初走出非洲的那些人已经不一样了，人类的基因随着发明共同进化。仅在过去的一万年内，人类基因的进化速度事实上已经比之前的600万年快了100倍。这完全在情理之中。人类把狼驯化成狗（所有品种的狗），培育无法确定祖先的奶牛、玉米等动植物。同时人类自己也被驯化了，被人类自身——牙齿不断缩小（因为我们学会了烹饪，那是我们“额外的胃”)，肌肉减少了，身上的毛发甚至消失。科技驯化了人类。人类在翻新工具的同时，也改造了自己。人类与科技共同进化，因此深深依赖科技。如果所有的科技，如地球上的最后一把刀和最后一支长矛，都被夺走，人类大概撑不了几个月。现在，人类与科技共生了。

人类在迅速且显著改变自己的同时，也改变了世界。从人类在非洲出现，到落户地球上所有可供居住的区域这段时间内，人类的发明开始改变人类的住所。现代智人的狩猎工具和技术产生了深远的影响。科技让他们能够杀光关键性的食草动物（猛犸象和巨型麋鹿等），这些食草动物的灭绝改变了整片草原上生态群落的生态学。占支配地位的食草动物一旦消失，影响就会蔓延到生态系统中，新的食肉动物、新的植物种类以及它们所有的竞争对手和同类构成了改变后的生态系统。因此，少数族群的古人类改变了数千其他物种的命运。当现代智人掌握用火技能后，这个强大的科技进一步改变了大面积的天然地貌。一些微不足道的手段——点燃草原，用逆火控制火势以及用火烹煮谷物，都对各大陆上的广大区域造成了破坏。

随后，世界各地不断出现的新发明和农业的普及不仅影响了地球表面，也影响了厚达100公里的地球大气层。农耕扰乱了土壤，增加了空气中的二氧化碳。有些气候学家相信，自8000年前开始的这种人为的气候变暖让冰川期无法重临地球。耕作的广泛采用中断了自然的气候循环，否则现在地球上最北端的地区本应再次冰封。

一旦人类发明了使用植物化石（煤炭）驱动的机器来取代进食新鲜植物的机体，机械排放出的二氧化碳就进一步改变了大气的平衡。随着丰富的能量来源为机器所用，科技体也跟着蓬勃发展。拖拉机等使用石油的机器提高了生产力，并将农业广泛传播（即加速了这一古老趋势），然后更多的机器找到了更多的石油（一个新的趋势），加速的速度便越来越快。今天，地球上所有机器排放出的二氧化碳大大超过所有动物的排放量，甚至接近地质力量产生的二氧化碳。

科技体的巨大力量不仅来自它的规模，也来自它自我放大的本性。字母表、蒸汽泵和电力等重大发明能够带来其他重大发明，如书籍、煤矿和电话。这些进展又再带来另外一些重大发明，如图书馆、电力发电机和互联网。人类每向前一步，都会更有力量，同时保留之前发明的优点。某人有了一个想法（纺车），这个想法或许就会进入其他人的大脑，衍生出另一个想法（把纺车轮放在雪橇下，使其拉起来更轻松），由此打破眼下占统治地位的平衡局面，带来改变。

但科技带来的改变并非都是正面的。海船将俘虏跨洋越海（譬如从非洲）运输到目的地，从而使大规模的奴隶制成为可能；机械式轧棉机能够廉价地处理奴隶种植和收获的棉花，又进一步强化了这种奴隶制。若没有科技，如此大规模的奴隶制应该不会出现。小的发明会带来巨大的负面效应，数千种合成毒素导致了对人类和其他物种自然周期的大幅破坏。战争更是科技带来的巨大负面力量被特别放大的结果。可怕的毁灭性武器也因科技创新而出现，这些武器使社会遭受了全新的暴力。

要补救或抵消上述负面结果，也必须从科技中寻找方法。大多数早期文明中也存在奴隶制度，或许史前时代也存在，现在少数偏远地区仍能看到奴隶制。奴隶制在世界范围内的逐渐消失，要归功于通信、法律、教育等科技工具。检测和替代技术也能够消除日常使用合成毒素的机会。监控、法律、契约、警务、法庭、公共媒体和经济全球化相关的科技则能够缓和、抑制，并最终消除周期性的恶性战争。

所有的进步，包括道德进步，说到底都是人类的发明。它是我们意愿和心智的有用产物，所以也算是科技。我们可以断言奴隶制不是一个好的理念；可以断言公平实施的法律是一个好的想法，而任人唯亲的偏袒不是；我们可以宣布某个惩罚条款不合法；我们可以通过书写鼓励大家培养责任感；我们可以有意识地扩大移情心理的范围。这些都是人类的发明，心智的产物就像灯泡和电报一样。

这种改善社会的加速器是由科技推动的。社会的发展会逐渐加快，历史上社会组织的兴起，皆是因为新科技的出现。书写的发明使法律的公平得以体现；标准铸币使贸易更加普遍，它鼓励创业精神，加速了自由理念的形成。历史学家林恩 · 怀特（Lynn White）说道："很少有发明像马镫那样简单，却对历史产生了不可忽视的催化作用。"怀特认为，采用位置在马鞍之下的马镫可以让骑手在马背上使用武器，让骑兵比步兵更占优势。而买得起马匹的领主也更占优势，欧洲的封建制度即由此兴起。马镫并不是唯一要为封建制度负责的科技产物，卡尔 · 马克思有一句名言："手磨机给你的社会带来了封建领主，蒸汽磨坊则为社会带来工业资本家。"

1494年，一名方济会修士发明了复式记账法，使得公司能够掌控现金流，并第一次可以控制复杂的商业活动。复式记账法开启了威尼斯的金融业与全球经济。在欧洲，机械式活字印刷机发明后，天主教徒能够自行阅读印刷的教义并解读经文，在宗教内掀起了"抗议"的反宗教思潮。早在1620年，"现代科学之父"弗朗西斯 · 培根（Francis Bacon）意识到了科技将多么强大。他列出了三种改变世界的"实用艺术"：印刷术、火药和罗盘。他声明："这些机械发明对人类事务产生的力量和影响远超过所有的帝国、宗教和天体。"培根参与创建了科学方法，加快了发明的速度，自此之后的社会便一直处在变革之中，概念的种子前仆后继，打破了社会的平衡。

时钟等发明看似简单，却有深远的社会意义。时钟把连续的时间分割成可以测量的单位，它一经问世，时间就变成了“暴君”，主宰了我们的生活。计算机科学家丹尼·希利斯（Danny Hillis）相信，时钟的传动装置可以连接科学及其众多的文化衍生物。他说：“我们可以用时钟的机械构造来比喻自然法则的自我管理方式（计算机程序按照预先设定的规则运行，也是时钟的直系后代）。一旦我们能够把太阳系想象成像时钟装置一样的自动机器，就无可避免地把这些普遍原理套用到自然的其他层面上，科学进程由此展开。”

工业革命时期，众多发明家改变了人类的日常生活习惯。机械设备和便宜的燃料带给我们充足的食物、“朝九晚五”的生活以及林立的烟囱。科技在这个阶段是恶劣且具有破坏性的，并常以非人道的规模建造和运作。好像带有僵硬、冰冷、不易弯曲性质的原钢、砖头和玻璃一样，扮演着入侵的外星人角色，与人类——如果不是所有生物的话——相对立。它们直接吞噬自然资源，并因此拥有了邪恶的阴影。工业时代最糟糕的副产品——黑色的烟雾、黑色的河水、在磨坊里染成黑色的短命工人，与我们珍惜的自我意识相去甚远，让我们宁可相信资源本身就是异类或者更糟糕的东西。将冰冷的物质视为邪恶的并不难，即使这是必要之恶。当科技出现在人类由来已久的生活习惯中，我们会将其排除在外，把它当作传染病对待。我们张开双臂欢迎它的产物，却充满罪恶感。一个世纪前，如果认为科技注定会来到，一定被认为是荒唐可笑的，因为在当时，科技还是一种不可信的力量。两次世界大战释放了这种创造性的全部杀伤力，巩固了科技作为“迷人魔鬼”的名声。

通过科技一代又一代的进化，我们将其不断精炼，从而使科技的冷硬不复见。我们能够看穿科技的物质伪装，并且了解到科技的本质是一种行动。虽然它具有外形，核心却是更柔软的东西。1949年，研发出世界第一台计算机的天才人物约翰·冯·诺伊曼意识到，计算机正在教会我们什么是科技：“不论近期，还是遥远的未来，科技会逐渐从强度、物质和能量问题转变为结构、组织、信息和控制问题。”科技不再是一个名词，而是成为一股力量——一股推动我们前进或者阻挡我们的力量，是一个充满生机的精灵。科技是一个动词，而非一种物事。

第三章

WHAT TECHNOLOGY WANTS

第七界的历史

回顾旧石器时代，我们可以观察到这样一个进化阶段，那时人类使用的工具还很原始，科技体正处于其最简单的状态。但由于科技的历史早于人类，灵长类或其他动物就已经开始使用科技，所以我们必须超越人类的起源，去了解科技发展的真正本质。科技不仅是人类的一种发明，它也脱胎于生命。

如果要分类列出到目前为止在地球上发现的生物种类，可以将它们分成六大类。在这六大类或者说六大生物界之中，所有物种都有着共同的生化结构。其中三个生物界是极小的微观物质：单细胞生物体。另外三类则是我们常见的一些生物：菌类（菇类和霉菌）、植物和动物。

这六大生物界中的所有物种，也就是地球上现今的所有生物体——从藻类到斑马，在进化上一律平等。虽然其形体的复杂性和发展程度不同，但现存所有物种都花费了同样的40亿年的时间从祖先进化到现在的模样。所有物种每天都要经受考验，在一条从未间断的生命链中历经数亿代以进行适应。

许多生物体都学会了建造结构体，这些结构体让生物体突破了其生理的限制。高达两米的坚硬土墩是白蚁的殖民地，蚁穴运作起来就像是白蚁的外部器官。土墩的温度适宜，出现破损的地方可以进行修复，连干燥的泥土本身似乎都有生命。再想想海洋中珊瑚的石质树状结构，它们都是肉眼几乎不可见的珊瑚虫世界的公寓建筑。珊瑚的组织和其中的动物有如一体，一起成长，一起呼吸。蜂窝内部的六边形体聚集结构和用细树枝建造的鸟巢也以同样的方式发挥作用，因此最好将鸟巢或蜂巢看作修建而成的物体，而非自然长成物。巢穴就是动物的科技，是动物的延伸。

科技体是人类的向外延伸。马歇尔·麦克卢汉（Marshall McLuhan）和很多学者都认为，衣物是皮肤的延伸，车轮是脚的延伸，相机和望远镜是眼睛的延伸。我们的科技创造是对由基因构成的身体的重要外延，如此一来，我们便可以把科技当作身体的延伸。在工业时代，以这种方式看待世界是很容易的。蒸汽机、火车头、电视，以及机械师手中的控制杆和齿轮，都是妙不可言的“战甲”，让人类拥有超人的力量。但是仔细研究就会发现这个类比的缺陷：动物的延伸外壳是基因的产物，继承了自身构造的基本结构；人类则不然，我们的外壳结构来自人类的思维，可能会在不由自主的情况下创造出我们祖先从未制造过，甚至从未想象过的东西。如果科技是人类的延伸，那么这种延伸并非出自基因，而是来自我们的心智。因此，科技是思想延伸出来的形体。

科技体作为思想的生物体，进化过程也在模仿基因所构成的生物体的进化，其过程之间的差异非常细微。两者有很多相同的特性：它们的进化都是由简至繁，从笼统到具体，从单调到多样化，从个体主义到互利共生，从浪费能源到高效率，也从缓慢地变化转变为更强的进化。科技的物种随着时间不断变化，物种的模式非常类似物种进化的系统树。但科技表达的是想法，而非基因。

然而想法并不是孤立的，它们来自一个由辅助想法、间接观念、支持理念、基础假设、副作用、逻辑以及许多后续可能性交织成的网络中。想法结伴而行，大脑中出现一个想法便意味着出现大量想法。

大部分新想法和新发明都是由杂乱的想法融合而成的。时钟的设计创新激发出了更好的风车；为酿造啤酒而设计的火炉被证明对炼铁工业很有用；为风琴发明的机械装置被应用于纺织机上，而纺织机的机械控制则由计算机软件负责。不相干的部分到最后通常会变成紧密整合的系统，这个系统会拥有更加先进的设计。大多数发动机由产生热能的活塞和冷却用的散热器组成，但独创性的冷风式发动机把两个想法合二为一：发动机中的活塞也能同时发挥散热器的功效，驱散自身产生的热量。经济学家布莱恩·阿瑟（Brian Arthur）在其《技术的本质》（*The Nature of Technology*）一书中提道："在科技中，组合式进化是最早开始的并且比较常见的。一种科技的许多组件也为其他科技所用，所以当组件'脱离'本来的科技产品，应用到其他地方并有所改善时，就会自动产生大量的进步。"

这样的结合就像动物交配，产生出了古代科技的系统树。就像达尔文的进化论一样，微小改进的奖赏就会引来更多的复制品，因此创新会通过人口稳定地传播。旧有想法孵化出新想法，并将自己融入其中。科技不仅构成生态系统中互相支持的同盟，也会形成进化的方向。科技体确实只能被理解为一种进化中的生命。

我们可以用多种方式叙述生命的故事，其中一种是生物学发展中里程碑的编年史。在生命发展最伟大的100万年中，排在最前面的应该是生物从海中移居到陆地上的时间节点，或者是生物长出脊椎的时期，又或者是它们进化出眼睛的年代。其他里程碑则包括开花植物的出现、恐龙灭绝和哺乳类动物兴盛。这些都是历史上很重要的转折点，也是我们祖先的传说中值得称道的成就。

但是由于生命是一个自迭代（self-generated）的信息系统，一种看待这40亿年生命之历史的更具启发性的方式，便是标记出生命形式的信息化组织中主要出现了什么转变。哺乳动物在很多方面都不同于其他物种（如海绵），其中最主要的一点不同是，信息在有机体中流动时所依托的附加层。要观察生命的那些阶段，我们就需要找出生命结构在进化过程中的主要变化。这便是生物学家约翰·梅纳德·史密斯（John Maynard Smith）和厄尔什·绍特马里（Eors Szathmary）使用的方法，他们发现了生命历史中的8个生物信息开端。

两位科学家归纳出以下生物组织中的重大改变：

单一的可复制分子 ——→ 可复制分子的互动群体

可复制分子 ——→ 可复制分子串成染色体

RNA（核糖核酸）酶型染色体 ——→ DNA蛋白质

无核细胞 ——→ 有核细胞

无性繁殖（克隆） ——→ 有性重组

单细胞有机体 ——→ 多细胞有机体

单一个体 ——→ 群体和超有机体

灵长类社群 ——→ 以语言为基础的社群

在史密斯和绍特马里划分的生物等级中，每个级别都标志着复杂度的大幅提升。性别的产生可以说是生物信息重组历程中最重大的一步。通过控制性状（来自配偶双方的一些性状）的重组，而非完全随机的多样性突变或严格的复制同一性，性别的产生使可进化性达到了最大限度。利用基因之性别重组的动物，在进化速度上会快于它们的竞争对手。随后大自然创造出的多细胞有机体及接下来多细胞有机体群的出现，都符合达尔文主义的生存优势理论。更重要的是，这些创新提供了平台，让生物信息的片段能够以更新、更容易组织的方式进行排列。

在自然进化的同时，科学和技术也在进化。主要的科技进化也是从组织中的一个层级过渡到另一个层级（变迁）。按照以上观点，与其分类记录铁、蒸汽机或电力等重大发明，不如记录新科技是如何重塑信息结构的。一个最好的例子就是将字母（可组成与DNA有异曲同工之妙的字符串）转换成书籍、索引表、图书馆（与细胞和有机体相似）中具有高度组织性的知识。

按照史密斯和绍特马里的方法，我根据信息组织的层级整理了科技的主要变迁，其中每个阶段对于信息和知识的处理都是前所未有的。

科技体的重大变迁包括：

灵长类动物的交流 ⟶ 语言
口述知识 ⟶ 书写／数学符号
手稿 ⟶ 印刷
书籍中的知识 ⟶ 科学方法
手工制造 ⟶ 大量生产
工业文化 ⟶ 无处不在的全球通信

对人类或全世界来说，影响最深的就是第一次科技变迁——语言的出现。比起个人的回忆，语言使得信息能够被存储在一个更大的存储器中。以语言为基础的文化能把累积的故事和口口相传的智慧传授给未来的子孙，即使他们在未繁育后代前便死去了，其个人的知识也能够被记住。从整个系统的角度来看，语言使得人类能够以比基因传导更快的速度适应和传播知识。

为语言和数学发明的书写系统将更多的知识结构化了。想法可以被索引、被修改，并且被更加容易地传播。书写使得有组织的信息渗入日常生活的各个层面，加速了贸易，促进了历法的产生及法律的形成，而所有这些又进一步促进了组织化的信息。

随着读写能力的广泛传播，对组织化信息的印刷也普及了。随着印刷术的普及，符号处理也更加盛行。图书馆、目录、交叉引用、字典、重要词语索引表和详细观测数据的出版物如雨后春笋般出现，使信息的普及程度到达了新的水平，以至于我们对铺天盖地的印刷物几乎熟视无睹。

印刷术之后出现的科学方法在处理人类产生的爆炸式信息时更加精确。类似同行评审的方式为后来的期刊文献与科学成果提供了一种提取、检验可靠信息，然后将之与其他经过检验、相互关联的事实联系起来的方法。

这些新的、有序的信息——我们称之为科学——能够被用来重新构建事物的组织。科学产生了新的材料、制造物品的新流程、新的工具及新的视角。当把科学方法应用于工艺中时，我们发明了可以互相替换零件的大规模生产、组装线、高效率和专门化的技术。这些信息化组织的所有形式为我们认为理所当然的生活水平带来了令人难以置信的提升。

最后，知识之组织的新转变如今正在发生。我们将秩序与设计注入我们制造的所有东西中，也增加了可以进行小型计算和通信的微型处理器芯片，甚至是带有条形码的最小的一次性物品也共享了我们的集体心智。信息的广泛流动延伸到制造品和人类中，在一个巨大的网络，即最大的（但不是最终的）信息秩序中，分布到全球。

科技体进化递增的轨迹与生命所遵循的轨迹相同。在生命和科技体中，一个内部联系越来越紧密的层级，都会逐渐在其上编织出一层新的组织。值得注意的是，在科技体中，重要转变的起始点恰好是生物中重要转变的结束：灵长类动物群体开始使用语言。

语言的发明是自然界中最后一次重要的转变，也是人工世界中出现的第一次转变。语言、思想和概念是社会性动物（如人类）创造出的最复杂的东西，也是任何一种科技的最简单的基础。因此，语言为这两个序列的重要转变搭起了桥梁，将它们联合成一个连续的序列，自然进化由此汇入了科技进化。在人类历史中，完整的重要转变过程如下：

单一的可复制分子 ⟶ 可复制分子的互动群体

可复制分子 ⟶ 可复制分子串成染色体

RNA（核糖核酸）酶型染色体 ⟶ DNA蛋白质

无核细胞 ⟶ 有核细胞

无性繁殖（克隆） ⟶ 有性重组

单细胞有机体 ⟶ 多细胞有机体

单一个体 ⟶ 群体和超有机体

灵长类动物社群 ⟶ 以语言为基础的社群

口述知识 ⟶ 书写／数学符号

手稿 ⟶ 印刷

书籍中的知识 ⟶ 科学方法

手工制造 ⟶ 大量生产

工业文化 ⟶ 无处不在的全球通信

这种递增的逐渐升级的堆积揭示出一个漫长的故事。我们可以把科技体当作起始于六大生物界的进一步的信息重组，如此一来，科技体就成为生命的第七界，而它延伸的则是开始于40亿年前的进程。就像现代智人的进化树在很久以前从动物祖先那里出现分支一样，科技体现在也从人类这种动物的心智中分化出来，从共同的根源发展出锤子、车轮、螺钉、精炼金属和改良后的农作物等新物种，以及像量子计算机、基因工程、喷气式飞机和万维网等珍稀物种。

科技体和其他六大生物界之间有几个很重要的差异。和其他生物界的成员相比，这些新物种在地球上生存的时间最短，狐尾松则见证了全部科技家族和种类的兴起与衰亡。我们制造出来的东西，寿命甚至不及寿命最短的生物。很多数字科技产品的寿命还比不上单只蜉蝣，更别提与这个物种相提并论了。

但是，大自然无法预先规划，也不会存储创新以供日后使用。如果自然中的变异无法立即提供生存优势，那么这种变异延续下去的代价就会很大，因此经过一段时间，它便消失了。

但是有时候，有利于解决某个问题的特质也被证明有利于解决其他突然出现的问题。例如，小型的冷血恐龙进化出可以保暖的羽毛，之后，这些原本长在四肢上用来保暖的羽毛，被证明在短暂飞行时也很好用。在保暖这个创新出现后，意外出现了翅膀和鸟类。这些预料之外的创新在生物学中被称为“功能变异”[1]。我们不知道自然界中的功能变异是否常见，但其在科技体中可是司空见惯的。科技体就等于功能变异，因为创新可以被轻易地从原点借走，或者跨越时间被赋予新的用途。

---

1 Exaptation，也被翻译成“扩展适应”，指的是出于实现某个目的功能却实现了另外一个目的，此处作者所举的鸟类羽毛的例子便是功能变异最经典的例子之一。——译者注

尼尔斯·艾崔奇（Niles Eldredge）和史蒂芬·杰伊·古尔德（Stephen Jay Gould）是间断平衡论[1]的提出者。艾崔奇研究的专业领域是三叶虫历史，或者与现代的球潮虫类似的古代节肢动物。他有个爱好是，收集短号——一种很像喇叭的乐器。有一次，艾崔奇把专业的分类法运用在他收集的500支短号上，其中一些短号的历史可以追溯到1825年。

他在这些乐器中选择了17个特征，如号角的形状、活瓣的位置、号管的长度和直径——与区分三叶虫的分类方法类似。他用类似分析古代节肢动物的技巧来研究短号的进化，发现短号和生物的家系形态有许多相似之处。举例来说，短号的进化呈现阶梯式的发展（见图3-1），与三叶虫很像。乐器的进化也很独特。多细胞生物的进化与科技体进化最关键的差异在于，生物界的性状融合在时间上是“垂直”发生的。

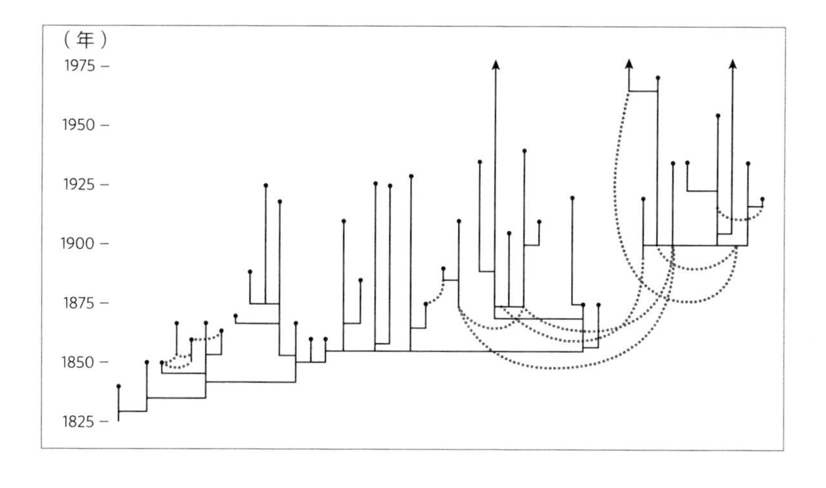

图3-1 短号的进化树。从各种乐器的设计传统可以看出，某些进化分支会借鉴早期模型或非毗邻分支。这与生物的进化情况不同。

1 间断平衡论是这两位科学家于1972年提出的一个进化学说，该学说认为新的物种只能以跳跃的方式快速形成，并且一旦形成就处于保守或进化停滞状态，直到下一次进化事件的发生。——译者注

一方面，亲代把新事物（垂直）向下传递给子代；另一方面，科技体中的融合过程则多半是在时间上横向发生的——甚至出现在已“灭绝”的技术中，又或者是从非亲代那里传承下来的。艾崔奇发现，科技体的进化模式并非是重复我们将其与之联系的生命树分支，而是一种不断扩展的、循环的路径网络，这个网络经常回到“已死亡”的观念中，并重新恢复“丢失”的特征。换句话说，早期的特征（功能变异）提前预料到了之后会被它们的后代采纳。

这两种模式的差异非常明显，因此艾崔奇认为，我们可以利用它们来判断一个进化树所描述的是自然物还是人造物。

科技体和有机体进化的第二个差异在于，渐进式进化是生物界的规则。这里很少有革命性的进步，所有东西的进步都是经过长时间的小步前进完成的，其中每一步都必须对当下的生物有作用。与之相反，科技能够向前跳跃，略过慢慢增加的步骤，出现突然的急速进步。艾崔奇说道：“比目鱼的祖先原本眼睛对称长在头部的两侧，后来慢慢进化到了同一侧，但晶体管不可能以这种方式从真空管‘进化’而来。”比目鱼承受了数亿年的逐渐变化，但晶体管最多经过几十次迭代，就可以从其“祖先”真空电子管发展出来。

不过，至目前为止，自然进化与人工进化之间最大的差异是科技物种不像生物的物种，它们几乎永远不会灭绝。被认为已经“绝迹”的科技，经过详细调查后，几乎总是能在地球上的某个角落找到仍在制造它的人。一个科技产品或人工制品也许在现代都市中已不常见，但在发展中的乡村却很常见。举例来说，在缅甸到处看得到牛车，编织篮子的技艺在非洲随处可见，而玻利维亚依然盛行手工纺织。我们原本认为早已消失的科技产品在现代社会中或许仍受到喜爱这项传统的小团体的欢迎，不过只是用来获得仪式性的满足感——想想阿米什人的传统生活方式、现代的部落社会，以及热爱黑胶唱片的收藏家。通常旧的科技产品被淘汰后，可能会变得非常少见或不太主流，但仍会有人偶尔拿出来用（见图3-2）。这样的例子很多，例如，直到1962年，在我们所谓的原子时代，波士顿街头仍有许多小型企业在使用由架在空中的驱动轴提供蒸汽动力的机械。这种过时的科技产品一点也不罕见。

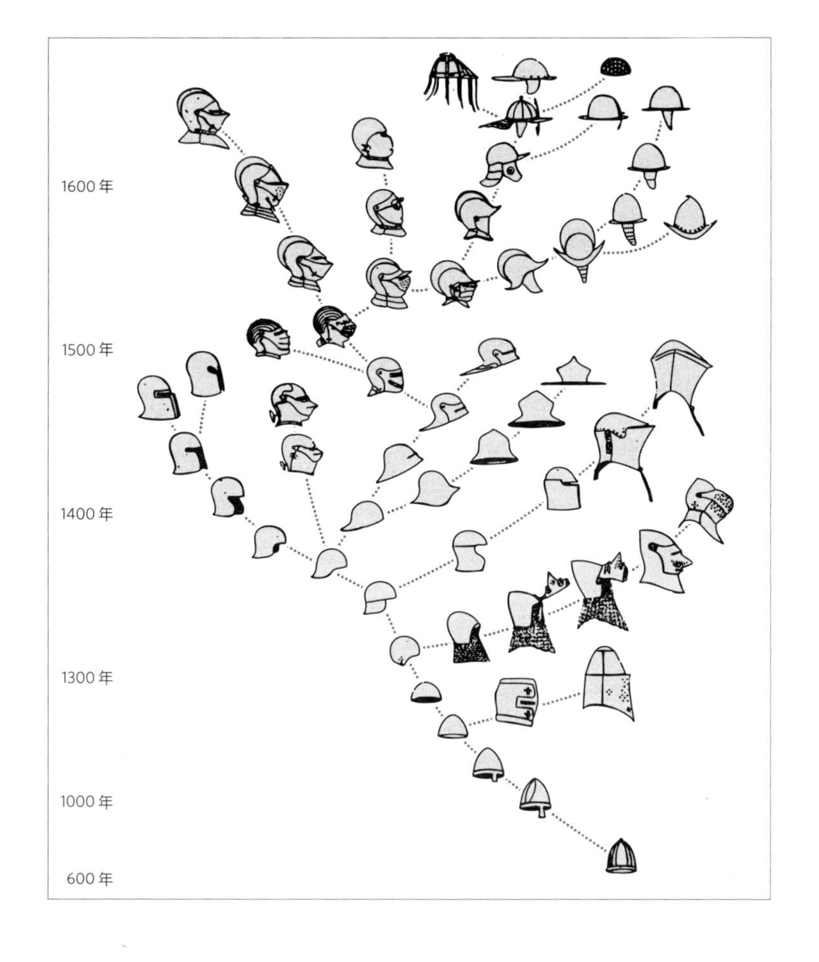

图3-2 头盔在1000年间的进化。这张简要的谱系图由美国动物学家与中世纪盔甲专家巴什福德·迪恩（Bashford Dean）手绘而成，描绘了自公元600年以来中世纪欧洲头盔的进化历程。

在周游世界的过程中，我惊讶于古代科技居然如此坚韧，在缺乏能源和现代资源的地方，其通常是当地居民的第一选择。在我看来，似乎所有的科技都从未消失。一名颇受尊重的科技历史学家听了我的结论，想都不想就开始质疑："想想看，蒸汽动力汽车早就停产了。"但是，我用谷歌简单搜索之后，便很快找到了仍在为斯坦利蒸汽动力汽车制造全新零件的人。那些闪亮的铜制阀门和活塞，你想要什么都买得到。只要有足够的钱，你甚至可以组装一部全新的蒸汽动力汽车。当然，有几千名爱好者是自己组装蒸汽动力汽车，还有几百人开着这些老式汽车上路。蒸汽动力虽然已不再普遍存在，却是科技物种中保存完好的一种。

我决定研究一位住在国际都市（如旧金山）的后现代都市居民能找到多少种古老的科技产品。100年前，这里没有电力，没有内燃机，只有很少的快速公路；除非通过邮局，否则很少有机会和远方的人互通消息。但你可以通过邮政网络从蒙哥马利—沃德公司的目录中订购几乎所有产品。我手上有一本翻印的目录，褪色的新闻纸散发出一种消失已久的文明的陵墓的气息。然而，我很快就惊讶地发现，这本邮购目录上列出的100年前出售的数千种商品，目前依然在出售。虽然风格不同了，但基本的科技、功能和形式仍保持不变。带有小装饰品的皮靴，也还是皮靴。

我为自己设置了一项挑战，就是找到1894~1895年蒙哥马利—沃德目录中某一页上的所有产品。翻阅了600页后，我选中了相当典型的一页，上面全是农具（见图3-3）。这些过时的工具类型与其他页上的炉具、灯具、时钟、笔和锤子相比，寻找难度应该更高。因为农具似乎就像某些恐龙，谁会需要手动的玉米芯去壳机或调漆机？我连这些是什么都不知道。但如果我能买得到这些过时的农业时代的工具，就意味着消失的科技其实

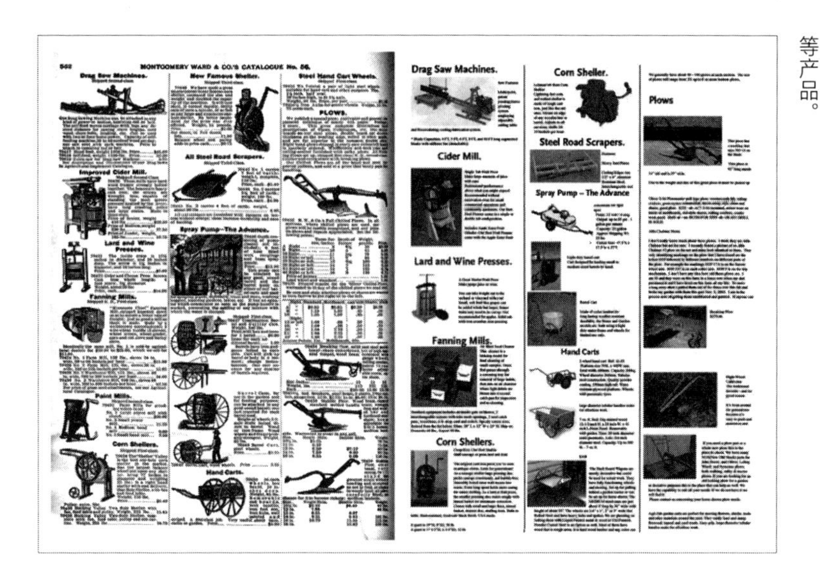

图3-3 经久耐用的产品目录。左边为1894—1895年蒙哥马利-沃德目录的第562页，列出了可邮购的农具。右边则是2005年从不同的网络来源找到的全新对等产品。

并不多。

要在eBay网站上找古董当然不费什么劲，但我的试验是要找到最近制造的这些设备，因为只有这样才能证明这些科技物种仍然具有生命力。结果让我大吃一惊。几个小时内，这本有100年历史的商品目录所列出的所有产品都被找到了。每个老式工具都能在网上买到可用的新化身，它们并没有“死去”。

我尚未研究每一个产品至今仍然存在的原因，但我猜大多数工具都经过了类似的历程。当农场完全抛弃了这些过时的工具、几乎完全自动化时，仍有很多人使用最原始的手工工具进行园艺工作，原因很简单，因为这些工具好用。只要后院种出来的西红柿比农场里的好吃，原始的锄头就不会被抛弃。并且显而易见的是，即使工作量大，亲手收割也是令人感到快乐的。我推测，发现了不靠燃油驱动的机械来做事的优点的阿米什人，以及其他回归田园的人会购买这些工具。

但也许1895年还不够久远。让我们来看看最古老的科技吧：燧石刀或石斧。事实证明你还是能买到全新的燧石刀，手工制作，细心地装上鹿角把手，再用皮绳扎紧。不论从什么角度看，它都与3万年前制作的燧石刀使用了一模一样的技术。现在你花50美元就能买到它，而且出售的网站还不止一个。在新几内亚的高原地带，直到20世纪60年代，少数部落成员还会制作自用的石斧。现在他们仍用同样的方法制作石斧，不过是为了卖给游客，石斧爱好者也在向他们学习。这种完整的知识链使得这个始于石器时代的科技得以留存下来。如今，仅在美国境内，就有5000名业余爱好者手工敲制箭头。他们利用周末的时间聚会，在燧石打制俱乐部中交换心得，并把箭头卖给纪念品代理商。专业考古学家约翰·惠特克（John Whittaker）也是打制燧石的爱好者，在对这些业余爱好者进行研究后，他估计这些人每年可以制造上百万个全新的矛头和箭镞。这些全新的箭镞和真正的古代箭镞别无二致，连惠特克这样的专家都无法分辨。

只有很少的科技从地球上永远消失了。希腊人的战争技巧已经失传了几千年，但目前正有个能使它重见天日的很好的研究机会。印加人曾经用在绳子上打结的方式来记账，这种方式被称作结绳记事（quipu），它的具体操作早已被遗忘。我们有一些古物样品，却不知道它的真正用法是怎样的。也许这只是个案。不久以前，科幻小说家布鲁斯·斯特林（Bruce Sterling）和理查德·凯德利（Richard Kadrey）编辑了一份“死亡工具”清单，来强调“流行物品稍纵即逝”的本质。最近消失的发明——如Commodore 64计算机[1]和雅达利计算机[2]，也被加入了古老物种的长长名

1 Commodore 64计算机于1982年问世，即成为那个年代最受欢迎、最流行的电脑之一。——译者注
2 曾创下每年20亿美元销售额的奇迹，于1998年退出IT业。——译者注

单，这份名单中还有幻灯片投影机和电传簧风琴。事实上，名单上的东西大多数都还没消失，只是很少见了。一些最古老的工具科技被底层的修补匠和狂热业余爱好者保存了下来。更近的一些科技产品仍然在生产，只是用了不同的品牌名称和配置。举例来说，许多在早期计算机中应用的科技，依然可以在现在的手表或玩具中找到。

除了极少数例外，科技并不会走到生命的终点。因此科技和生物物种不同，后者经过长久的时间，会不可避免地走向灭亡。科技以思想为基础，以文化为存储器。如果被遗忘了，它们也有机会复活，也可以被记录下来（以越来越好的方法），而不会遭到忽略。科技永存不朽，这就是第七生物界最持久的优势。

第四章

WHAT TECHNOLOGY WANTS

外熵崛起

科技体的起源可以在同一个中心的创造故事中被反复叙述。每次重新叙述，都阐释出更深一层的影响。在第一次阐释时（第二章），科技源自现代智人的心智，但很快就超越了心智。第二次叙述（第三章）则揭示了除人类心智外，还有其他驱动科技体的力量：作为整体的有机生命的外推和深化。本章则是第三个版本：范围进一步扩大，超越了心智和生命，包含整个宇宙。

科技体的根源可以回溯到原子的一生。一个原子穿过日常科技用品（如手电筒的电池）的旅途很短暂，犹如昙花一现，无法与其他任何漫长的生命相比。

时间出现之初，也是大多数氢原子诞生的时候，它们就跟时间本身一样古老。氢原子产生自大爆炸的火焰，形成均匀的暖雾后发散到宇宙中。之后，每一个原子都走上了孤独的旅程。氢原子在茫茫的太空深处无意识地飘荡，彼此距离数百公里，就和周围的真空一样死气沉沉。没有变化，时间就没有意义，在宇宙99.99%的广大空间中，变化微乎其微。

几十亿年后，氢原子可能会被卷入某个凝结星系的引力辐射（gravity

radiating）流中。在几乎感觉不到时间和变化的情况下，氢原子朝着固定的方向慢慢地飘向其他物质；10亿年后，氢原子撞到了有生以来第一次碰到的少量物质；又过了几百万年，它又第二次遇到了物质；不久之后它会碰到同类，也就是另一个氢原子。两个原子借着微弱的能量一起漂流，再经过漫长的岁月后，它们碰到了氧原子。突然间，怪事发生了。瞬间的高温使氢氧原子凝结成了水分子，它们也有可能被吸入某个行星的大气层循环中。氢氧原子结合后，就陷入无穷无尽的变化循环中。水分子迅速上升，再变成雨水落入已经被其他互相冲撞的原子挤满的池塘。在无数水分子的包围下，更多的氢原子不断进入同样的循环，就这样重复了几百万年，不断从拥挤的池塘回到辽阔的云层中，然后再落下。有一天，幸运之神降临了，水分子被池塘中异常活跃的碳链捕获了。

进化再度加速。氢原子在简单的循环中旋转，促使碳链前进。在死气沉沉的太空中，可绝对享受不到这样的速度、移动和变化。碳链被另一条链占据后，经过多次重组，最后氢原子进入了细胞，不断重新排列与其他分子的关系与连接。现在，变化已经不再停顿，相互作用也是如此。

人体内的氢原子每隔7年就会完全更新。随着年龄增长，人体便成为由古老的原子汇成的河流。我们身体内的碳来自星际的尘埃，而我们的双手、皮肤、眼睛、心脏中的物质，则大多在数十亿年前就已经被制造出来了。我们要比看上去老得多。

对人体内的普通氢原子而言，要说有什么值得夸耀的，应该就是它花费几年时间从一个细胞奔向另一个细胞。140亿年来，氢原子一直处于死气沉沉的迟缓状态，然后在生命的海洋中进行一场短暂而狂野的旅行，在行星死亡时，再回到太空中孤立无援的状态。用转瞬即逝来形容这段时间都显得太长了。从原子的角度来看，每种生命有机体都像一场龙卷风，可以把氢原子卷入疯狂的混沌与秩序中，使它享受140亿年以来仅有的一次放纵。

细胞的旅程快速而疯狂，但能量流过科技的速度还要更快。事实上，就这点而言，我们目前所知的可持续结构的活跃度均无法超越科技，科技也能给原子带来更加狂野的旅程。对如今的终极旅程而言，计算机芯片是宇宙间可持续能量最强的东西。

还有一种更精确的说法：宇宙中所有能长久存在的东西，从行星到恒星，从雏菊到汽车，从大脑到眼睛，能够传递最密集能量（每秒经过1克物质的最高能量）的东西就在笔记本电脑的核心里。这怎么可能？与流经太空中星云的微弱能量相比，恒星的能量密度非常巨大。但值得注意的是，和草本植物中的高度密集能量流动与活跃度相比，太阳的能量密度便黯然失色。虽然太阳表面活动频繁，但太阳质量巨大，寿命达100亿年，因此就整个系统来说，每秒流过每克太阳物质的能量比不上1克向日葵每秒吸收的太阳能量。

核弹爆炸时的能量密度远超过太阳，因为其失控的能量流动无法长久延续。100万吨的核弹会释放出10^{17}尔格的能量——这是一股非常强大的能量，但爆炸只能延续10^{-6}秒。所以，如果“平摊”一次核爆，把释放能量的1微秒延续成整整1秒，那么能量密度就会降到10^{11}尔格，这大约就是计算机芯片的能量密度。从瞬间能量的角度来看，或许可以把英特尔出品的奔腾芯片看作一场非常缓慢的核爆。

发生在核弹爆炸中的瞬间燃烧中断现象同样也会出现在火焰、化学炸弹、超新星和其他种类的爆炸中。可以说，它们是靠消耗自身能量来释放出高到不可置信却无法长久维持的能量的。如太阳般闪亮的恒星在数十亿年中靠不断发生裂变来维持自身的闪耀，但是，恒星裂变的能量流动速率其实比绿色植物中维持不变的流动速率还要低！草本植物中的能量转换并非火光乍现，而是制造出整齐有条理的绿色叶片、黄褐色的茎和饱满的种子——这些结构带有信息，可以进行完美的克隆。动物体内稳定的能量流动还要更好，它让我们能实际感受到能量的波动。它们上下起伏、不停跳动、前后移动，偶尔还会散发出热量。

流过科技的能量比流过动物的更强。以每克每秒的焦耳数（或尔格）衡量，高科技装置长时间凝聚能量的能力无物能比。图4-1是由物理学家埃里克·蔡森（Eric Chaisson）编辑的能量密度曲线，横轴最右边的就是计算机的奔腾芯片。每秒每克在奔腾芯片微小电路中传导的能量要超过动物、火山和太阳，在已知的宇宙中，这种微型高科技产品是能量活跃度极高的事物。

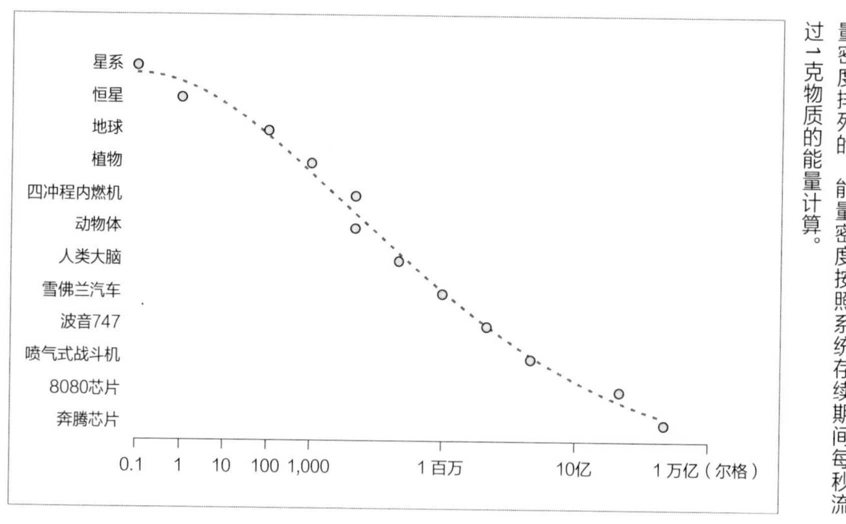

图4-1 能量密度曲线。图中的大型复杂系统是按能量密度排列的，能量密度按照系统存续期间每秒流过1克物质的能量计算。

现在，我们可以将科技体的故事作为扩大宇宙活跃度的故事来讲述。在创世之初，宇宙被包裹在一个很小的空间里。整个宇宙开始的时候比最小原子中最小粒子的最小的那一点还要小。这个小点中的温度、亮度和密度分布都是相等的。在这小到不能再小的点中，所有部分的温度都相同。事实上，这里没有容纳差异的空间，毫无活力可言。

但从创世之初，这个极小点就开始以我们无法理解的过程扩张。每一个新出现的点都飞离其他新出现的点。当宇宙膨胀到与你的头差不多大的时候，就有了冷却的可能性。在最开始的3秒内，宇宙还没膨胀到人头这么大时，它是非常紧密的，没有可以喘息的空隙，紧密到连光线都无法移动。甚至于连目前我们所知的在现实中运作的4种基本作用力——重力、电磁力、强核力（Nuclear Force）及弱核力，都被压缩成合而为一的力量。在起始阶段，这股总能量随着宇宙的扩张而分化成4种截然不同的力。毫不夸张地说，在创世那最初的几飞秒[1]内，宇宙间只有一样东西——一种掌管一切、超级紧密的力量，之后这股唯一的力量扩展开来，冷却为自身的数千个变种。宇宙的历史便由此从单一变得多元。

随着宇宙的扩张，它创造出了虚无（nothingness）。随着空间变大，温度也下降了。空间使能量冷却为物质，让物质减缓速度，让光线散发出去，然后重力和其他力量得以展现。

能量只是冷却所需的潜势，但需要势差的帮助。能量只能从多流向少，所以没有势差，能量就无法流动。很有意思的是，宇宙扩张的速度超过了物质本身冷却和凝聚的速度，这意味着有助于冷却潜势的持续增加。宇宙扩张的速度越快，冷却潜势越大，宇宙范围内的势差也越大。经过漫长的宇宙岁月，这种不断扩大的势差（介于持续扩张的空间和大爆炸余留的热度之间）为进化、生命、智慧并最终为科技提供了动力。

---

1 Femtosecond，译作飞秒、毫微微秒，1飞秒=10^{-15}秒。——译者注

能量就像受到重力作用的水，一直向下渗透到最低、最冷的层级，直到势差消失才会停下来。在大爆炸之后的1000年内，宇宙中的温度差异很小，因此很快就达到平衡状态。如果不是宇宙不断扩张，一切都会平淡无奇，但宇宙的扩张带来了起伏。随着宇宙向四面八方膨胀，点与点之间的距离越来越远，空间产生了空荡荡的底部——像地下室一样，能让能量下流。宇宙膨胀的速度越快，构造出的地下室越大。

地下室的最底部便是最终的状态，即所谓的“热寂”（heat death）。这是一种完全静止的状态，没有势差，所以没有运动，也没有潜势。请想象看不到光线，听不到声音，所有方向看起来都一样的画面。所有的区别——包括“这”与“那”之间的基本区别，都已经消耗殆尽。这个单调的地狱叫作最大熵。熵是一个新的科学名称，表示荒芜、混乱和失序。在人类所知的范围内，宇宙间唯一没有已知例外的物理法则是：所有的创造都在朝着这个宇宙的地下室前进。宇宙间万事万物都平稳地滑下斜坡，朝着“废热”（wasted heat）和最大熵的至高无上的平衡状态前进。

我们随处都可以看到这道斜坡。因为熵的缘故，快速前进的东西会慢下来；秩序衰退为混乱；任何类型的差异或个性要想保持其独特性，都要付出一些代价。每一种差异，不论速度、结构或行为，都会迅速彼此同化，因为所有活动都会释放能量。宇宙内的差异不是免费的，要保持差异就必须违反本质。

努力保持差异性并对抗熵的拉动作用，创造出了自然奇观。捕食者——如老鹰——消耗熵的程度达到了巅峰：在一年的时间里，1只老鹰会吃掉100条鳟鱼，100条鳟鱼吃掉1万只蚱蜢，1万只蚱蜢吃掉100万根草。因此间接来算，一只老鹰需要100万根草。但若把这100万根草堆起来，则要比老鹰重得多。这种臃肿的低效率是由熵引起的。动物生命中的一举一动都会浪费一点热能（熵），这意味着食肉动物获得的能量少于其猎物摄取的总能量，其中的差额在每次行动时都会增加。只有通过不断补充阳光沐浴下草类带来的新能量，生命的循环才能够得以延续。

令人惊讶的是，在这种触目惊心且无法避免的“浪费”下，有机体却能长期延续，而不会迅速分解到冰冷的平衡状态。在面对熵的虚无和同一性时，我们在宇宙中发现的所有有趣且健康的事物——生物、文明、社群、智慧和进化本身，不知为何总能维持稳定的差异。扁虫、星系和数码相机都具有相同的性质——远离热能的未分化，而维持在有差异的状态。宇宙中那种死气沉沉且静止的状态是大多数原子的标准状态。虽然宇宙中的其他物质会滑向冷冻的地下室中，但有少数不同寻常的物质却能抓住能量的波动，飞舞上升。

维持差异的向上流动就是反向的熵。为了方便叙述，我称之为外熵（exotropy），即向外翻转的意思。外熵的另一个科技术语是负熵，这个词原本是哲学家马克斯 · 莫尔（Max More）发明的，不过他的拼法是negentropy。我借用他的术语，改动了一下拼写，来强调外熵和它的反义词——熵——之间的区别。比起负熵，我更偏爱外熵这个词，因为这是一个正面的术语，取代了“缺乏失序”这种双重否定的说法。在本书中，外熵比简单地减少混乱更令人振奋。我们可以把外熵想成一种力，它本身便会冲向一种不大可能的存在物之无法打破的序列。

外熵不是波动，不是粒子，也不是纯粹的能量，更不是超自然的奇迹。外熵很像信息，是一股无形的流动。由于外熵可以被解释为负熵——逆转失序，因此按照定义来说，就是增加秩序。但秩序是什么？对简单的物理系统来说，热力学的概念就足够了，但对真实世界中的黄瓜、大脑、书籍和自动驾驶的货车，我们并没有测量外熵的好方法。最贴切的说法可能是，外熵与信息类似，但不等同于信息，这也表示外熵需要自组织。

我们无法确切地从信息的角度来定义外熵，因为我们并不真正了解信息是什么。事实上，信息这个词语涵盖了几种矛盾的概念，应该用不同的术语来表达。我们用信息一词来表示“一串二进制数字”或“有意义的信号”。但令人迷惑的是，当熵增加时，二进制数字也会增加，信号则会减少，所以某种信息增加时，另一种信息会减少。在我们能够用语言阐明之前，和其他说法比起来，信息这个词更像是比喻。在这里，我想使用它的第二个意思（不一定总是一致）：信息是一组产生差异的信号。

信息是当下最流行的隐喻——这么说会让大家觉得更糊涂。我们在解读生活环境中的神秘事物时，会使用当下已知的最复杂的系统让我们联想到的比喻。拿自然来说，它曾经被描述为人体，在时钟发明后被比喻为时钟，在工业时代时又被比喻为机器。现在，到了“数字时代”，我们则会采用计算化的比喻。为了解释人脑运作或进化的方式，我们会使用大型软件程序来处理信息片段的模式。历史上的那些比喻都没有错，只是不够完整，我们关于信息和计算的最新比喻也是一样。

但是，外熵与不断增加的秩序一样，需要的不只是信息。我们的科学已经发展了数千年，比喻也有成千上万。信息和计算演算绝对不是无形实体中最复杂的，而仅是到目前为止人类发现的最复杂的事物。或许最后我们会发现，外熵涉及量子动力学或引力，甚至是量子引力。但就现在而言，信息（从结构的意义上说）是已知的理解外熵性质的最好比喻。

从宇宙的角度来说，信息是人类世界中的主导力量。在宇宙的最初时代，即大爆炸刚刚结束时，能量是一切的主宰。那时，放射线无处不在，宇宙非常灼热。慢慢地，空间扩大，温度下降，物质取代了能量。物质是块状的，分布也不均匀，但物质的具体化产生了重力，开始塑造太空的样子。随着（我们周围的）生命出现，信息的影响力上升了。我们所谓的生命是一种数十亿年前就掌控了地球环境的信息过程。现在另一种信息过程，也就是科技体，后者正在再度征服地球。从地球的角度来看，宇宙中外熵的增加看起来就像图4-2中那样，其中E代表电磁辐射，M代表质量，I代表信息。

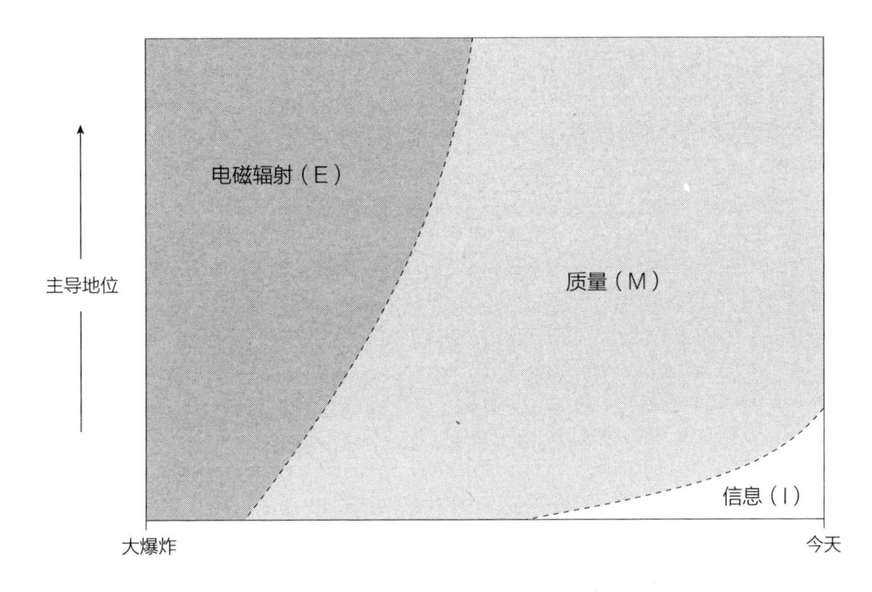

图4-2 宇宙不同时期的主导力量。自大爆炸以来，我们所居住的宇宙区域中的主导力量已经发生了变化。图中的时间是以对数标尺显示的，随着时间的推进，时间单位也以指数方式增长。在这样的比例下，时间开始之初，几纳秒所占据的水平距离就与如今的10亿年一样长。几十亿年来，外熵不断增加，产生了稳定的分子、太阳系、行星大气层、生命、心智和科技体，可以说是有序信息的缓慢积累，也可以说是将积累下来的信息慢慢整理出秩序。

通过极端的例子，我们会更清楚地认识这个问题。实验室架子上的4瓶核苷酸与你染色体中的4种核苷酸之间的差异，在于后者的原子在你的复制型DNA螺旋链中得到了额外的结构或排序。虽然它们还是同样的原子，但是更有秩序。当这些核苷酸的原子的细胞宿主进化时，它们也获得了另一层结构和秩序。随着有机体进化，其中的原子携带的信息编码也经过了操作、处理和重新排列。除了基因信息，原子现在也会传达适应性的信息。它们从保留下来的创新中获得秩序，然后同样的原子会被提升到秩序的新层级。也许它们的单细胞宿主会与另一个细胞结合，变成多细胞，而这需要除了细胞的更大有机体的信息架构。进化中的进一步转变——形成组织、器官、性别并创造出社交群体，会继续提升秩序性，并且增加流经这些相同细胞的信息结构。

40亿年来，进化已经在基因库中积累了丰富的知识，这么长的时间，可以让我们学到很多东西。如今，地球上3000万物种之中的每一种都拥有完整的信息链，而这些信息链可以追溯到最初的细胞。这种信息链（DNA）在每一代都会学到新的东西，把辛苦得来的知识加入编码。遗传学家木村资生（Motoo Kimura）估计，自从5亿年前寒武纪生命大爆发以来，每条遗传谱系（例如鹦鹉或小袋鼠）积累的基因信息总量都有10兆字节（MB）。现在，若把每种生物拥有的独特信息乘以世界上的生物总数，你便会得到一个天文数字。想象一下，如果要携带地球上所有生物的基因（种子、卵子、孢子、精子），也许就需要一艘数字储存的诺亚方舟。有一项研究估计，地球上单细胞微生物的数量是10^{30}种。典型的微生物，例如酵母，在每一代会产生一次单点突变，也就是说，每种存活的生物都会携带一点独特的信息。仅计算微生物（约占生物量的50%），如今的生物圈就已经包含了10^{29}字节的基因信息。这个数值非常巨大。

而这还只是生物学上的信息。科技体淹没在其自身的大量信息的海洋中，这些信息反映了8000年来蕴含其中的人类知识。用现在的数字储存量估算，科技体总共包含10^{20}字节的信息，虽然比自然的总量少了很多，但是是以指数方式增长的。科技每年会将数据扩大66%，远远超过任何自然资源的增长率。与附近的行星或在太空中飘荡的无声物质相比，地球已被一层厚厚的知识和自组织的信息所覆盖了。

科技体的宇宙故事还有另一个版本。我们可以将外熵的长期轨迹看作脱离了物质的无形的超然存在。在早期的宇宙中，物理法则是唯一的统治者。化学、动能、扭矩、静电电荷规则以及其他此类可逆的物理力量就是一切。除此之外，再也没有其他游戏规则。物质世界无法突破的那些限制，这决定了它们只能产生非常简单的机械形式，例如石头、冰块、气体云。但是宇宙扩张与相对增加的势能把新的无形动力带到了地球上：信息、外熵和自组织。这些新组织的发展潜力（与活细胞一样）不会与化学和物理规则相抵触，而是源自它们。生命和心智并非简单蕴藏在物质和能量的本质中，是超越了它们的限制而出现的。物理学家保罗·戴维斯（Paul Davies）总结得好："生命的秘密并不在于其化学基础……生命的繁荣恰恰是因为它避开了化学规则。"

目前，我们的经济正在从以物质为基础的工业转变为关于无形商品（如软件、设计和媒体产品）的知识经济，这正是稳步走向非物质化的最新趋势（材料加工并未减少，只是现在非物质事物的经济价值比较高）。美国达拉斯联邦储备银行总裁理查德·费希尔（Richard Fisher）说："来自世界各地的数据告诉我们，消费者的收入增加后，他们在商品上的花费反而会相对减少，而会把钱更多地花费在购买服务上……一旦人们的基本需求得到满足，他们就会倾向于医疗护理、交通运输、通信、信息、消遣、娱乐、财务和法律咨询等服务。"在科技体中，价值的分离（更高的价值，更少的质量）已是稳定的趋势。6年中，美国每1美元出口商品

（美国产品中价值最高者）的平均重量已滑落到原来的一半。2005年前后，美国40%的出口商品是服务（无形资产），而不是制成品（商品）。我们正在稳定地以非物质的设计、灵活性、创新和智能取代死板、沉重的原子（见图4-3）。实际上，我们向以服务和观念为基础的经济迈进，是从大爆炸时就开始的趋势的延续。

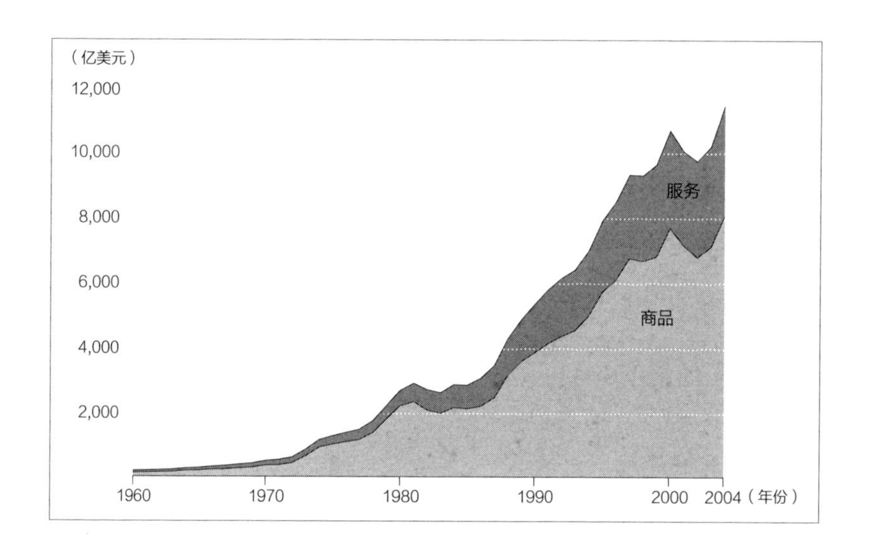

图4-3 美国出口商品的非物质化进程。图中为1960—2004年美国每年出口的商品和服务总量。

减物质化（dematerialization）并非是外熵前进的唯一方法。科技体把信息压缩成高度精炼的结构的能力，也是非物质化的胜利。举例来说，科学（从牛顿开始）能够将与物体运动有关的大量证据抽象化为非常简单的定律，例如 $F = ma$（牛顿第二定律）。同样地，爱因斯坦也把大量的经验观察转变为简单扼要的 $E = mc^2$（爱因斯坦质能方程）。每一项科学理论和公式——针对气候、空气动力学、蚂蚁行为学、细胞分裂、山脉抬升等，都是信息压缩后的结果。如此一来，我们堆满经过同行评议、交叉索引、带有注释、充满等式的期刊文章的图书馆，就是一个非物质化事物集中的巨大矿山。如同讨论碳纤维科技的学术书籍被压缩进无形的知识一样，碳纤维本身也是如此。它们中蕴含的东西远远超过了碳。哲学家马丁·海德格尔（Martin Heidegger）认为，科技是一种内在现实的"现身"（unhiding），即一种展现。而这个内在现实就是所有制成品的非物质的本质。尽管科技体把一堆硬件和材料发明推向我们，但它也是宇宙释放出来的最无形的、非物质性最强的过程。的确，科技体是世界上最强大的力量。我们倾向于认为，人类的大脑是世界上最强大的力量（然而我们应该记得这种说法从何而来），但科技体已经赶上了它聪明的"父母"。我们心智的力量只能通过刻意的自反省（self-reflection）才能略微增强，而对于思想的思考只能让我们增加一丁点的智慧。然而，科技体的力量却可以通过对其自身的转化性质的反思，而使自身的力量无限增加。新的科技可以更加容易地发明更好的科技，但我们不能说大脑也是如此。在科技的无限扩大中，科技体非物质的组织已成为我们所处的宇宙区域中最强大的力量。

科技的主导地位并非来自人类心智，而是根源于与那些将星系、行星、生命和心智引入存在的相同的自组织。它是始于宇宙大爆炸的巨大非对称弧的一部分，并随着时间流逝扩充为愈发抽象的非物质形式。现在，这道弧正在缓慢地从物质和能量古老的规则中不可逆地解放出来。

PART 2 第二部

规则

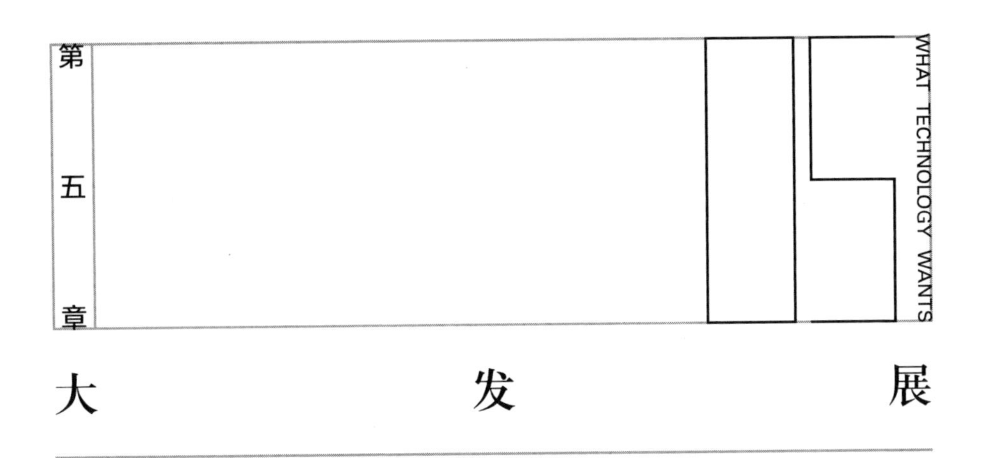

大发展

新奇事物在现代人类生活中比比皆是，然而在古代，新奇的东西是有多么少见。过去的变化多半会循环往复：砍伐森林，开发田地，然后弃置农田；军队进驻，然后离开；洪水之后必有旱灾；王位不断有人继承，不论君王是善是恶。对大多数人来说，他们大部分时间都体验不到真正的变化，可能要过数个世纪，才能发生小小的转变。

当变化爆发时，古人们只想避开。如果能感知历史变化的方向，那么它一定是越来越糟的。过去曾有过“黄金”时代，那时年轻人敬重老人，邻人夜不闭户，人人敬畏上帝。在古代，大胡子的“先知”预告即将发生的事时，通常都是坏消息，未来会更好的想法直到近代才比较普遍。但即使到现在，若要说全世界的人都能接受这样的想法，还差得很远。文化进展通常被视为特殊的插曲，它很有可能随时退回过去的灾难中。

要随着时间慢慢看到进步，就必须对照现实：几十亿人口不平等、某些区域的环境越来越恶化、各地的战争、种族屠杀和贫穷……理性的人们无法忽视人类发明和活动持续培育出的“新祸害”，而为了解决旧问题所做的尝试虽然用意良好，但产生出来的新问题也有可能带来危害。好的事物不断遭到破坏，看起来无休无止。事实也的确如此。

但好的东西也持续出现，从未止息。虽然有人滥用抗生素，但抗生素的好处又有谁能否定？电力、布匹和无线电不也一样？值得我们拥有的东西数也数不胜数，其中一些虽然有不利之处，但我们也仰赖它们好的一面。为了补救已经察觉到的灾难，我们又创造出更多新的事物。

一些新的解决办法反而比原本要解决的问题更糟糕，但我认为，总体来看，过了一段时间以后，便可以证明新的解决方法比新的问题更有价值。一名严肃的科技乐观主义者也许会争辩说，大多数文化、社会和科技的变化都是非常积极的，每年在科技体中60%、70%甚至80%的变化都让世界变得更美好。虽然我不知道确切的比例，但我认为最终的数字应该是超过50%的，即使只超出一点点。犹太祭司撒罗米曾说过："世界上善多于恶，但高出的并不多。"大家没有料到的是，如果能够发挥"复利"的杠杆作用，"不多"其实就已经足够了，而这正是科技体的原理。这个世界即使不是完美的乌托邦，也会继续进步。人类一些行为所带来的祸害——如战争，是毁灭性的。我们制造的许多产品一点用处都没有，也许我们的所作所为有一半都是垃圾。但是，如果我们创造出的正面事物能比我们破坏的多出1%~2%（甚至只有0.1%），就会得到进步。这个差异可能会小到几乎无法察觉，而这或许就是为什么并非所有人都承认世界在进步的原因。用我们社会中普遍的不完美来衡量，1%似乎微不足道。但这细小、渺茫、薄弱的差异在文化的潜移默化下，就会出现进步。过了一段时间，1%~2%的"好不了多少"就会累积成为文明。

但是长期来看，每年真能有1%的改善吗？我想，有5个证据可以证明这种趋势。平均来看，人们的寿命、受教育程度、健康和财富都出现了长期的提升，这是我们可以测量出来的。一般来讲，越是到近期，人类的寿命就越长，有更多渠道来累积知识，拥有的工具和选择也越来越多。但这只是平均而言。因为战争和冲突可能会在短期内就让某个地区的安乐生活消失殆尽，所以几十年内的健康和财富指数便会出现波动，世界各地也不均衡。不过，长期（我所谓的长期是几百年甚至几千年）的轨迹仍然是稳定的大幅度上扬。

长期进步的第二个证据，是我们在有生之年见证到的正面科技发展的浪潮。这个持续的浪潮或许比其他信号更加明显地每天都让我们相信，一切都在改善。装备和设施刚不仅仅是改善了，在变好的同时，它们的价格也更低了。当我们透过窗户望向过去，才发觉以前的窗户根本没有玻璃。以前也没有机器织的布、冰箱、钢铁、照片，以及仓库货物快要满到街道上的大型超级市场。这样的丰富可以顺着缓慢下降的曲线回溯到新石器时代。古代工艺品的精致程度可能会让我们吃惊，但就纯粹的数量、多样化和复杂度而言，和现代的发明一比就逊色太多了。证据很清楚：我们会汰旧换新。若要在老式和新式的工具之间选择，不论是过去还是现在，大多数人都会抓起新的。只有极少数人会收集老旧工具。尽管eBay网站很大，世界各地也有跳蚤市场，但跟新工具的市场比起来还是相形见绌。但如果新东西不一定更好，我们又一直想要新的，那我们就真的是傻子了。我们之所以想要新东西，最有可能的原因是它们更好。当然，可供选择的新东西也更多了。

典型的美国超市里约有3万种物品。每年光是在美国，如食品、肥皂和饮料等全新的商品就会推出2万种，它们都希望能在拥挤的货架上长久占据一席之地。现代产品大多带有条形码。核发条形码前置码的代理机构估计，全世界使用的条形码总数至少有3000万。而地球上的制成品就算没有几亿种，也有几千万种。

英格兰国王亨利八世于1547年去世时，宫廷司库一一点算他的财产。他们在计算时格外谨慎，因为他的财富就相当于英格兰的财富。账房算出家具、汤匙、丝织品、盔甲、武器、银盘和常规财物的总数。在最终的账本里，亨利八世的宫廷（英格兰的国库）共有18000件物品。

我家有一栋挺大的美式房屋，里面住了我和妻子、三个小孩、小姨子和两个外甥女。一年夏天，我与女儿婷婷清点了家里所有的东西。我们带着手握式计数器和写字板，走过每一间房，翻遍了好几年没打开的厨房橱柜、卧房衣柜和书桌抽屉。

我比较有兴趣的是算算看家里有多少种东西，而非这些物品的总数，所以我试着去算科技"类型"的数目。每一种物品我们只算进一个当作代表，有特殊颜色的（比方说黄色或蓝色的）或表面上有装饰的不算入新的种类。对于书籍，我只计算形制型，比方说平装书、精装书和特大开本的精装图册等。所有的CD算成一类，所有的录像带也算成一类，以此类推。基本上，内容不作为分类的条件。用不同的材料制成的东西算不同的种类。陶盘算一类，玻璃盘算另一类。用同一种方法制成的东西算同一种。在食品储藏室里，所有的罐头都算同一类。衣柜的算法又不一样。大多数的衣服都用同样的科技制造出来，但布料不一样。棉质牛仔裤和棉质衬衫算同一种，毛料长裤算另一种，合成纤维的上衣又算另一种。如果要用不同的技术才能做出一样东西，我会把那样东西算成独立的一类科技产品。

在翻遍所有的房间后——除了车库我都一一清点完成（车库要算独立的工程了），我们算出来家里总共有6000种东西。而由于像书、CD、纸盘、汤匙、袜子等东西，每一种都包含好几样东西，我估计家里的物品总数（包括车库里的）应该接近一万。

典型现代家庭里拥有的东西跟国王的差不多，并且还不需要花什么心力积攒。事实上，我们比亨利八世更富裕。在麦当劳，负责煎汉堡肉的人薪水最低，生活质量却远超过亨利八世或近代世界上最富有的人。尽管煎汉堡肉的人薪水可能只够付房租，却能买到很多亨利八世买不到的东西。

以前买不到室内的抽水马桶或空调，也无法驾驶汽车舒舒服服地开上500公里。现在，出租车司机都能享受这些。在100年前，洛克菲勒是全世界最有钱的人，却没有手机，而现在印度孟买街头的穷人都人手一部手机。19世纪上半叶，罗斯柴尔德的财富在全世界排名第一，虽有数百万美元，却买不到抗生素。罗斯柴尔德因脓疮感染导致身亡，而现在只要花3美元买一剂新霉素就可以治好。虽然亨利八世拥有华服和无数佣人，但现在要付钱给别人去过他的生活，却没有人愿意——那时没有抽水马桶，房间黑暗潮湿，房子周围的路都无法通行，和外界沟通的方法极少。在印度尼西亚的首都雅加达，住在简陋宿舍里的贫穷大学生可能都活得比亨利八世更舒服一点。

摄影师彼得·门泽尔最近安排了一次跨国活动，到世界各地拍家庭的照片，家中的全部财物也要一起入镜。他走过包括尼泊尔、海地、德国、俄罗斯和秘鲁在内的39个国家，他和摄影团队把这些家庭的所有物品都搬到街上或院子里拍照，详细列出名目，汇整成《物质世界》(*Material World*)一书。几乎所有人都以自家的财物为傲，笑嘻嘻地站在住所前，周围是五彩缤纷的家具、器皿、衣服和小摆设。平均每个家庭拥有的物品数量是127种。

对于这些形形色色的财产照片，我们有一点可以确定，但还有一点是不确定的。可以确定的是，前几个世纪住在这些地方的人所拥有的物品种类显然不到127种。但今天，就算住在贫苦的国家，一家人的财物数量也一定超过两百年前有钱的家族。在殖民地时代的美国，当屋主过世，官员通常会把他的资产列出细目。当时的屋主家里通常有40种东西，多一点的话有50种，但一般不超过75种。

我们不确定的是，如果拿出两张照片，上面是两家人和他们的财物，一家人来自危地马拉，他们的财产包括火罐、织布机和其他一点东西；另一家人来自冰岛，家里的洗衣机有烘干功能，还有钢琴、三辆脚踏车、马匹和其他上千样物品，哪家人会比较快乐，是物质丰富者，还是身无长物者？对此，我们并没有答案。

过去30年，大家都认为，如果能够达到生活的最低标准，那么即使有更多的钱，也不一定能让你更快乐。若你的生活水平低于某个收入门槛，多赚点钱一定会改变生活状况，但之后就算钱更多了，也买不到快乐。这是理查德 · 伊斯特林于1974年发表的研究结果，目前，该研究已经成为了经典研究案例。然而，美国宾夕法尼亚大学沃顿商学院最近的研究结果指出，在世界各地，富庶都能带来满足感的提升，收入越高的人越会得到幸福。在收入水平较高的国家，一般来说居民都会觉得很满足。

这项最新的研究结果也符合我们的直觉，我对此的解读是；金钱能给你更多选择，而不仅是更多东西（尽管更多的物质也会随着更多选择而来）。拥有更多器具和经验并不会让人觉得快乐，能够掌控自己的时间和工作，享受真正的悠闲，没有战争、贫穷和腐败造成的不确定性，有机会追寻个人的自由，才会让我们更快乐。不过首先要变得更富有，才有机会体验这些。

我去过世界很多国家，包括最穷和最富有的地方、最老和最新的城市、发展最快和最慢的文明。我在这些经历里观察到一件事，只要有机会，走路的人就会买自行车，骑自行车的人会买电动自行车，骑电动自行车的人会升级成汽车，有汽车的人则梦想能拥有飞机。世界各地的农人把牛犁换成拖拉机，把瓜瓢做成的碗换成锡碗，把凉鞋换成皮鞋。所有人都是这样，会走回头路的人寥寥可数。著名的阿米什人或许算是例外，但细看之下也并非如此，因为就连他们的团体也不会完全躲避，而仍然会采用某些科技产品。

我们只能被科技拉着走，没有回头路。这种拉力要么是一个神秘的女妖，迷惑头脑简单的人让他们买下并非真正想要的东西；要么就是一个暴君，我们却无力推翻他。又或者可以说，科技给我们提供某些我们极其渴望的东西，它们能够间接带来更高层的满足感（很有可能这三种景况都对）。

科技的黑暗面无可避免，甚至有可能科技体中有一半就是黑暗的。在我家众多闪亮的高科技产品背后，远方正有人挖掘危险的矿坑以取得稀有元素，而这些元素会放射出重金属的微量毒素。要提供计算机所需要的电力，需要构筑巨大的水库来发电。砍伐原木做出我家的书柜后，丛林里便只剩下树桩。而要将我家和办公室的东西包装好并运向市场，则需要有长长的车队和道路。每种东西都来自土壤、空气、阳光，以及其他工具组成的网络。我们数出来的一万种分类只不过是地球上物品的冰山一角，或许幕后需要10万种实质的新发明，才能将元素转换成我们那一万种东西。

就在科技体逐渐增加其根源透明度的同时，也制造出更多的摄像机镜头、交流用的神经元和追踪技术，来揭示其自身的复杂过程。如果我们愿意，我们可以有更多选择来审视科技的实际花费。这些交流与监控系统是否能够让追求享乐的消费主义的速度慢下来呢？有这个可能。但科技体的真实消费与交易极高的可见度与透明度，并不会减缓科技体自身的发展。察觉到科技体的弱点，就可以通过将能量从华而不实的消费品分流到更有意义的进步中去，来精细化科技体的进化并加快其提高的速度。

科技体一直保持着细微、稳定和长期的进步，关于这点的第三个证据属于道德层面。但与此相关的测量准则很少，大家对于事实的反对也更多。随着时间流逝，人类的法律、习俗和道德观都慢慢扩展到人类的共情中。一般来讲，人类起初对自身的认同主要来自家庭。家庭就可以等同于“我们”。有了这样的判断后，不在我们家庭范围内的人就是“其他人”。自古至今，大家都认为“我们”这个圈子里和圈子外的人是要遵守不同的行为规则的。然后，“我们”的圈子慢慢地从家庭扩大到部落，继而又从部落扩大到国家。这个圈子现在仍在继续扩大，已经超越了国家甚至种族，也许很快还会跨越物种的界限。其他灵长类动物也逐渐享有越来越多的类似人类的权利。如果伦理道德的金科玉律是“己所不欲，勿施于人”，那么我们也不断在扩大“他人”的概念。这就是道德进步的证据。

第四个证据无法检验是否有进步，却可以提供有力的佐证。生命花了40亿年走过极其遥远的距离，从简单至极的生物发展成复杂到极点的社交动物，这方面已有不少科学文献，且数量还在增加。我们的文化变迁可以被看作自40亿年前就开始的进步的延续，我会在下一章阐述这一点。

第五个证据则是大规模的城市化。1000年前，住在城市里的人口比例很低，现在则超过了50%。很多人为了更好的明天而移居到城市，因为那里的选择和机会比较多。每星期都有上百万人从乡村搬进城市，与其说这是空间的转换，不如说是时间。移居的人其实向前跃进了几百年，从中世纪的村庄进入21世纪不断蔓生的城区。大家都可以看到贫民区里的生活有多么令人苦恼，却依然勇往直前。跟我们一样满怀希望的人涌进城市，追求更多的自由和选择。我们住在城区和近郊区的人与这些移民一样，都希望有了更多的选择之后，能够享受随之而来的利益。

我们随时都能选择回到初期的状态。事实上，回到过去是非常简单的事。发展中国家的居民只要搭乘交通工具，就能回到农村，靠着古老的传统工具过活。虽然选择不多，但肯定能填饱肚子。以类似的精神来做选择，如果你相信新石器时代的人就已经达到生存的顶峰，那么你去亚马孙河流域找块空地露营绝对没问题。如果你心目中的黄金时期是19世纪90年代，那就去跟阿米什人一起耕作吧。要重返过去，机会多得不得了，但只有少数人真的愿意回到过去。在世界各地，不论是历史上什么时代，不论是哪一种文化，都有数十亿人成群结队地用最快的速度冲向“选择多那么一点点”的未来。

城市是科技的产物，是人类制造出的最宏大的科技产品。城市对世界带来的冲击远超过城市人口占全球人口的比例。正如图5-1所示，有史以来住在城市中的人口比例平均是1%~2%。然而当我们提到“文化”时，心中所思几乎全都来自城市（城市与文明在英文中有同样的字源）。但最能表达现今科技体特征的大规模都市化，也是最近才开始发展的现象。其就跟大多数描绘科技体的图表一样，到了近两百年才活动频频。这期间人口暴涨，新发明剧增，信息爆炸，自由度增加，都市变成主宰。

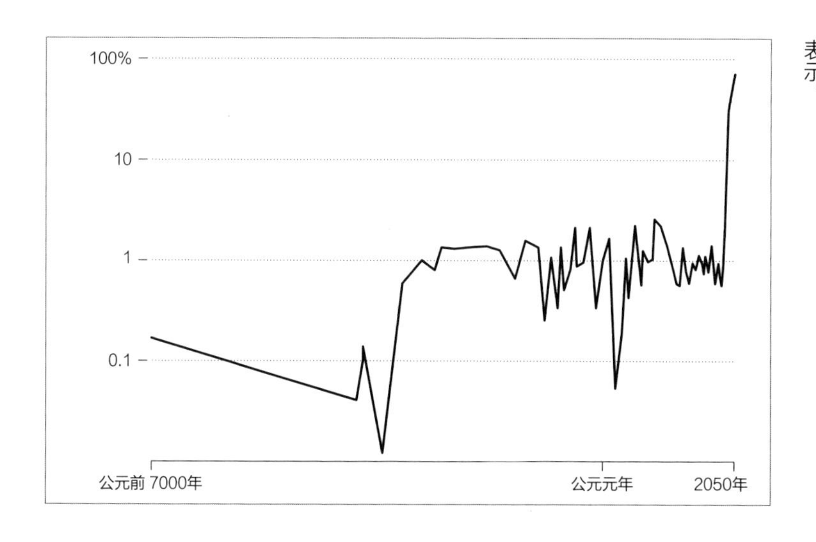

图5-1 世界城市人口。该图显示了自公元前7000年至今（包括2050年的预期值）全球城市人口占总人口的比例变化。图中比例以对数标尺表示。

“大发展”的所有承诺、悖论和得失都可以在城市里看到。事实上，我们可以通过检验城市的本质，来审视科技进步的概念与真实性。城市或许是创新的引擎，但并非所有人都认为城市很美丽，尤其是现代的巨大城市，它们狂吞猛噬能源、物质和人们的注意力，就好像吞食荒野的机器，以至于很多人纳闷自己会不会也被吃掉。比起科技的那些玩意，城市更加能够让我们感到科技体带来的紧张：我们购买最新的发明，究竟是我们想要它们还是不得不去买？近期的大规模城市移民是他们自己的选择还是必要行为？人们是受到城市里的机会吸引，还是因为绝望而违背了自己的意愿？如果不是被迫，为什么有人愿意选择离开村庄的舒适，蜗居在城市贫民区腐臭漏水的小屋里？

不过，每一座美丽的城市起初都是贫民区。刚开始的时候，会有人在特定季节过来扎营，通常只会搭起无拘无束的临时住所。物质享受很少，脏乱情景却很常见。猎人、侦察兵、商人、拓荒者找到好地方过一两夜，要是营地合乎众人的心意，或许就能发展为一座村庄，也有可能变成不适合居住的要塞或凄凉的官方前哨，永久性建筑物旁围绕着临时性小屋。如果村落的地点有利于成长，那么违章建筑就会一圈圈盖起来，直到村落乱糟糟地变成小镇。小镇越来越繁荣，就需要镇民或宗教中心，城市的边缘也在毫无计划、无人管理的混乱情况下持续扩大。不论是哪个世纪，不论在哪个国家，都市拥挤的边缘总会让已经定居的人吃惊，觉得受到困扰。对新移民永恒不变的鄙视，可追溯到第一座城市兴起时，罗马人抱怨城镇边缘廉价简陋的房屋“发出恶臭、潮湿、萎靡”。罗马士兵会不时地被派去拆毁违章建筑，但过了几个星期就发现它们被重建起来或者移走。

巴比伦、伦敦和纽约都有拥挤的贫民区，那些不受欢迎的移民搭起简陋的避难所，卫生条件根本不符合标准，还会有人偷鸡摸狗。历史学家布罗尼斯瓦夫 · 盖雷梅克说：“中世纪的巴黎都会景观中，有一大块由贫民区构成”。即使在18世纪80年代巴黎正处于巅峰期时，也有将近20%的居民“居无定所”，也就是说，他们住在简陋的房屋里。当时的一位绅士对中世纪的法国都市也有类似的抱怨，他说：“好几家人住在一栋房子里。织布工一家人挤在一个房间里，在火炉前互相依偎。”历史上同样的事情不断出现。曼哈顿曾有两万人住在自己搭建的违章建筑里。19世纪80年代鼎盛时期，光在布鲁克林区的木板市（盖房子用的材料是从锯木场生产的木板，故有此名）的贫民区里，就有1万多名居民。根据《纽约时报》1858年的报导：在纽约的贫民区里，10栋木屋里有9栋只有一间房，面积不超过12平方米，一家大小所有的需求都在这里解决。

旧金山也从违章建筑起家。罗布 · 诺伊雅尔特那本发人深省的《影子城市》（*Shadow Cities*）提到1855年的调查估计：“（旧金山）95%的地主拿不出真正的合法契约，证明自己拥有那块地。”那时，到处都是违章建筑，沼泽里、沙丘里、军队基地里。一名目击者说：“只要有块空地，第二天就会看到上面搭了五六顶帐篷或小屋。”费城住了很多新移民，当地报纸称其为“暂住人口”（squatler）。最近期的例子是1940年，上海20%的市民住在违章建筑里。上百万的违章建筑居民留在贫民区里，持续改善生活，还没传承到下一代，他们的贫民区就变成21世纪最早出现的城市中的一员。

过程就是这样。所有科技都是如此运作的。这些小玩意一开始只是粗劣的原型，然后便发展到勉强能用的东西。贫民区里随意乱盖的屋子会随着时间升级，基础设施得到改善，临时性的服务也逐渐变成官方服务。曾经是穷人栖身的破房子，经过几代，便成了有钱人居住的豪宅。今天的新兴城市，将会变成明天的贵人住宅区。如今，这种情况在里约跟孟买都已经发生了。

过去的贫民区和今日的贫民区有着同样的特点。它们给人的第一印象都是又脏又挤。一千年前的贫民区和今日的贫民区一样，房子随意盖起，外表破破烂烂。尽管气味令人难以忍受，但经济活动却频繁热络。贫民区里一定找得到居民引以为傲的饭馆和酒吧，其中大多数还带有可供睡觉的出租屋。他们拥有动物、新鲜的牛奶、杂货店、理发厅、医生、草药店、修理东西的摊贩以及提供“保护”的“肌肉男”。充满违章建筑的城市永远是座“影子城市”，是个没有官方许可的平行世界，但终究是座城市。

像所有城市一样，贫民区的效率反而较高，甚至比城里的政府机构还要高效，因为他们一点东西都不会浪费。拾荒和回收旧物的人住在贫民区里，他们从城里其他地方清理破烂搭建成避难所，充实他们的经济。贫民区就像城市的外皮，在城市成长时，它的范围也跟着扩大。城市本身便是伟大的科技发明，它能够把能量和心智的流动集中起来，密度就像计算机芯片一样。在相对较小的区域内，城市不仅可以用最小的空间提供生活场所和工作区，也产生出了最多的想法和发明。

斯图尔特·布兰德在著作《地球新规》(*Whole Earth Disipline*)的“城市星球”一章中提道：“城市创造出财富，向来便是如此。”他引述城市学家理查德·佛罗里达的说法，称全世界最大的40个巨大型城市（人口超过1000万人）居住了全球18%的人口，“占全球经济产出的2/3，每10项新申请专利的发明中就占了9项。”加拿大一位人口统计学家计算出：“国民生产总值的增长有80%~90%来自城市。”每座城市都有参差不齐、新发展的区域，还有违章建筑和游民区，通常生产力最强的市民就出现在这些地方。迈克·戴维斯在《贫民区星球》(*Planet of Slums*)中披露：“在印度，街上游民的传统典型是贫穷的农夫，他们刚从乡下出来，常以乞讨维生，但在孟买的研究显示，几乎所有的家庭（97%）都至少有一个人负担生计，70%的家庭已经在城里至少住了6年。”住在贫民区的人常在附近高租金的地区从事薪水微薄的服务工作；他们有钱却住在违章建筑区里，因为这样上班比较方便。由于他们很努力，进步也很快。联合国早期发布的一项报告称，在泰国曼谷历史悠久的贫民区里，每个家庭平均有1.6台电视、1.5部手机和1台冰箱；2/3的家庭有洗衣机和CD音响，一半的家庭有室内电话、影视播放器和摩托车。在巴西里约的贫民区里，进驻违章建筑的第一代人中只有5%的人识字，而他们下一代的识字率则高达94%。

取得这样的进步必须依靠人们的努力。城市充满活力，不断变化，但城市的边缘则有可能令人不快。要进入贫民区，你首先需要通过脏乱的小巷。人行道上散发着臭气，路边堆着垃圾。我曾多次造访发展中国家恣意蔓生的贫民区，亲身经历过那样的环境。那里没有丝毫乐趣，而必须每天忍受臭气的居民当然怨言更多。为了弥补门外的脏污与丑陋，违章建筑室内的摆设常常惊人地充满了慰藉的力量。贴满回收材料的墙面、丰富的色彩以及堆积如山的小装饰品，营造出了一个舒适的空间。尽管一间房里能容纳的人数多到看起来不可能，但对很多人来说，贫民区的小房间要比乡下的小棚子舒服多了。偷接的电力虽然不稳定，但总算有电可以用。屋里虽然只有一个水龙头，还是从很远的地方接过来的，但总比老家的水井近多了。药物很贵，但是很有效。学校里也有会来上课的老师。

贫民区不是乌托邦。一下雨，那里就会满地泥泞。做一些事还得依赖贿赂，实在令人气馁。而别人一眼就看得出违章建筑的状态不佳，也让居民们脸上无光。苏克图·梅塔在以孟买为主题的著作《极大之城：失而复得的孟买》（*Maximum City*）中提道：“砖造房屋旁有两棵芒果树，向东边望去能看到小山丘，为什么有人要离开这样的老家来到这里呢？”然后他自己回答：“所以，家里的长子能在城北边缘的米拉路买一套两房的公寓，小儿子可以更上一层楼，搬到美国的新泽西。忍耐一时不便，正是对未来的投资。”

然后梅塔又说：“对印度村庄里的年轻人来说，孟买的呼唤不只让他们想到金钱，更让他们想到自由。”激进人士卡维塔·拉姆达斯曾说过城市的魔力有种积合效应，斯图尔特·布兰德重述如下：“在村庄里，女人只能顺从丈夫和亲戚、捣碎小米和唱歌。如果搬到城里，她们就可以找工作或者创业，让小孩子都能上学。”大家一度认为沙特阿拉伯的贝都因人是地球上最自由的民族，随心所欲地在阿拉伯半岛南部沙漠的空白之地中漫游，躺在满天星星下，不受任何人支配。但海湾国家的贫民区迅速扩大时，他们便很快放弃了游牧生活，匆忙搬进外观单调的水泥公寓里。美国《国家地理》杂志的多诺万·韦伯斯特报道称：贝都因人把骆驼和山羊留在村里老家的畜舍里，因为牧人生活的慷慨大方和吸引力仍未完全磨灭。而贝都因人感受到城市的魅力，也并非走投无路，按他们的说法：“我们随时可以去沙漠里体验以前的生活方式。但这种（新的）生活方式比以前更好。以前小孩没办法看医生，也不能上学。”一位80岁的贝都因酋长的结论比我的好太多了：“孩子的未来有更多选择。”

很多人并非必须要移居到城市里，但来自村庄或沙漠和灌木丛林的移民有好几百万。如果你问他们为何而来，那么不论是贝都因人，还是住在孟买贫民窟里的人，都会给出几乎一样的答案——他们为机会而来。他们尽可以留在老家，就像阿米什人的选择一样。年轻男女可以留在村庄里，跟父母一样享受农业和小镇工艺令人满足的节奏。但干旱和洪水永远不会消失。大地令人难以置信地美丽，家庭和族群的热情支持，都会永远不变。同样的工具仍在使用，同样的传统也仍在带来同样的美好结果。按着季节规律劳作的强烈满足感、充足的空闲、牢固的家庭亲情、令人安心的恒久不变、带来奖赏的劳动付出，永远牵动我们的心。在一样的条件下，谁愿意离开希腊小岛、喜马拉雅山脉之中的村庄或中国南方绿树掩映的庭院？

但并非每个人都有同样的选择。世界上越来越多人拥有电视机和收音机，也会进城看电影，他们知道生活中有哪些可能性。城市的自由度让他们的村庄看起来宛若监牢。所以他们选择热切地、满怀渴望地奔向城市。

有些人争辩说，他们别无选择。来到贫民区的人被迫移居到都市里，因为在村里耕种无法养家糊口，他们并非自愿离开家乡。卖咖啡维生数代后，他们发现全球市场出现变化，咖啡的价格一落千丈，他们只得回头去种植作物以求自给自足，或者搭上公车离开。也有可能因开采煤矿等科技发展污染了他们的农田，导致地下水位降低，迫使他们离开家园。此外，随着技术进步，我们发明了牵引车和冷藏设备，开拓了公路，从而使得不论离农田多远都没问题，所以需要的农耕人手越来越少，即使在发达国家也是如此。为了住所和其他建筑物所需的原木而大量砍伐森林，又或者要清理出新的农田提供食物给城市居民，也迫使原住民离开乡野的家园，放弃自己的传统。

的确，若是来到亚马孙河流域、婆罗洲群岛或巴布亚新几内亚的丛林，看到部落原住民挥舞链锯，砍伐自己的森林，真的很令人沮丧。森林里的房屋被从地基拆除，使你不得不住到营地，然后搬到小镇，最后落足城市。而一旦进入营地，你便会淡忘狩猎采集的技能，唯一愿意付你薪水的工作就是去砍伐邻居的森林。虽然这种感觉很怪异，但也只能接受。把人迹罕至的林地砍伐干净，就文化的角度来说实在太荒唐，其中原因有好几个，非常重要的一点就是部落成员因栖息地被毁，从此无家可归。离乡背井一两代后，他们可能就会失去重要的生存技能，就算森林家园能够重建，他们的后代也无法回归。离开家乡就等于不由自主地踏上"不归路"。同样地，北美的白皮肤移民以卑劣的方法对待原住民，强迫他们移居，去接纳他们原本没有迫切需求的新科技。

然而，从技术上来讲，并没有必要把森林砍伐干净。任何毁灭居住地的做法都很糟糕，是非常愚蠢的粗糙科技，但其并不是大规模移居的主要因素。过去60年来，有25亿人奔涌进城市，相比起来，砍伐森林只是次要的推动力。现在跟过去都一样，每十年就有数亿人大规模地移居到城里，到城市定居的人们之所以愿意忍耐不便和脏乱住在贫民区里，只为了得到更多的机会和自由。穷人搬到城里的原因跟富人追求科技化的未来相似，都想有更多的可能性以及更高程度的自由。

格雷戈·伊斯特布鲁克在其著作《进步的悖论》（*Progress Paradox*）中写道："如果你坐下来，用铅笔和方格纸画下第二次世界大战结束后美洲和欧洲的趋势，这些线条便都应该往上走。"雷·库兹韦尔收集了可摆满走廊的图表，描述了许多（如果不是绝大多数的话）科技领域急速上升的趋势。关于科技进步的所有图表都是从低点开始，几百年前出现了小幅度的变化，然后在刚刚过去100年内上扬，并在过去50年内突然一飞冲天。

这些图表给我们一种感觉，即在我们短短的一生中，变化正在加速进行。和过去相比，新事物眨眼之间就会出现，而各个新变化之间的间隔则越来越短。在走向未来的同时，科技产品愈发精良、便宜、快速、轻巧、好用、普及，功能也更强。不光是科技，人类的寿命也越来越长，婴儿死亡率逐年降低，而且平均智力也在年年提高。

如果以上都是事实，那么很久以前是什么样子呢？那时候并没有很多进步的证据，至少以我们现在的眼光来看是这样的。500年前，科技产品不会“每隔18个月就功能加倍，价格减半”；水车的价钱不会一年比一年便宜；铁锤过了10年没有变得更好用；铁制工具的强度也没有增加。玉米的产量按着季节和气候变化，而不会每年都增加。过了一年，你的牛轭还跟原来一样，而不会升级成更好用的工具。你的预期寿命与孩子的寿命，都跟你的父母相差不多。战争、饥荒、暴风雨和诡异的事件来来去去，却没有固定的发展方向。简单来说，那个时候有变化，可是没有进步。

大家对人类进化常持有一个错误的想法，即认为历史上的部落和早期现代智人的史前氏族是高度平等、正义、自由与和谐的，从那之后才开始走下坡路。从这个观点来看，人类制造工具（和武器）的倾向只会带来麻烦。每一种新发明都能够释放出新的力量，这种力量可以被集中起来，交给某些人施行或加以腐化，因此，文明的历史便成为长期退化的历史。按照这种说法，人类的本质就不会改变，也不会向外界让步。倘若果真如此，难以改变人性，社会只会走向邪恶。依据这个看法，新的科技产品往往会腐蚀原本相当神圣的人性，所以唯有尽量减少科技产品，严格捍卫道德，才能予以控制。因此，我们永不松懈地创造新事物正是一种物种层面的嗜好，也可说是自我毁灭的轻佻行为，我们必须时刻与之对抗，以免屈服于科技的魔咒。

事实恰好相反。人类的本质充满可塑性。人类用心改变了价值观、期望和对自身的定义。自类猿人出现以来，人类的本质早已改变，而变化出现后，人类仍然继续求新求变。人类发明了语言、文字、法律和科学，其所激发出的进步水平对现代文明而言已成为基础并且和我们融合在一起，以至于我们会天真地认为，在过去也能看到同样美好的事物。但我们所认同的“文明”或“人性”，其实在古代并不存在。早期的社群并不和平，而是战祸连连。在部落社会中，成年人最常见的死亡原因是被公开宣布是女巫或邪灵。而举出这些迷信的控诉，并不需要什么合理的证据。部族中的违法者会被众人的暴行处死，这是很常见的“规范”；我们心目中的公平只存在于最亲密的族群里。男女两性极度不平等，弱肉强食处处可见，在这种环境下的“正义”，并非现代人所能接受。

但在最早的人类社群里，这些价值观都发挥了效力。早期人类的社会适应力强到令人无法置信，它有迅速恢复原状的能力。他们创造出艺术、爱和道义。他们能够克服环境的困难，正是因为他们的社会规范非常成功（即使我们认为这些规范实在难以忍受）。如果早期的社会必须仰赖我们今日关于正义、和谐、教育和平等的概念，就无法成功存活。但所有的社会都会不断进化和改良，包括现代的原住民文化在内。尽管他们的进步非常细微，但的确在前进。

约17世纪前，在所有的文化中，静默无声、缓缓进步都要归功于天神或上帝。等到进步脱离了神学并归因于人类，才能开始大幅度前进。环境卫生让人们更加健康，活得更久。农耕工具提高了食物产量，减少了工作量。新家具让居家环境更舒适。新的想法犹如天马行空。人们发明的东西越多，生活就越舒适。充实知识后，人们便能发现和制造更多的工具，而这些工具又让人们发现和学习更多的知识。工具与知识都让人们活得更久、更轻松，两者环环相扣。知识、舒适度和选择都不断增加，人们的幸福感也越来越高，这就是进步。

进步的发生正好对应到科技的兴起。但科技的动力是什么？人类有好几千年的时间（可能还不到数万年）不断学习，一代一代传承知识，却没有明显进步。当然，我们偶尔会发现新事物并慢慢传播出去，或者在独立的情况下再次发现该事物。但在很久以前，即使过了好几个世纪，仍测量不到什么明显的进步。事实上，在1650年，一名普通农夫过的日子可能跟公元前1650年或公元前3650年的普通农夫几乎没有差别。在世界上的几个流域，比如说埃及的尼罗河流域和中国的长江流域，以及在某些特定的地区，例如古希腊和文艺复兴时期的意大利，民众的命运或许比历史上大部分人都更优越，只有在朝代结束或气候变化时才会走下坡。300年前，普通人的生活标准不论在何时何地几乎都差不多：总填不饱肚子、寿命短暂、选择有限，而且极度仰赖传统，只为了能将生命延续到下一代。

数千年来，这缓慢的生死循环慢慢前进，突然之间"砰"的一声！复杂的工业科技出现了，一切都开始快速前进。这声响从何处来？我们的进步又从哪里起源？

古代的世界有很多绝妙的发明，尤其是在城市里。社会慢慢地累积着此类奇妙事物，如拱桥、人工运河、钢刀、吊桥、水车、纸张、植物燃料等。每一项创新都经过了反复试验和不断摸索，一旦它们被不经意地发现，便会随性地传播出去。有些奇迹可能要过了好几百年，才会传到另一个国家。科学工具出现后，就改变了这种随性的改进方式。通过系统记录令人信服的证据，调查运作的原理，然后谨慎传播经过证实的创新事物，科学很快就变成世界首见的伟大创新工具。事实上，科学是一种很优秀的方法，能充实文化的内容。

一旦发明了科学，我们便能快速发明更多的东西，从而得到了可以快速推动前进的杠杆。这就是17世纪发生在西方的情况。科学快速推动社会发展，加快学习速度。还不到18世纪，科学就发动了工业革命，城市的扩展、寿命和识字率的增加、发展的速度加快，都能让我们看到进步。

但有一个疑惑之处。科学方法的必要组成部分是概念性的，并且科技层次也较低，它被用于记录、分类、交流记录下来的证据和实验时间。为什么发明这个的人不是希腊人或埃及人？如果今天的时光旅行者可以回到古代的雅典或亚历山大港，他那时就可以轻松地奠定科学方法的基础。但当时的人们可以接受吗？

或许不能。对个人来讲，科学的成本非常高。如果你的主要目的是找到更好的工具，那么与别人分享成果并不会有多大益处。因此，科学的好处对个人来讲并不明显，也无法立刻看到。当具有闲暇时间的人口到达一定密度，愿意与别人分享并弥补不足之处时，科学才能欣欣向荣。在科学出现以前，诸如犁、磨坊、受人驯养的大力气动物以及其他技术，为大量人口持续带来丰富的食物，然后生活有了更多的闲暇。也就是说，科学的产生需要繁荣和大量人口。

若没有科学和技术的支配，人口就会在增加到马尔萨斯人口论的限制时爆炸。但在科学的统治下，不断增加的人口则会产生循环中正面的回馈，更多人会在其中参与科学创新并购买相应成果，然后激发出更多创新。人类得到了更好的营养补给和物资，人口因此继续增加，不断循环下去。

正如引擎能控制燃料，让爆发出来的能量发挥效用，科学也能驾驭人口增长，把爆发出来的能量导向繁荣。当人口增加时，我们也会看到进步，反之亦然。两者的成长密不可分。

现代有不少例子都表明，人口增加后生活水平会降低，造成人民的痛苦，目前非洲有些地方就是这样。历史上也很少看到人口减少能够推动长期繁荣的例子，可以说，人口减少几乎一定会降低繁荣的程度。即使在黑死病造成人口大量死亡时，某个地区的人口减少30%，该地区的生活水平也出现了不规则的变化。在欧洲和中国某些人口过多的农耕地区，当竞争变少时，其反而变得兴旺，但商人和上流社会的生活质量却大幅下降。虽然生活水平再度分配，但这段时间内并没有真正的进步。黑死病的例子告诉我们，人口需要增长，但还不足以带来进步。

社会进步的根基显然深深扎根在科学和技术结构性的知识里。但进步要开花结果，也需要人口大幅度增长（见图5-2）。历史学家尼尔·弗格森相信，就全球的规模来看，社会进步的根基一定是不断扩展的人口。根据这个理论，为了让人口超越马尔萨斯人口论的限制，就需要科学，但科学的动力终究得来自人口数目的增加，然后才会带来繁盛。在这样的良性循环中，集合了更多的人类智慧，发明出更多东西，进而买进更多发明的物品，包括工具、技术和方法，从而维持更多人的生计。因此，人类的才智增加，就表示更有进步。经济学家朱利安·西蒙称人类心智是“终极资源”。根据他的计算，更多人类心智是深层进步的首要来源。

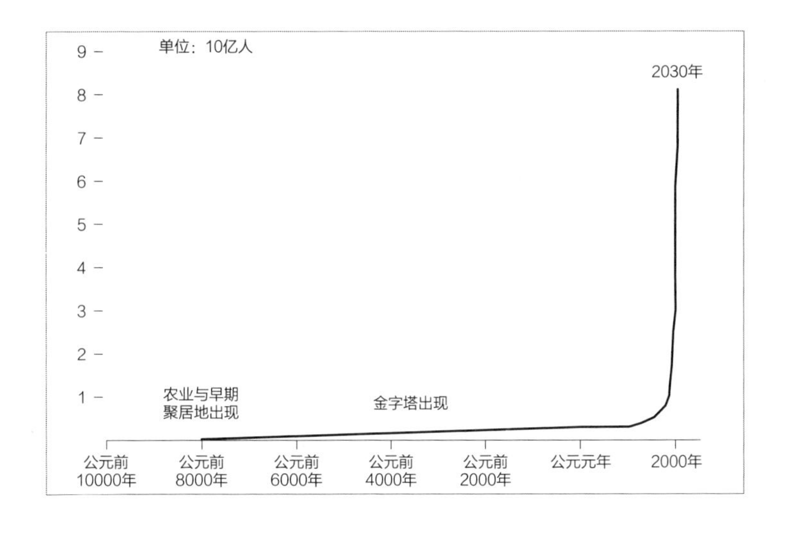

图5-2 世界文明人口。该图显示了人类社会在过去的12000年间，以及未来一段较短时期内的人口变化状况。

不论人口增长是进步的主因，抑或只是其中一个因素，其对进步都有两种助力。100万个人的头脑综合起来解决一个问题，总比一个人好，更有可能找到解决方法。第二种助力更为重要，科学是集体行动，分享知识后所浮现的智能往往能够超越100万个人的集合。孤独的科学天才只在神话中出现。科学是个人了解事物的方法，也是集体的知识结晶。一种文化中的人口数量越多，科学就越先进。

经济的原理与之类似。我们当前的经济繁荣多半来自人口增长。过去200多年来，美国人口持续增加，确保了创新产品的市场不断扩大。同时，全球人口也在快速增长，保障了世界各地的经济成长。数十亿人口从自给自足的农业转向商业，全球人口再也没有遥不可及的族群，同时人们欲望也变强了。但试着想想看，如果全球市场或美国市场逐年缩小，而过去200年来的财富仍出现同样的增长，会是什么情况？

如果人口增长真的会带动进步，我们就该担心了。你或许看过联合国提供的有关人口到达巅峰的官方图表（见图5-3）。此类图表根据的是全球人口普查所能提供的比较准确的信息。过去几十年来，每次修订地球上最高人口数量时都要向下修正，但命运的走势保持不变。联合国提供的未来40年的典型图表如下所示。

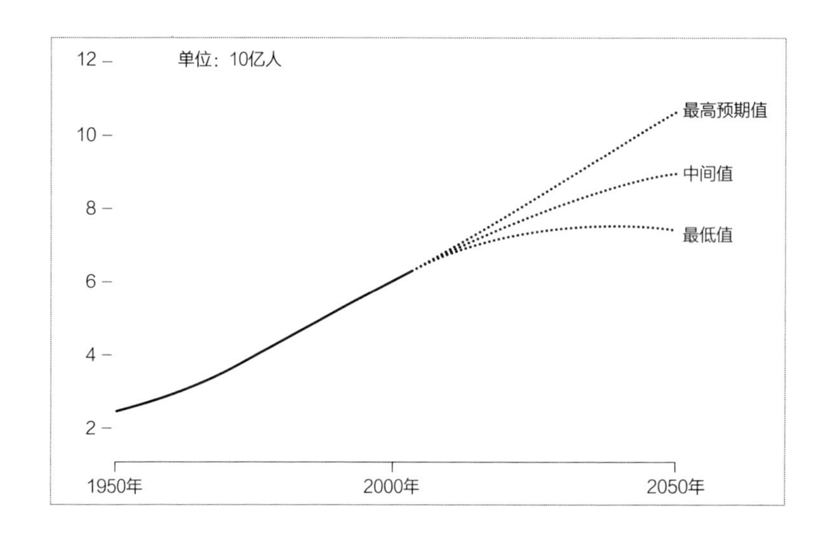

图5-3 世界人口预测图。图中为联合国在2002年预测的世界人口变化状况（2002—2050年），单位为10亿人。

要了解科技进步的起源，这里就有个问题了，因为图5-3定会停在2050年，正好是顶点的地方。我们并不敢指出人口高峰后会出现什么。所以，世界人口数量到达顶点后，再下来会是什么样子？是否会下滑、稍微起伏，还是再度上扬？为什么总看不到后续的情况？大多数图表都不敢回答这个问题，不去辩解为何省略了那一块。这么多年以来我们只看到曲线的一半，似乎大家都忘了另一半的存在。

对于2050年人口数量到达高峰后的情况，我只找到一个来源提供可靠的推测数字，即联合国提出2300年，也就是约300年后世界人口可能出现的几种情景（见图5-4）。

别忘了，全球生育率低于每名女性生育2.1个小孩的人口替换水平时，全球人口数量就会缓慢下降，也就是人口负增长。假设联合国平均生育率的最高值停留在1995年的水平，也就是每名女性生育2.35个小孩。我们早就知道这个极端的数字已不复见。全球100多个国家中只有两三个国家才有那么高的生育率。中间值则假设100年内平均生育率会稍微低于2.1个小孩的人口替换水平，然后在接下来的200年内因为某些因素而回到人口替换水平。报告结果并未暗示为什么在更加先进的世界中，生育率会提高。最低值则假设每名女性有1.85个小孩。现在，欧洲的每个国家都低于2个，日本则只有1.34个。但就连最悲观的估计数字都假设200年内的生育率会高过大多数发达国家当前的数字。

出了什么问题？一个国家的发达程度越高，其生育率就越低。在所有现代化的国家，都可以看到这种急速下降的走势，这种全球生育率降低的现象也就是所谓的“人口过渡”。问题是，人口过渡并没有底线。在发达国家，生育率已经持续降低，并且还会更低。欧洲和日本都是很好的例子，生育率已趋近于零（并非人口零增长，而是零生育）。事实上，大多数国家的生育率都在降低，发展中国家也不例外。世界上有接近半数的国家生育率已经降到了生育更替水平之下（见图5-5）。

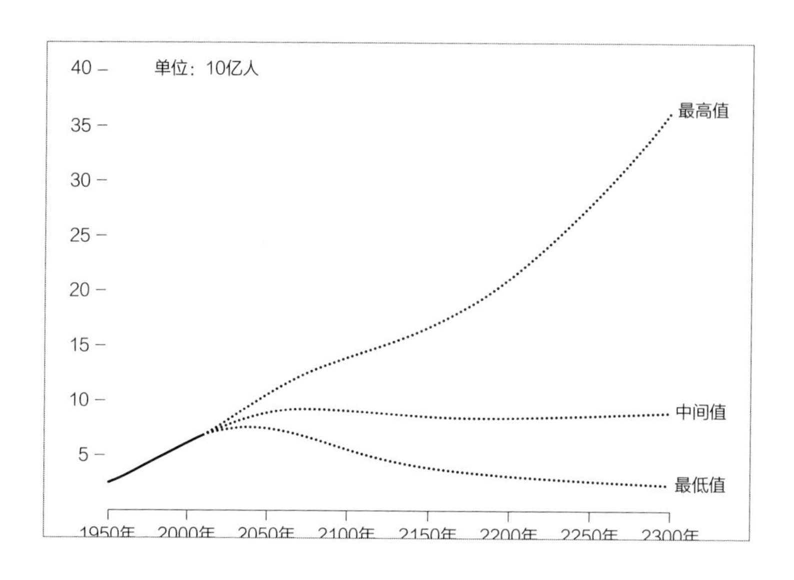

图 5-4 世界人口长期预测图。图中绘出了联合国对未来 300 年（2000—2300 年）世界人口的三个预期值（最高值，中间值，最低值），单位为 10 亿人。

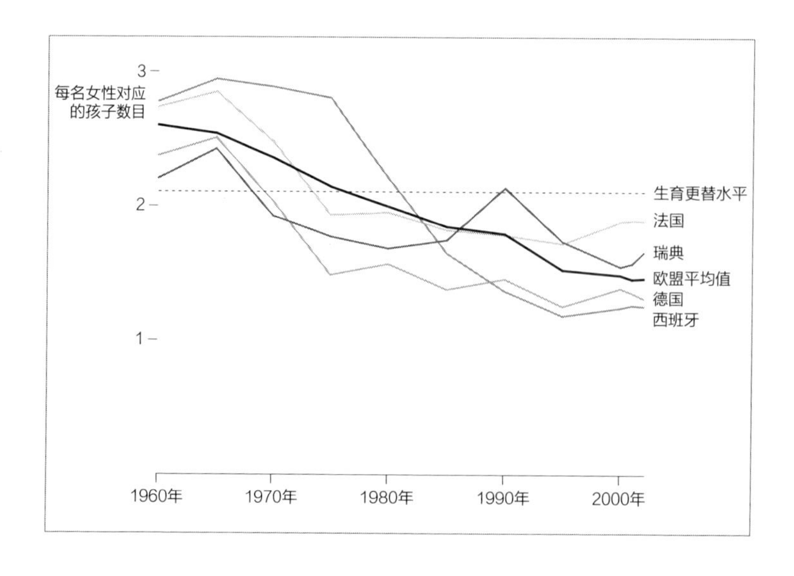

图 5-5 欧盟国家近年来的人口出生率。虚线代表生育更替水平，即生育数量恰好可以替代父母数量，亦即净人口再生产率为 1.00。

换句话说，由于繁荣程度依赖于人口的增加，而生育率降低，人口便会减少。这或许是一种控制指数级发展速度的动态平衡反馈机制，又或者这么解释是错的。

联合国对于2300年的预测很令人害怕，但这个推测的问题在于，情况看似可怕，却不够可怕。专家假设即使在最糟糕的情况下，生育率也不会低于欧洲或日本最低的生育率。他们为什么要如此假设呢？因为更低的生育率还尚未出现。但是，我们所享有的繁荣以前也没有出现过。到目前为止，所有的证据都让人觉得社会越繁荣，女性想要小孩的平均数目就越小。万一全球生育率一直下降，最后低于人口替换水平（一名女性有2.1个小孩），该怎么办？人口替换水平只是为了维持人口零增长，它要让人口数量维持稳定，而不能减少。2.1个小孩的平均生育率表示有很高比例的女性必须要生3~5个小孩，才能抵消没有小孩和只有一两个小孩的人带来的数量降低。要让数十亿受过教育、有工作的现代女性自愿生3~5个小孩，必须要有怎样一股反文化的力量啊？你有几个朋友生了4个小孩？又或者是3个？从长期看，“少数几个是这样”无法扭转趋势。

别忘了，低于人口替换水平的全球生育率若是不断延续（假设为1.9个），最后可能会让世界人口变成零，因为每年出生的婴儿越来越少。但趋近于零则不用担心，早在世界人口掉到零之前，阿米什人和摩门教徒就可以拯救人类，因为他们生育多，家中食指浩繁。问题是，如果只有人口增加才能带来繁盛，那么经过好几个世纪，人口数目缓慢下降，深层的科技进步又会变成什么样子呢？

以下是五种图景，分别对科技进步的本质做了五个假设。

第一种

或许科技让生育变得更容易，付出的代价也更低，但很难想象科技有什么方法能让养育三个小孩变得更简单。或许有人感受到社会的压力，要生很多小孩来维系人种或社会地位。有可能在机器人保姆出现后，一切都改变了，有两个以上的小孩反而变成流行。我们想不出能用什么方法维持现状。但就算全球人口维持零增长，人口数量保持不变，我们也不知道停止增长的人口能否继续提升进步，因为我们还没有相关的经验。

第二种

人脑数目或许会降低，但我们可以造出人工大脑，其数目甚至可高达几十亿。或许人工智能就是让人类更加繁荣的要素。人工智能跟人脑一样，除了持续产生新想法，也要消耗这些想法，才能达到目的。由于人工智能并非天然（如果你想要人脑，就生个小孩吧），随之而来的繁盛进步或许会和今日大相径庭。

第三种

与其仰赖人脑数目的增加，或许提升一般人的智慧，社会就能继续进步。利用永久佩戴的科技产品、基因改造的药丸，或许就能增加个人的智慧，推动进步。我们能更集中注意力、减少睡眠时间、延长寿命，而消耗、制造和创造的东西也随之增加。人口数量虽然减少，但人脑的力量更加强大，循环的速度也更快了。

第四种

或许我们都错了。繁荣程度其实跟人口数量增长没有关系。或许消耗并不会促成科技进步。人口慢慢减少，但寿命渐渐增加，我们只要找出提升生活质量、增加选择和可能性的方法即可。这样的愿景符合环保精神，但跟现在的系统完全背道而驰。如果来当我的听众或顾客的人数年年减少，我的创造就不再是为了吸引听众或顾客，而要有另外的理由。很难想象不会增长的经济状况是什么样子，但历史上曾发生过更奇怪的事。

第五种

我们的人口数量急速下降，残存的人因为绝望而拼命生育，反而变得兴旺。世界人口不断上上下下地波动。

如果繁荣程度只能来自人口数量的增长，那么在即将到来的世纪，进步会反常地变成自身的驱动因素。如果繁荣程度并非来自人口数量增长，我们就需要找出繁荣的起源，以便当人口数量减少时还能继续繁荣。

说到繁荣的兴起时，我讲述的故事中认为它是由人脑驱动的，但我还没有提到很重要的一点——人类对能源的使用也遵循同样的上扬曲线。过去200多年来，繁荣的速度不断加快，绝对是因为便宜丰富的能量急速增加的关系，对此不需要怀疑。在工业时代的开端，科技突然出现了大幅度的进步，正是因为人类发现了如何运用火力来取代（或增强）动物的力量。20世纪有三条上扬的曲线：人口数量、技术进步和能源制造。你不得不相信，人和机器都要吃油。三条曲线的变化彼此相符。

利用便宜的能源是科技体中的重大突破。但是，如果发现了高效能源就是最优解，那么中国就该是第一个工业化的国家，因为中国人起码比欧洲人早500年发现他们丰富的煤矿能够燃烧以提供动力。便宜能源的好处说也说不完，但能源储备还是不够。但想象的情况没有发生。

假设人类生活在一个没有化石燃料的星球上，情况会是怎么样？光靠燃烧木头，文明能有长足的进步吗？有可能。或许高效能的木头能够超越人类当前拥有的能源，并且也能滋养人口，以便增加到足够的密度来发明科学，然后，只靠着燃烧木头的能量，继续发明出太阳能源板或核燃料以及任何高科技产物。另一方面，要是没有科学，漂浮在石油海洋上的科技也不会有进步。人类智能增加后，能源使用跟着升高，才会看到社会繁荣。地球上到处都有丰富且便宜的燃料，从而激发了工业革命，也让目前的科技进步不断加速，但科技体需要科学来解放煤炭和石油的转化力量。在共同进化的舞曲中，人类的智慧控制了便宜的能源，产生出更多更好的科技发明，又消耗了更多便宜的能源。在自我强化的巡循中，三条上升的曲线出现了，分别代表人口、能源使用和科技进步，也正是科技体的三条线。科技进步的上升曲线有很多既深刻又广泛的证据，相关数据能够写满一册又一册。好几百篇学术文章记录了全面的实质进展，并且都是我们关注的主题。测量出来的结果如果画成曲线图，通常图上的曲线都会走向同一个方向：向上。这些结果累积的价值在10年前使得朱利安·西蒙说出了以下这段非常有名的预言：

> 这些是我最重要的长远预言，条件是没有全球性的战争或政治纷扰：一、人类的寿命会比现在更长，早夭的人数会减少。二、世界各地家庭的收入会增加，生活水平也比现在更高。三、天然资源的价格会比现在更低。四、相对于其他经济资产的总值来说，农田的经济资产重要性继续降低。这四项预言都相当可靠，因为在历史上更早的时候，曾有人提出过类似的预言，最后都被证实没错。

他的理由很值得重述：他把筹码放在了于众多世纪中维持其曲线的历史性的驱动力上。

但是，专家们提出了三点来反对这种关于进步的观点。第一，我们认为有结果可以测量，事实上却是幻想。根据这个推论，我们衡量错了对象。抱持怀疑论的人看到人类健康状况明显恶化，人类失去了精神，其他东西的堕落更不用提了。但要反对进步的实相，就必须面对一项简单的事实：1900年，美国人出生时的预期寿命为47.3岁，到了1994年，已经变成75.7岁。如果这不是社会进步的例子，那要怎么解释？至少在这个层面上，进步并非虚幻。

第二，进步只有一半是真的。也就是说，物质的确进步了，但没有什么意义。只有无形的东西才算真正的进步，比方说有意义的快乐。但有没有意义这件事很难衡量，因此也很难达到最佳的状态。到目前为止，能够量化的事物长期下来都会越来越好。

第三，物质进步并不虚幻，但是产生的成本太高。批评进步概念的人在风光的时候，也同意其实人类生活比从前更好了，但同时毁灭或消耗天然资源的速度却太快了。

我们应该重视这个论点：的确有进步，而进步的恶果也的确存在。没错，科技导致环境遭到严重的破坏，但科技并非破坏的根源。现代的科技产品并不一定会造成这么大的损害。这些科技若真的造成了损害，我们还可以制造出更好的科技产品。

科普作家马特·里德里（Matt Ridley）说："照现在的方法走下去，很难留存任何东西。但我们不会这么走下去！不可能的。我们一定会改变做法，也一直改进使用能源和资源等事物的效率。拿喂饱全世界的土地面积打个比方。如果我们照着祖先的做法，继续打猎采集，大概需要85个地球才能养活60亿人。如果我们还坚持早期农民游垦的做法，就需要一整个地球，包括所有的海洋面积在内。如果我们延续20世纪50年代的有机农业，不大量使用化肥，就需要地球82%的陆地面积来栽培作物，但我们现在耕种的土地面积只占38%。”

我们不会按照现在的样子走下去。面对明天的问题时，我们要用明天的工具，而不是今天的。这就是所谓的进步。

明天仍会有其他的问题，因为进步不等于乌托邦。进步主义很容易跟乌托邦主义相互混淆，因为除了在乌托邦，还有哪里能看到永续提升的进步？遗憾的是，这混淆了方向和目的。未来不可能是完美无瑕的科技宝地；未来是一块不断扩充可能性的领土，目标并非遥不可及，并且我们已经上路了。

我比较喜欢生物学家西蒙·莫里斯的说法：“进步并不是乐观到无药可救的人带来的有害副产品，但是确实存在。”进步是真的。物质世界在重新排列后，能源流动，无形的智慧扩展，就会进步。虽然进步要由人类导致引向前，但在很久以前生物进化时，重新排列就已经开始了。

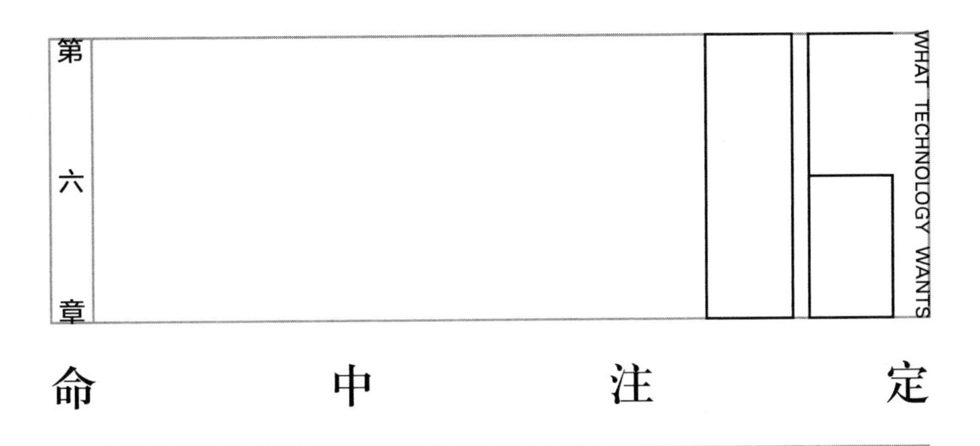

命中注定

作为生命的第七个生物界，科技体正在加大、扩张和加速几十亿年来生物进化的进程。我们可以把科技体视为“被加速了的进化”。因此，为了看到科技体未来的方向，我们需要弄清进化自身的趋势，以及是什么在推动它朝着那个方向前进。

在本章中，我将提出充分的理由来证明生物进化的过程并非如当代教科书中的正统说法那样，只是宇宙间随机的漂移。事实上，生命的进化——包括科技体，是有一个内在发展方向的，这个方向由物质和能量的性质塑造出来，并为生命的形成带来了一些必然性。这些并不神秘的趋势也植入了科技的结构中，从而意味着科技体的某些方面也具有必然性。

要寻找这个轨迹，我们必须回到最初的最初，也就是生命的起源处。正如会自行组装的机器人，我们称为生命的这个机制在40亿年前就已经开始慢慢地自行组合了。从那时候看似不可能的自发明开始，生命进化出了数亿种看似不可能的生物。但不可能的程度究竟有多高呢？

达尔文在确定“物竞天择”理论时，人类眼睛的结构让他发愁了。他发现，要解释眼睛怎么一点一点地进化是非常困难的，因为视网膜、水晶体和瞳孔如此精细地搭配成完美的整体，分开来一点用处也没有。那时批评达尔文进化论的人特别提出，眼睛的进化是一项奇迹。但奇迹就像它的定义一样，只出现那么一次。不论是达尔文的支持者还是他的反对者，都不喜欢这个事实，即像照相机般的人类眼睛不止进化了一次——尽管看起来像是个奇迹——而是在地球上的生物历程中进化了6次。这种“照相机眼睛”显著的光学架构也在某些章鱼、蜗牛、蜘蛛、水母和海洋环节动物身上出现。这5种生物家族加上人类彼此并无关联，只在远古时代共有一位看不见的祖先，所以每个家族都是自行进化出了这个奇迹。6种中的每一种表现形式都是惊人的成就。毕竟，人类努力了好几千年的时间，不断拼拼凑凑，才成功造出第一个照相机镜头。

但是“照相机眼睛”连着进行6次独立的自行组装是否意味着极度的不可能，就有点像连掷600万次硬币，结果都是头像面一样？或者如此多次的发明表示眼睛是一个能够吸引进化的天然漏斗，就像山谷底部的深潭接纳流水那样？其他类型的眼睛还有8种，它们的进化次数都不止一次。生物学家理查德·道金斯推测：“在动物界，眼睛独立进化的次数介于40~60次之间。”因此他声称：“看起来生命——至少就我们在这个地球上知道的——几乎都急欲进化出眼睛。我们可以很有自信地预测，（关于进化的）反复进行的统计样本会以眼睛结束。而且不光是人类的眼睛，还包括昆虫、虾或三叶虫的复眼，以及人类或乌贼鱼的‘照相机眼睛’……生出眼睛的方法有那么多种，而我们知道的生物则找到了所有方法。”

在进化中，是否有些形式（自然状态）是必然的趋势？这个问题与科技体关系密切，因为如果进化表现出向着通用解决方法的趋势，那么科技体作为进化加速后的延伸，也会有同样的倾向。近几十年来，科学研究发现，复杂的适应系统（进化就是其中一个例子）在其他因素都一样的情况下，倾向于融入少数几种能够重复再现的模式。这些模式并非在系统中随处可见，因此出现的结构被认为是“意外”，同时也符合作为一个整体的复杂适应系统的规定。由于同样的结构似乎总是毫无缘由地一再出现——就像浴缸排水时水流立刻形成的漩涡，我们也可以把这些结构视为必然。

带着些许困惑，生物学家们在办公桌最下面的抽屉里，归档了关于这种在地球生命中不断重现的现象的越来越长的清单。他们不知道该拿这些稀奇古怪的案例怎么办。少数几名科学家相信，这些不断重复出现的发明正是生物学上的“漩涡”，或者说是进化中复杂互动产生的常见模式。大概有3000万物种共存在地球上，它们每小时都在进行几百万种实验。这些生物不断繁殖、争斗、彼此残杀或者相互改变。通过这种变化和重组，进化继续在生命树距离遥远的分支中聚合起相似的特性。这种趋向于重复出现的形式，叫作趋同进化。不同家系在分类学上距离越远，其趋同的现象就越令人印象深刻。

旧大陆猴能够具有全色视觉，但和在新大陆猴比起来，嗅觉则差一些。而新大陆猴，例如蜘蛛猴、狐猴和狨猴虽然嗅觉很敏锐，但都是色盲。除了吼猴与旧大陆猴类似，能够看到三原色，但嗅觉较弱，其他新大陆猴都一样。吼猴与旧大陆猴在很久以前有共同的祖先，所以吼猴独立进化出了全色视觉。通过检验全色视觉的基因，生化学家发现吼猴和旧大陆猴使用了可以感应相同波长光线的受体，并且在三个关键位置含有几乎一样的氨基酸。不仅如此，吼猴和猿猴的嗅觉变差则是因为同样的嗅觉基因受到了抑制，以同样的次序和细节关闭。遗传学家肖恩·卡罗尔（Sean Carroll）解释说：“相似的力量聚合在一起时，就会出现相似的结果。进化显然是可以反复出现的。”

这种进化会一再重演的观点受到了强烈的质疑。但由于该趋同性不仅在生物学上如此重要，在科技体中也同样不可忽略，所以最好能在大自然中寻找进一步的证据。这取决于如何衡量“独立”这个概念，被记录在案的独立的趋同性进化的例子有数百个，而且还在继续增加。任何这样的名单中都一定有鸟类、蝙蝠和翼手龙（恐龙时代的爬行动物）扑翼的三次进化。这三种动物的祖先并没有翅膀，意味着各个族系独立进化出了翅膀。虽然三者在分类上的距离非常遥远，但它们的翅膀形式却非常类似：皮肤包覆着骨骼明显的前肢。飞行时通过回音定位的则有4个例子：蝙蝠、海豚和两种住在洞穴中的鸟类（南美夜莺和亚洲金丝燕）。人类和鸟类都会用双足行走。冰鱼的防冻化合物进化了两次，一次在北极，一次在南极。蜂鸟和天蛾进化成能在花上盘旋，用细管吸吮花蜜。温血动物进化了不止一次。它们的双眼视觉在分类遥远的物种中进化了很多次。苔藓虫动物门是珊瑚家族的一员，4亿年进化了6次，发展出特殊的螺旋状集群。蚂蚁、蜜蜂、啮齿类动物和哺乳类动物进化出了社会合作。植物界7个相距甚远的地区都进化出了食虫物种，它们为摄取氮类而捕食昆虫。分类上距离遥远的多汁液植物进化了数次，喷射液体的能力进化了两次。许多种类不同的鱼儿、软体动物和水母都独立进化出有浮力的鳔。在昆虫王国里，骨骼上覆盖绷紧的薄膜，构成可飞行的翅膀，这样的例子不止一个。虽然人类的技术已经进化出固定翼和旋转翼飞机，但我们还尚未制造出能飞上天的拍翼式飞机。此外，固定翼滑翔者（飞鼠、飞鱼）和旋转翼滑翔者（各式各样的植物种子）也进化了很多次。事实上，三种啮齿类的滑翔动物也展现出同样的趋势，它们是飞鼠以及澳洲鼠袋鼯和蜜袋鼯。

由于澳洲大陆的地壳构造在地质时代时独自漂移，因此它变成了“平行进化实验室”。澳洲很多有袋动物的进化都可以对照到旧大陆的胎盘哺乳类动物，甚至在过去也是如此。在已经灭绝的有袋剑齿虎和剑齿虎化石中，都发现了长长的犬齿。袋狮的爪子可以伸缩，像猫科动物一样。

恐龙是人类极具代表性的远亲，它们与人类共同的脊椎动物远祖平行，独立进化出几个新的种类。除了翼手龙和蝙蝠之间的平行进化，还有仿照海豚和沧龙的流线型鱼龙，它与鲸鱼的进化平行。三角龙进化出的喙状嘴与鹦鹉、章鱼与乌贼都很相似。鳞脚蜥外形似蛇，跟后来的蛇一样没有脚。

家系之间的分类越相近，趋同性就越高，重要性也越低。青蛙和变色龙各自进化出迅速弹出的“叉舌”，能捕捉距离自己较近的猎物。菇类的3“门”分别进化出的物种会产生出深色、密实、生在地下、宛若松露的果实，光在北美洲，就有超过75“属”包括松露在内的菇类，其中许多都是独立进化的。

某些生物学家认为趋同性的出现只是少见的巧合，就像碰到跟你同天出生、名字也相同的人。就算很怪，又怎么样呢？只要有足够的物种和足够的时间，你一定能找到两个在形态上有交集的物种。但同源[1]形状实际上正是生物学法则。大部分同源都是不可见的，只出现在相关物种之间。有亲缘关系的物种自然有共同的特质，而非亲缘关系的物种共有的特质较少，所以非亲缘关系的同源更有意义，也更容易引人注意。不论如何，生命使用的绝大部分方法都会被不止一种的生物所用，并且会跨越不同“属”。如果某个特质在自然界并未由其他物种重复使用，那才少见。理查德·道金斯向博物学家乔治·麦加文挑战，要求他指出只进化过一次的生物学意义上的“革新”，麦加文只找到了几个例子，比如会在有需要时

1　同源（homologous），在生物学中，若两个或多个结构具有共同祖先，就称它们为同源的。同源与相似并不一样，比如昆虫的翅膀与鸟类的翅膀相似，但并非同源。——译者注

混合两种化学物质以向敌人喷出毒气的“放屁”甲虫，还有用气泡呼吸的水蜘蛛。同时出现并且独立的发明，似乎是大自然的规则。在下一章中我会论证同时出现并且独立的发明似乎也是科技体中的规则。在自然进化和科技进化两个领域中，趋同会创造出必然性。必然性比重复性的争议度更高，也因此需要更多证据。

再回到不断重复进化的人类眼睛，它的视网膜上有一层非常特别的蛋白质，负责感受光线的精细工作。这种蛋白质叫作视紫质，进入眼睛后的光线带来光子能量，会被视紫质转化成向外的电信号，传送到视神经。视紫质是一种古老的分子，除了出现在“照相机眼睛”的视网膜上，也出现在低等虫子最原始、没有水晶体的视觉器官上。视紫质在动物界随处可见，而且不论在哪里出现，都保留了同样的结构，因为它的功能实在是太好了。也许几十亿年来，同样的分子都没有改变过。另外几种与其竞争的光触发分子（light-trigger，如隐花色素）就不像视紫质这么高效或者有力，因此可以说视紫质就是视觉进化20亿年后自然界可以找到的最佳感光分子。但令人惊讶的是，视紫质也是趋同进化的，因为很久以前，视紫质在两个截然不同的生物界中进化了两次，一次是古生菌，另一次是真细菌。

我们应该很震惊的是，蛋白质的数目有如天文数字。每一种蛋白质都由20种基本单位（氨基酸）中的几种组合而成，平均长度是100个氨基酸。（事实上，很多蛋白质都还要更长，但在这里用100来计算就够了。）进化可能产生（或发现）的蛋白质总量是100^{20}或者10^{39}。也就是说，蛋白质的总数可能比宇宙中的星星总颗数还要多。但是，让我们来简化一下。由于100万种氨基酸中只有一种能组成功能性的蛋白质，我们便可以大幅降低有潜在功能的蛋白质的数量，认为它们跟宇宙中的星星差不多。这样，发现特殊蛋白质的概率就可以等同于在浩瀚宇宙中随机找到某颗星星的概率。

依此类推，进化连续跳好多下，才会找到新的蛋白质（新的恒星）。从一种蛋白质跳到“邻近”有关系的蛋白质，然后再跳到下一种新的蛋白质，最后跳到相隔很远的独特蛋白质——它已经离出发点很遥远了。这个过程就像你从一颗星跳到另一颗星，最后到达非常遥远的太阳。但是，人类的宇宙是如此辽阔，随意跳100下后，你会跳到遥远的一颗星上，但经由同样随意的过程，却永远无法再次找到同一颗星。虽然这在统计学来说不可能，但这就是视紫质和进化的关系。在宇宙间所有的蛋白质中，进化过程找到了视紫质两次，而这种蛋白质过了数十亿年都没有改变。

虽然“两次击中”几乎不可能，但却在生命中不断重复。进化论学家乔治·麦吉写了一篇标题为《趋同进化》（*Convergent Evolution*）的论文，其中提道：“鱼龙或鼠海豚形态的进化绝非微不足道。一群住在陆地上的四足动物，有四条腿和尾巴，能够抛下肢体，把尾巴变回像鱼一样，应该听起来很惊人才对。如果真有这种可能发生，可能性也很低，对不对？但这种情况却发生了两次，分别是爬虫类和哺乳类，两种关系遥远的动物。我们必须回到两三亿年前的石炭纪才能找到它们共同的祖先，因此两种动物的基因遗传极为不同。尽管如此，鱼龙和鼠海豚却都各自重新进化出鱼鳍。”

那么，是什么让进化回到了这种不太可能的路线上？如果同样的蛋白质（一种“偶发”的形式）进化了两次，那么显然每一步都不是随机踏出的。这两条平行的路线最原始的引导便是共有的环境。古生菌视紫质和真细菌视紫质，鱼龙和海豚，都漂浮在同样的海洋里，适应环境后则得到同样的优势。就视紫质的例子来说，由于前驱分子周围漂浮的分子基本上一模一样，在选择的压力下，每一次跳跃都会自然而然地朝着同样的方向。事实上，在环境中找到适合的条件通常会被解释成趋同进化发生的原因。

在不同的大陆上，干旱的沙漠通常都会生出耳朵很大、尾巴很长、跳跃前进的啮齿类动物，因为气候和地势塑造出了相似的压力和优势。

好，接下来，世界上有很多环境类似的沙漠，但为什么不是每个沙漠都有跳鼠？又为什么有些沙漠中的啮齿类动物长得并不像跳鼠？正统的答案说，进化是偶然性非常高的过程，随机事件和纯粹的运气会改变路线，就算在同样的环境中，也很少有机会找到同样的形态。进化中的偶然事件和运气是如此之强，以至于趋同的发生实在是个奇迹。可能存在的形式由生物分子、随机变异和形成它们时的缺失共同决定，基于这些形式的数量，由独立起源而来的重要趋同现象就像奇迹一样罕见。

但发生了一百次甚至一千次的孤立而明显的趋同进化，意味着还有其他一些东西在起作用。一些其他的力推动着进化的自组织朝向不断重现的答案发展。除了物竞天择，进化过程背后还有另外一股动力，才能一而再，再而三地到达远得超乎想象的目的地。这股力量并非超自然，而是一股基本的动力，其核心就跟进化本身一样单纯。在科技和文化中造成趋同现象的也是这股力量。

进化受到以下两种力量驱使，趋向某些重复发生的必然形式：

1.几何学和物理学法则的负面限制，让生命的可能性无法超出某个范围。

2.有关联的基因和代谢路线自组织出的复杂度产生的正面限制，带来少数几种不断重复的新可能性。

这两种力量朝着特定的方向推动进化。两种力量在科技体中都持续运作，随着科技体的进展，而塑造出必然的结果。我会依次讨论这两种力量，从化学和物理让生命成形的方法开始，再延伸到科技体中人脑发明出来的东西。

植物和动物的多样性令人目眩神迷。昆虫既可以像虱子那么小，也有跟鞋子差不多大的天牛。红杉树可以超过100米高，迷你的高山植物则能够装进裁缝的针鼻里。巨大的蓝鲸尺寸跟船只一样，侏儒变色龙小到不超过3厘米。但物种的大小并非随心所欲。令人惊讶的是，动植物的尺寸会遵循固定的比例尺（见图6-1），它是由水分的物理学支配的。细胞壁的强度由水的表面张力决定，固定的表面张力进而按着所有动植物主体的宽度规定高度的上限。这些物理力量除了在地球上展现出来，在宇宙的每个角落都能看得到，因此我们可以预料，水生动植物不论在何时何地进化，都会采用这套“通用比例尺”。

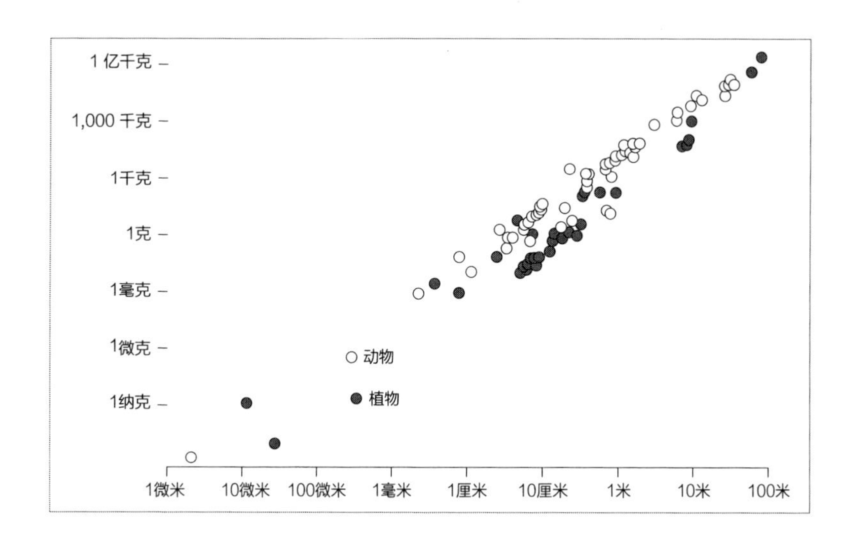

图6-1 生物的尺寸比。生物体的重量和尺寸之间大体保持着一个常量，无论植物或动物皆是如此。

生物的新陈代谢同样地受到限制。小型动物生长快速，但很年轻就会死去；大型动物生长比较缓慢，寿命较长。动物生命的长短——即细胞燃烧能量的速率、肌肉收缩的速度、怀孕或成熟所需的时间，和动物的寿命及体型大小明显成正比。代谢率与心率也和生物的质量成正比。而其中的常量则由物理学和几何学的基本规则，以及能够最小化能量表面（肺表面、细胞表面、体液循环量等）的自然优势推导出来。虽然老鼠的心脏和肺活动速率和大象比起来快多了，但老鼠跟大象一生的心跳和呼吸次数都相似。可以打个比方，哺乳类动物一辈子能有15亿次心跳，爱怎么用就怎么用。小老鼠快速向前冲，就像把大象的生命时钟向前快转。

在生物学方面，大家都知道哺乳类动物有这种不变的代谢速率，但最近研究人员发觉，类似的法则也掌管所有的植物、细菌，甚至生态系统。把生长在低温水域的海藻加以稀释，可以比拟成温血动物的心脏减缓跳动的速度。流过植物或生态系统每公斤所需的能量（能量密度）等于新陈代谢。从动物需要的睡眠时数以及孵卵所需的时间，到森林按DNA中的突变速率来累积木头的质量，这许许多多生命过程似乎都遵循普遍的新陈代谢比例定律。发现这个定律的两位研究人员詹姆斯·吉鲁利和杰弗里·韦斯特指出："我们发现，虽然生物的多样性多到难以置信，不论是西红柿，还是变形虫和鲑鱼，只要你以体型大小和温度为参考依据，（新陈代谢）速率和时间大多明显相似。"他们宣称："新陈代谢速率是基本的生命速率。""宇宙时钟"负责计算能量，也就是所有类型的生物前进的速度。对于任何生命来讲，这个时钟都是必然的。

还有一些其他的物理常数在掌管着生物世界。几乎在所有的生物分科中都能看到双边对称（左右两侧互为镜像）关系。这种基本的对称关系似乎在很多方面都带来了适应优势，比方说更佳的平衡感、审慎的重复（每种东西都有两个），以及将遗传密码有效压缩（仅复制一边的密码）。其他的几何形式，例如植物用来传输营养的管子，动物的肠道或下肢，则很简单地符合物理学定律。有些重复出现的设计，例如树木和珊瑚向上展开的枝干，或花瓣上的螺旋线状图案，都以生长的数学计算为基础。永恒的数学让这些现象重复出现。地球上所有的生命都以蛋白质为基础，这些蛋白质在细胞内折叠和打开的方法决定生物的特质和行为。生化学家迈克尔·登顿和克雷格·马歇尔声称：“蛋白质化学最近的进展指出，至少有一组生物形式（基本的蛋白质折叠）是由物理学定律决定的，类似让水晶和原子出现的那些定律。它们看起来就像不变的理想形式。”若没有蛋白质这种分子，就没有生物多样性，而蛋白质最终仍由一组重复发生的固定法则掌管。

如果我们用一张很大的电子表格，列出地球上所有生物的生理特质，我们会发现很多空白的地方——理论上“有可能存在”生命，但实际上却没有。这些生物遵守生物学和物理学定律，但是还未诞生。这种“有可能存在”的生命形式可能包括哺乳类的蛇（不可能吗？）、会飞的蜘蛛或陆生乌贼。事实上，如果我们把目前的动植物放着不管，或许过了足够久的时间，地球上就会进化出这样的生物。人类幻想的生物绝对有可能出现，因为生物会聚合在一起，重新使用（也会重复混合）生物圈中不断重复出现的形态。

艺术家和科幻作家喜欢想象其他的行星上住满了生物，他们想要跳脱地球的限制去思考，但他们想象出的生物仍有不少保留着地球上的痕迹。有些人会说这是因为他们缺乏想象力；但地球上海洋最深处出现的古怪生物仍常常让我们大吃一惊，出现在其他行星上的生物一定也充满惊奇。有些人（包括我在内）则同意我们应该会觉得诧异，但既然“有可能存在”，在广大的想象空间中，生物中原子排列的方法无穷无尽，我们在其他行星上找到的生物也只能填满“有可能存在”的一个小角落。我们看到其他行星上的生物会觉得惊讶，因为那些生物或许把我们熟悉的形式用不同的方法展现出来。因研究眼睛视网膜色素而获得诺贝尔奖的生物学家乔治·沃尔德告诉美国国家航空航天局:“我会跟学生说，在这里学好生物化学，你就能通过大角星上的考试。”

没有什么比DNA结构中体现出的对于无限的物理限制更加明显。DNA分子非常特别，没有任何分子可以比拟。学生们都知道，DNA是独特的双螺旋链，可以轻松扣上或拉开，当然也能自我复制。但DNA也可以自行排成平平的一片或连锁的圆圈，甚至还能排成八面体。单这么一个柔软度绝佳的分子就可以变成动态的模样，刻出数量惊人的蛋白质组合，负责表现组织和肌肉的生理特征，再经过彼此互动，产生出非常复杂的广大生态系统。从这个无所不能的“准晶体”开始，生命令人赞叹的多样化向前奔腾，展现出人们意料之外的形体。在那细微、古老的螺旋上稍做变化，就会产生20米高、四处溜达的蜥脚类动物，场面极为壮观；也有可能是泛出灿烂光辉的绿色蜻蜓，脆弱而珍贵，还有完美无瑕的白色兰花，当然别忘了人脑的错综复杂。而这一切，都来自如此微小的“准晶体”。

如果我们承认进化背后并没有超自然的力量，那么所有这些结构（还有其他）就某种意义来说，就一定不会超出DNA结构的范围。不然还能从哪儿来？所有现有橡树物种和未来橡树物种的详细数据都以某种形式存在于原始橡实的DNA中。所以，如果我们承认进化背后没有超自然的力量，那么人类的头脑（皆来自同一个最原始的细胞）一定也以隐晦的方法存在于DNA里。如果人类头脑是这样，那科技体呢？科技体中的太空站、聚四氟乙烯和互联网也分解在基因图谱中，之后因连续不断的遗传工作才突然出现，就像数十亿年后一棵橡树终于出现了，对吗？

当然，单独看这个分子当然看不到聚宝盆里装了什么；想在DNA的螺旋体里找到长颈鹿，只是白费工夫。但我们可以寻找替代的“橡实”分子，以便再展开一次，看看除了DNA还有什么东西能产生类似的多样性、可靠性和进化能力。有些科学家在实验室里设计“人工”DNA或构建类似DNA的分子，又或者设计完全原创的生化结构，想找出能取代DNA的东西。的确有很多理由来投入DNA替代物的发明中（比方说创造出能在太空中运作的细胞），但到目前为止还找不到像DNA这么卓越、这么多用途的替代品。

在寻找替代的DNA分子时，第一个显而易见的方法是，在螺旋体结构中插入稍微经过修改的碱基对（想想DNA螺旋体中不同的梯级）。K.D.詹姆斯和A.D.艾灵顿在其合著《生命起源和生物圈进化》（*Origins of Life and Evolution of the Biospheres*）中写道：“在实验中使用的不同的碱基对组合表示目前的嘌呤和嘧啶（最具权威的碱基对类型）在很多方面来说都是最理想的……这些非天然的核酸类似物经过实验证明大部分都无法自我复制。”

当然，一开始让人觉得不可能、难以置信、不真实的科学发现多如牛毛。对于自组织的生命，我们可能会在推断其有哪些替代物时格外犹豫，因为到目前为止，我们实际上只能基于一个样本，就是地球。

但不论在宇宙的哪个角落，化学就是化学。由于碳非常“合群”，含有很多能结合其他元素的挂钩，所以碳是生命的中心，碳与氧的关系格外友好。碳很容易氧化，变成动物的燃料，也很容易被植物中的叶绿素非氧化（还原）。当然，碳也会形成超级分子中长链的基础，这些超级分子彼此之间的差异也令人难以置信。碳的姊妹元素是硅，要产生不是以碳为基础的生命形式，硅是最有可能的替代候选。硅也很容易和各种元素结合，产生不同的结果，在地球上的存量也比碳多。科幻小说家在想象其他的生命形式时，常用硅作为出发点。但在真实生活中，硅有几个严重的缺点：无法和氢连成链状，从而限制了衍生物的尺寸；硅分子之间的联结在水中会变得不稳定；硅氧化时，会排出矿物质的沉淀物，而不是气体的二氧化碳，很难消散；硅基生物则会呼出一颗颗的砂砾。基本上，硅产生的生物没有水分。而没有液体基质的话，便很难想象复杂的分子如何到处传输以产生互动。或许硅基生物会住在高温的世界里，然后硅酸盐也会融化。又或许其基质是非常冰冷的液态氨，但冷冻的氨不像冰块会漂浮起来，隔离开未冷冻的液体，反而会下沉，让海洋整个冻住。这些担忧并非空穴来风，而是在实验如何产生碳基生物时出现的根据。到目前为止，所有的证据都指出DNA是“完美”的分子。

即使我们这样聪明的大脑能够发明出新的生命基础，但找到能自行创造自身的生命基础则要求更高。我们很有可能在实验室中合成强健的生命系统，能够在野外存活下来，但无法自组织出真正的生命。如果可以跳过自身孕育后代这一步，我们就可以大跃进地制造出森罗万象的复杂系统，而这些系统永远无法靠自身进化。（事实上，这是心智的“工作”，其产生出来的物种复杂度是无法通过进化过程自然创造出来的。）机器人和人工智能不需要从充满金属颗粒的岩石中组织出自己的结构，因为它们来自人类的创造，而非自然诞生。

然而，DNA不需要自组织。这种充满力量的生命核心到目前为止最值得注意的便是能够把自己拼凑起来。最基本的碳基原料——例如甲烷或甲醛，在太空中就能取得，在行星上则更为丰富。我们试过用无生命的现象（闪电、发热、温水池、碰撞、结冻/解冻）来提供刺激，把这些像乐高积木的基础材料组织成构成RNA和DNA的8种糖类，但每一种方法产生的糖类都无法维持一定的量。我们知道制造核糖这种糖类的方法（RNA

中的R)，但所有的方法都很复杂，连在实验室中重现都很困难，更不用说在野外存活了(到目前为止的情况是这样)。那还只是8种必要前驱分子中的一种。我们还没找到必要的条件(这些条件很有可能会彼此抵触)来培育出数十种其他不固定的化合物，来达成自我繁殖的目标。

但我们应该能够找到这些特殊的方法。不过，平行进化的路线同时发生的可能性极低，这意味着可能只有一个分子能顺利通过这个迷宫，自行聚合成形，诞生后自行复制，然后从种子释放出我们如今在地球上看到的如此多彩多姿的丰富生命。这真是令人兴奋赞叹。但仅仅是找到一个能够自我复制并且产生更多复杂性的分子还不够，或许的确有些让人惊异的化学细胞核能做到这样。但是，真正的挑战在于能够找到这样一个分子，不但能完成上述所有工作，还能把自己制造出来。

到目前为止，没有其他竞争者能展现这样的魔力，甚至都没有接近过。这就是为什么西蒙 · 莫里斯称DNA是"宇宙间最奇怪的分子"。生化学家诺曼 · 佩斯说，也许会有一门以这些最显眼的分子为基础的"宇宙生化学"。根据他的观察："很有可能在某处，生命最基本的材料都跟人类的相似，大体上相同，只有细节上有差别。因此20种常见的氨基酸是我们能想象到的最基本的碳结构，能带来生命中的功能基。"套句乔治 · 沃尔德的话：如果你对外星人有兴趣，就研究DNA吧。

关于DNA的独一无二(也许在整个宇宙中都是独一无二的)，还有另一个线索。两名分子生物学家斯蒂芬 · 弗里兰和劳伦斯 · 赫斯特用计算机在仿真的化学世界中制造出随机的遗传密码系统(等同于DNA，但不含DNA)。由于所有可能的遗传密码组合出来的总数远远超过宇宙所能提供的计算时间，研究人员取样一个子集合，把焦点放在那些他们分类为化学上有可能产生的系统上。他们估计有可能的样本总共有2.7亿个，然后研究了其中大约100万个，并按照系统在仿真世界中能减少错误的能力来分级（良好的遗传密码能正确繁殖，不会有错误）。在计算机上执行100万次后，遗传密码测量出来的效率符合典型的“钟形曲线”。该曲线的一边是地球的DNA。他们得出的结论认为，在这100万种有可能的遗传密码中，我们目前的DNA组合是“有可能出现的密码中最棒的一种”，尽管不完美，至少也是“百万中挑一”。

叶绿素是另一种奇怪的分子，它在地球中到处都是，但并非最理想的频率。阳光的光谱在黄色频率处达到最高峰，但叶绿素却在红色/蓝色的地方最高。沃尔德指出，叶绿素的“三重能力”——对光的高度接收性、能够把捕获的能量储存起来并传递给其他分子以及转化氢来减少二氧化碳的能力，对于吸收阳光的植物来说是进化中不可或缺的，“尽管叶绿素的吸收光谱不够好”。沃尔德继续推断，这种非最优化恰恰证明了对于把光线转化成糖来讲，没有比叶绿素更好的碳基分子，因为要是有的话，经过数十亿年的进化应该早就出现了，不是吗？

我说视紫质已经达到最佳状态，趋同现象才会出现，又说叶绿素不够完美，似乎是自相矛盾。我不认为效率等级是最重要的。在两种情况下，缺乏替代品就是必然性最有力的证据。拿叶绿素来说，即使不完美，数十亿年来也一直未出现替代品；拿视紫质来说，虽然有几个不重要的竞争对手，同样的分子却被我们发现了两次。一次又一次地，进化回到了可以起作用的几个解决方案中。

毫无疑问，总有一天，实验室中聪明的研究人员会发明取代生物DNA的系统，让源源不绝的新生命奔涌而出。大幅加快速度后，这种合成的生命系统或许会进化出形形色色的新生物，其中有些还可能有知觉。然而，这种非主流的生命系统（基础可能是硅、纳米碳管或核裂变中的气体）也有自己的必然性，从其原始种子中深埋的限制中向外流动。这可能无法进化出所有生物，却能产生我们的生命无法制造出的许多种生物类型。有些科幻小说作家戏谑地推测，DNA本身可能就是这种设计出来的分子。毕竟DNA已经用很聪明的方法达到最佳状态，但其起源仍是难解的谜题。或许数十亿年来，比人类更优秀的智慧生物穿着白袍在实验室里制作出DNA，然后漫无目标地射到宇宙中，在空无一物的行星上用天然的方法播种，有这种可能吧？在广泛育苗后，冒出许多小芽，人类只是其中一种。这种人工园艺或许能解答很多问题，但无法磨灭DNA独一无二的性质，也无法消除DNA为地球进化所铺设的管道。

生命发端后，物理学、化学和几何学的限制就一直掌管着生命，甚至延续到科技体中。生物化学家迈克尔·登顿和克雷格·马歇尔宣称："在所有生命的多样性之下，是一系列能够在以碳为基础的宇宙中的任何地方重复出现的有限的自然形式。"仅靠进化无法产生所有可能出现的蛋白质、所有能够感光的分子、所有的附加物、所有的运动方式以及所有的形状。生命并非是无边界、无限制地朝着所有方向发展的，而是被物质自身的性质限定在很多方向上。

我认为，同样的限制也适用于科技。科技跟生命一样，立基于同样的物理学和化学，更重要的是，科技体这加速发展的第七个生物界也受限于很多引导生物进化时遇见的限制。科技体无法制造出所有我们想象得到的发明物或可能的想法，相反，会在许多方向上限制于物质和能量。但进化的负面限制只是故事的前半部分。

第二股推动进化走上伟大旅程的重要力量则是将进化上的创新导向特定方向的正面的限制。与上述列出的物理学定律的限制一起，自组织的外熵操控进化走上了轨道。这些内在的惯性在生物进化中非常重要，在科技进化中更是举足轻重。事实上，在科技体中，自行产生的正面限制不只是故事的后半部，而且是主要事件。

但是，引导生物进化的内在限制的存在却与现代生物学的正统想法相差甚远。“定向进化”的观点虽然具备较长的历史，却因为牵扯到超自然生命本质的信仰而声名狼藉。如今定向进化虽然已经与超自然脱离了关系，却和“必然性”联系在了一起，而后者是很多现代科学家说什么都不能忍受的，不论是什么形式。

就目前我们能找到的证据而言，我想提出一个关于生物进化方向的最佳案例。这个故事很复杂，讲述它，不仅是为了了解生物学，也为了看清科技的未来。因为如果我能够证明自然进化内有一个最终的方向，那么大家就会更容易明白我的观点，也就是科技体延伸了这个方向。在深入研究推动生命进化的力量时，这段长篇大论事实上也是一个平行论证，来说明科技中的进化与生物中的进化是同一种。

在故事的后半部，我要先提醒大家，我最近才领会的外熵力量并非进化唯一的动力来源。进化有好几种力量，包括我刚才描述过的物理限制。但在目前“正统”的科学进化理论中，变化主要只有一个来源：随机变异。在大自然未开发的领域中，存活下来、能继续繁殖的生物，自然会从遗传的随机变异中被选择出来；因此，在进化中只能没有方向地随机前进。在我花了30年的时间研究复杂适应系统后，得到的最重要的观察结果却提供了相反的看法：供给物竞天择的变异并非永远出自随机突变。研究显示，“随机”突变往往并非不公正，与此相反，变异反而会受到几何学和物理学的掌控；最重要的是，自组织重复出现形态的内在可能性通常会塑造变异的形态。

非随机变异的观点曾一度被视为“异端邪说”，但随着越来越多的生物学家使用计算机模型作出解释，变异并非随机出现的观点渐渐变成某些理论家的科学共识。（所有染色体中）基因的自我调节网络偏好某几种复合物。生物学家L.H.卡波拉莱说：“有些潜在的有用的突变极有可能发生，因此可以被视作原本就编码在基因图谱中。”细胞中的代谢途径可以自动催化，使自身进入网络，流进其喜好的循环中。传统的看法因此被推翻了。原有的看法认为内部（突变的来源）创造出变化；而外部（环境的适应来源）选择或指定方向。当内部指定方向时，就会导向重复出现的形式。早期的古生物学家W.B.斯科特说，进化的复杂性创造出“为了其偏好的变化所需要的内在变化”。

一般的教科书指出，进化是一股强大的力量，由一种近乎数学的机制推动：在遗传的随机突变中，能适应者才能生存，这就是我们所知道的“物竞天择，适者生存”。修改后的观点则意识到了还有其他力量的存在，它认为进化的创造引擎有三个立足点：适应性（经典的因素）、偶发性和必然性。（这三种力量在科技体中又出现了。）我们可以称之为进化的三个向量。

第一个向量是适应性，它是正统的力量，也是教科书中的理论告诉我们的。正如达尔文推测的，最能适应环境的生物就能存活下来，繁殖后代。因此，在变化多端的环境中，不论新的生存策略从何而来，都要经过一段时间的挑选，从而让某个物种变得非常适应环境。在进化的所有等级中，适应力都是最基本的。

第二个向量是运气，也就是偶发性。进化中有许多事件都归因于难以捉摸的运气，而不是“适者生存”。物种形成的细节大多是偶发事件的结果，有些不可能出现的触发因素让物种走上偶然的道路。帝王斑蝶翅膀上的斑点并非完全为了适应环境，有可能只是意外。这些随机出现的事物最后可能会让完全出乎意料的设计出现。这些后续的设计或许复杂度或精致度都比之前的略逊。换句话说，我们今天在进化中看到的许多形式都出自过去随机的偶发事件，而并未按照渐进的顺序。如果我们倒转生物历史的录像带，再按一次播放，播出来的内容会跟前面不一样。（为了让年轻的读者能够明白，“倒转录像带”就像“重拨电话号码”“用胶卷拍摄电影”或“用曲柄启动引擎”，都是一些老掉牙的说法，因为这些科技早就已经变成了历史。在这里，“倒转录像带”表示从同一个起点重新播放一段内容。）

斯蒂芬 · 杰 · 古尔德在他影响深远的著作《奇妙的生命》（*Wonderful Life*）中引入了“将生命倒带”这个比喻，简练地展示出了偶发事件在进化中的无所不在。他的依据是在加拿大伯吉斯页岩中发现的前寒武纪生物留下的一组隐秘化石。年轻的研究生西蒙 · 康韦 · 莫里斯花了数年时间做了一项很沉闷的工作——在显微镜下切割微小的化石。密集研究十多年后，莫里斯宣布：伯吉斯页岩是个宝库，藏有之前人类不认识的动植物，比目前的生命形式还要多样化。但五亿三千万年前，不幸的灾难事件严重毁灭了这些古代生物变化繁多的原型，能够继续进化的基本生物类型相对而言非常稀少，因此现代的世界还不如那时候多变。比较优秀的设计随机遭到消除。这次偶发事件让古代更加多样化的生物大量灭绝，古尔德认为，这为偶发的规则提供了有力的反对定向进化的依据。尤其是他相信伯吉斯页岩的证据证明了人类心智必然会出现，因为进化中所有的事物都是必然的。古尔德在书末得出结论：“生物学对人类本质、状态和潜力的最深刻的洞察就是很简单的一句话——偶然性的体现：智人是一个实体，而非趋势。”

“实体而非趋势”这句话是今日进化理论的正统说法：进化中固有的

偶发性和高度的随机性排除了朝着某个方向进化的趋势。然而，后续的研究证明，伯吉斯页岩含有的生物多样性并不如一开始大家相信的那么多，从而推翻了古尔德的结论。莫里斯也改变了想法，不再承认他之前的基本分类。原来，伯吉斯页岩的生物有不少并不是怪异的新形式，而是怪异的古老形式，因此在宏观进化中，“偶发事件论”并非那么盛行，渐进改变的可能性比较大。说来古怪，古尔德的书出版后带来极大的影响，但过了几年，莫里斯就带领其他古生物学家拥护“进化中趋同、定向和必然性”的想法了。一般人的后见之明是，伯吉斯页岩证明了偶发性在进化中是一种明显的力量，但不是唯一的力量。

进化的第三个向量则是结构上的必然性，而现代生物学的教条反对的就是这股力量。既然偶发事件可以被当作一种“历史性的”力量，也就是指历史会起作用的现象，那么进化引擎的结构性组成部分则可以被视为“非历史性的”，因为它带来的变化与历史无关。重复一次，你依然会看到同样的故事。进化的这个方面推动了必然性。举例来说，防御用的毒刺至少进化了12次：蜘蛛、黄貂鱼、荨麻、蜈蚣、石头鱼、蜜蜂、海葵、雄性鸭嘴兽、水母、蝎子、有壳软体动物和蛇。毒刺的反复出现并非由于共同的历史，而是共同的生物母体。它们共同的结构也并非来自外在的环境，而是来自自组织复杂性的内在动力。这个向量是外熵的力量，在系统中出现的自组织就跟进化中的生物一样复杂。在前几章我说过，复杂系统会获得自身的惯性，创造出系统倾向于滑入的不断重复的形态。这种出现的自排序（self-order）会将系统引入其自身自私的兴趣中，如此一来，它便向着即将发生的过程产生了一个方向。这个向量把进化的混乱推向了某些必然。

画成图表后，进化的三个向量或许会是图6-2的样子。

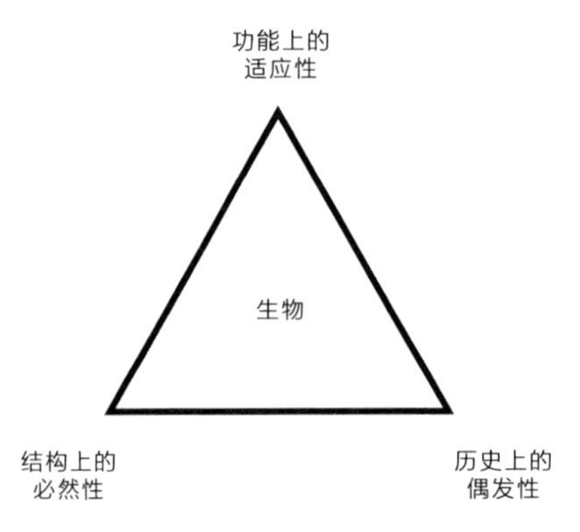

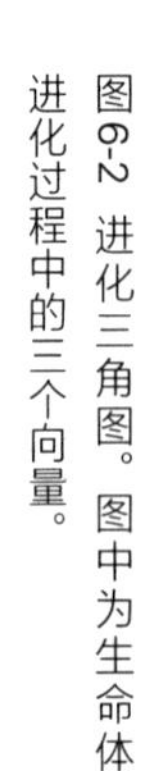
图6-2 进化三角图。图中为生命体进化过程中的三个向量。

在自然界不同的层次中，三种力量所占的比例也有所不同，它们彼此平衡和抵消，结合在一起后产生了每一种生物的历史。有个比喻也许能够帮助我们解开这三种纠缠在一起的力量：物种的进化就像一条迂回曲折的河流切开了地表。河流那充满细节的“特殊之处”，也就是河岸和河底细微的轮廓剖面，来自适应性突变和偶发事件（永远不会重复）这两个向量，但是当河水分流进入溪谷时，这种普遍的“河流特质”（所有河流具备的性质）则来自趋同与浮现的秩序所蕴含的内在引力。

再举一个例子，来说明一个偶发的微观细节是如何修饰出必然的宏观原型的，即进化中遵循同一条形态路线的6支恐龙家系。随着时间推进，6种不同的恐龙侧边的趾头如出一辙般地都变小了（必然的），它们脚掌中最长的骨头延长了，“趾头”则缩短了。我们或许可以把这种形态叫作一种“恐龙特质”。由于在6种家系中都出现了这种现象，所以这些原型结构并不仅仅是随机的。真实生活中的古生物专家鲍勃·巴克是电影《侏罗纪公园》中的恐龙大师原型，他认为：“（6种恐龙家系）这种平行迭代和趋同的惊人案例……提供了有力的论点，来证明在化石记录中观察到的长期变化是定向选择而非基因随机发生变化的结果。”

回溯到1897年，当时对恐龙和哺乳类动物钻研很深的古生物学家亨利·奥斯本写道：“我对于许多古老哺乳类动物家族牙齿的研究，使我深信其基本的倾向会朝着某些特定的方向变化，遗传的影响在数十万年前早就制定了牙齿的进化。”

在这里一定要解释一下何谓“早就制定”。在大多数情况下，生物的细节皆属偶发。进化的河流只决定生物最粗略的外形，我们或许可以把这种外形想成重要的原型，比方说四足动物、蛇的外形、眼球（球面照相机）、盘起来的肠、卵囊、拍扑翼翅膀、分成很多节的身体、树、尘菌、指头等。这些都是普遍的外形，不特别属于某种生物。生物学家布莱恩·古德温提出：“生物所有主要的形态特征，例如比较容易看见的心脏、脑、消化道、肢体、眼睛、叶片、花、根、树干、树枝等，都是形态生成原则浮现的结果。”如果把生命倒带，这些形态也会再度出现。正如其他重复出现的原型，你的脑子或许察觉到了那些形态，但你却没注意到。“噢，是个蚌壳，”你心里这么想，然后颜色、质地和物种等细节会一一浮现在你的脑海中。“蚌壳”的形状，即两片可以合起来的、连在一起的凹面半球，便是重复出现的原型，也就是早已制定的形式。

移动我们的视角，回到数十亿年前，似乎进化想要创造出特定的设计，这就像道金斯所说的生命要产生出眼球一样，因为它总在重复这个过程。进化看似混乱的搅动有个特定的方向，使其重复出现同样的形式，并且总是得到同样的解决方案。看起来生命有种规则，“想要”让某些特定的形态出现。甚至连物理世界似乎都在朝着那个方向偏移。

有很多迹象显示我们在宇宙中占的这一块地方适合生物出现。我们的星球离太阳够近，可以保持温暖，又离得够远，不会被烧焦。离地球很近的大卫星月球让地球的旋转速度减缓，白天变得更长，长期下来保持转速的稳定。地球和木星都绕着太阳转，而木星很容易吸引彗星。被吸引过去的彗星上的冰层有可能就是地球上海洋的来源。地核具有磁力，可以防御宇宙射线。地球上有适当的重力，能够吸住水分和氧气。地壳很薄，因此板块构造可以翻动。每一个变数似乎都落在不多也不少的“适居带”里。最近的研究指出，银河中也有适居带。太靠近银河中心的话，行星会持续受到致命的宇宙辐射轰炸；太远的话，当星尘凝结成行星星体时，行星上找不到生命需要的重要元素。而我们的太阳系正好坐落在这个刚刚好的地方。要列出地球适合孕育生命的原因，结果会一发不可收拾，涵盖地球上生命所有的层面。所有一切非常完美！这本目录就像骗人的“招聘”广告一样，经过特别策划，只适合某个“内定”的人选。

某些适居带因素可能只是巧合，但这些因素的数目众多，根深蒂固，引述保罗·戴维斯的说法，它们暗示了“大自然的定律是为了符合生命的利益”。从这个角度来看，“生命从浓雾中浮现，正如水晶从饱和溶液中析出来，最终的形式则由原子间的力量预先决定”。早期的生源论（研究生命的起源）先驱西里尔·庞南佩鲁马（Cyril Ponnamperuma）相信，“原子和分子中固有的特质似乎会左右（生命）合成的方式”。理论生物学家斯图尔特·考夫曼用计算机巨细靡遗地模拟出生命起源以前的环境，他相信他的研究证明，当有适当的条件时，生命就一定会出现。他说，地球上的人类“并非意外，而是符合期待”。1971年，数学家弗雷德·艾根写道：“如果生命进化的根基是可以推论出来的物理学定律，那么我们必须把生命的进化看成必然的过程。”

曾获得诺贝尔奖的生化学家克里斯蒂·德·迪夫对此有更进一步的

看法。他相信生命是宇宙进化的必然结果。在其著作《生机勃勃的尘埃》（*Vital Dust*）中，他提道："生命是决定力的产物。在占优势的情况下，生命必然会兴起，在同样的情况存在时，不论何时何地，生命同样会出现……生命和心智并不是怪异偶发事件的产物，而是作为物质的自然表现，被写入宇宙的结构中。"

如果生命的出现是必然的，那么鱼类也一定会出现，对吧？鱼类一定会出现，那心智呢？既然出现了心智，那么互联网也该算在内吧？西蒙·康韦·莫里斯推断说："数十亿年前不可能的事，渐渐变成必然。"

要测试宇宙必然的结果，很简单，把生命倒带就好。古尔德说，把生命倒带是伟大的但"做不到"的实验，但他错了。生命的确可以倒带。

有了新的测序和基因复制工具，就能回放进化的过程。选一种简单的细菌（比方说大肠杆菌），挑出样本，复制数十个同样的副本。排定其中一个基因型的顺序，再把其余的副本放入同样的培养槽，使用相同的设定和输入。让复制的细菌在同样的环境中自由繁殖，繁衍四万代。每一千代设一个里程碑，取出少许细菌冷冻当作基准，排出进化后的基因图谱顺序。比较所有培养槽中同时进化出来的基因图谱。取出冷冻的细菌样本，放入同样的培养槽，就可以随时从头开始进化的记录。

美国密歇根州州立大学生物学家理查德·伦斯基已经在他的实验室中进行了"倒带实验"。他发现，一般来说，重复进化过程好几次后，会在表型（细菌的外部特征）中产生类似的特质。基因型中的变化大致出现在同样的地方，不过确切的编码常出现差异。这表示粗略的形态趋于一致，细节则听天由命。做倒带实验的科学家不只伦斯基一人。其他人的平行进化实验也得到了类似的结果：并不会每次都有新东西出现，你会看到某篇科学论文中说："多重进化路线聚合在类似的表型上。"正如遗传学家肖

恩 · 卡罗尔的结论：“进化能够重复结构和形态以及个别的基因，的确会不断重复……这种重复的过程推翻了一般的概念，我们原本以为若能将生命的历史倒带和回放，所有的结果都会变得不一样。”我们可以把生命倒带，但在不变的环境中尝试时，结果通常大同小异。

这些实验的结果告诉我们，进化中有一条路线，这条长长的路线让某些不太可能出现的形式最后必然会发生。不太可能发生的必然性是一种矛盾，要再解释一下。

生命的复杂性令人难以置信，从而掩盖了生命独一无二的特质。今日所有的生物都出自同一条从未中断的路线，在最原始的细胞中，有个有效的分子，复制后产生了一切的生物。尽管生命如此多彩多姿，但仍会不断重复之前有效的方法，并且已经重复了无数次。和宇宙间物质及能量一切有可能的组合比起来，生命的解决方案少之又少。田野生物学家每天都会在地球上发现新的生物，因此我们有理由赞叹大自然的创造力和丰富度。但和人脑能想象到的事物相比，地球上的生物多样性只占了很小的角落。我们能想象到的宇宙充斥着比地球生物更多变、更有创造性的生态等待发掘。但我们想象出来的生物大多不可能，因为其生理上有着很多矛盾之处。真正有可能存在的世界其实并没有一开始看起来那么大。

物质、能量和信息特殊的实际排列方式产生了巧妙的分子，例如视紫质、叶绿素、DNA或人类的心智，在全部可能“存在”的事物中，特殊的排列方式非常匮乏，就统计学而言未必会发生，几乎到了不可能的程度。所有的生物（和人工制品）都用完全不可能的方法来排列组成的原子。然而，在繁殖自我组织和永不停息进化的长链中，这些形式变得很有可能出现，甚至必然会出现，因为只有少数几种方法能让这种不受限制的巧妙事物在真实的世界中确实发挥效用；因此，进化必须通过这些方法。如此一来，生命就是必然的不可能。生命大多数的原始形式和阶段也是必然的不可能，或者也可以说是不可能发生的必然事件。

这表示人类心智之类的东西也是进化中未必会出现的事物。把生命倒带，进化仍会（在另一个星球上或平行时间中）产生出人类心智。古尔德声称“智人是实体，而非趋势”时，恰好说反了。如果我们再整理一次他的句子，但把顺序反过来，就实在太棒了。我没办法想出更简洁的说法来总结进化的信息：

智人是趋势，而非实体。

人类是一个过程，向来便是如此，以后也不会改变。所有的生物都要经历某种变化。而人类尤其变化多端，因为在所有（人类已知）的生物中，我们最不受限。我们正要开始一段进化的过程，就像过去的智人一样。科技体源自人类，而人类也是科技体的后代，并且通过加速的进化，我们就是进化注定的结果，除此之外再没有别的解释。发明家兼哲学家巴克敏斯特·富勒曾说：“我似乎是个动词。”

我们可以依照上面古尔德的句子：科技体是趋势，而非实体。科技体和组成它的科技与其说是伟大的人工制品，不如说是伟大的过程。终点还没到，一切仍在变迁之中，唯一有意义的只有移动的方向。那么，如果科技体有方向，是哪一个方向呢？如果科技更重要的形式必然会出现，接下来还有什么？

在接下来的章节，我要告诉读者科技体中固有的趋势如何朝着重复出现的形式趋同，就跟生物进化一样。某些发明物必然会出现。此外，这些自行产生的趋势也创造出某种程度的自主权，就跟生物获得的自主权一样。最后，这种在科技系统中自然浮现的自主权也会创造出一系列的“想要”。遵循进化中长期的趋势，我们就可以告诉大家科技想要什么。

第七章

趋同

2009年，世界各地庆祝达尔文诞辰200周年，赞扬他的理论对人类科学和文化所带来的影响。但在庆祝的同时，大家都忘了大约在相同的时间，也就是距今150年前，阿尔弗雷德·拉塞尔·华莱士，也提出了相同的进化理论。华莱士跟达尔文都读过马尔萨斯有关人口增长的那本著作，之后很奇怪的是，他们同时发现了物竞天择的理论。如果不是华莱士也提出了同样的理论，达尔文就不会受鼓舞出版他的发现。而如果达尔文在他那场知名的海上旅程中过世（当时有不少人死在海上），或在伦敦苦读时因病痛不断而撒手人寰，华莱士就变成唯一一个发现物竞天择理论的天才了，我们现在也会庆祝他的诞辰。华莱士是一位住在东南亚的博物学家，也生过不少次重病。在读马尔萨斯的著作期间，他刚好染上了“丛林热”，身体非常虚弱。如果这场在印度尼西亚染上的病击垮了可怜的华莱士，达尔文也死了，从其他博物学家笔记的内容来看，这些人就算没读过马尔萨斯的书，显然也会推演出物竞天择的进化理论。有些人认为，其实马尔萨斯自己也只差一步就要提出进化论。他们三个人写出来的理论可能不一样，也不会使用相同的论点或引述同样的证据，但无论如何，我们今天还是会庆祝进化论已提出150年（计算至2009年）。

看似古怪的巧合在技术发明和科学发现中都会重复很多次。1876年2月14日，亚历山大·贝尔和伊莱沙·格雷同时申请电话的专利。看似不可能的事同时发生（格雷的申请比贝尔早三个小时），导致两人彼此诉讼对方商业间谍、抄袭、贿赂和欺骗等行为。格雷的律师给了他很糟糕的意见，要他放弃自己的优先权，因为电话“不值得耗费心思”。但不论赢得专利的发明家奠定了“贝尔大妈”（全美最大电话公司的前身）还是“格雷大妈”的朝代，美国各地仍会铺设电话线路，因为当贝尔取得主要专利时，除了格雷，至少还有其他三个技术不甚高超的人几年前就已制造出了可以拨通的电话。事实上早在10多年前，即1860年的时候，安东尼奥·梅乌奇就为他的“德律筹风诺”（teletrofono）申请了专利，其应用原理跟贝尔和格雷一样，但由于他的英文不好，没有钱也没有商业头脑，无法在1874年更新专利。过了不久，那位独一无二的爱迪生也崭露头角，但很难想象的是他居然会在“电话专利赛”中落败，不过第二年，他就发明了电话用的麦克风。

《电的时代》（*The Age of Elctricity*）一书的作者帕克·本杰明在1901年观察到：“重要的并不是制造出来的新电器装置，而是好几个人都要求享有发明它的荣誉。”深究历史上任何领域、任何类型的发明，就会发现想要拔得头筹的人绝对不止一个。事实上，很有可能每样新奇的东西都有好几个发明人。同时在1611年发现太阳黑子的人不止两个，而是4个，包括伽利略在内。我们知道温度计有6名不同的发明家，皮下注射针头的发明者则有3人。在爱德华·詹纳之前，已经有其他4名科学家各自发现了牛痘的效力。肾上腺素“第一次”被抽离出来重复了4次。三名天才发现（或发明）了小数。约瑟夫·亨利、塞缪尔·摩斯、威廉·库克、查尔斯·惠斯顿和卡尔·施泰因海尔都发明了电报。法国人路易·达盖尔因为发明摄影而出名，但另外三个人（尼塞福尔·涅浦斯、赫尔克里士·弗洛伦斯、威廉·亨利·塔尔博特）也各自经历了同样的过程。大家通常把对数的发明归功于约翰·内皮尔和亨利·布里格斯这两位数学家，但事实上有一个名叫约斯特·比尔吉的人比他们早了三年就发明了对数。生在英国和美国的几位发明家同时发明了打字机。1846年，同时有两名科学家预测出太阳系的第8个行星，也就是海王星的存在。很多化学现象也由好几个人同时发现，例如氧气液化、铝电解和碳的立体化学，这些人发现的时间前后相差不到一个月。

哥伦比亚大学的社会学家威廉·奥格本和多萝西·托马斯搜遍了科学家的传记、通信记录和笔记本，尽全力收集到1420年到1901年间同时发现和发明的相似的东西。他们提道："富尔顿、如弗鲁瓦、拉姆齐、史蒂文斯、希明顿都宣称他们'独力'发明了蒸汽机船。至少有6个人，戴维森、雅各比、利历、达文波特、佩吉、霍尔，都宣称独力发现了铁路电气化技术。既然有了铁路和电力马达，那么铁路电气化不就是必然的了吗？"

必然！又听到这个词了。在同一时刻各自发现同样的发明的例子比比皆是，意味着科技以与生物进化相同的方式"趋同进化"。如果真是如此，那么要是我们能将历史倒带后回放，每次从头播放，相同顺序的发明应该会按着相近的次序展示出来。科技必然会出现。最初的形态出现后，进一步暗示这种科技发明是有一定的方向或倾向的。而这种倾向并不取决于发明者是谁。

的确，在科技的各个领域中，我们通常都会发现同时出现且彼此独立存在的相同发明。如果这种趋同现象表示这些东西必然会被发明，那么看起来发明家只不过是管道，让一定会出现的发明物通过而已。我们会认为发明者换成另一个人也没关系。当然也不是谁都可以做得到的。

这正是心理学家迪安·西蒙顿的发现。他根据奥格本和托马斯所列出的1900年以前同时出现的发明，汇集整理了其他几份类似的清单，排列出1546种发明同时出现的模式。西蒙顿标出两个人的发明，再与3个人或4个人、5个人、6个人的发明数目相对照。6个人同时发明某样东西的情况当然比较少，而这些多人发明之间的精确比率基本符合统计学上的泊松分布规律。在DNA染色体上看到的突变，以及在一大群可能的媒介中会出现的稀有事件上，看到的就是这种规律。泊松分布曲线告诉我们，“谁发现什么”的事件基本上纯属随机。

个人天分的分布一定不均衡。有些发明家（像是爱迪生、牛顿、开尔文）就是超乎常人。而如果天才无法跳到必然会发生的事的前面，这些超乎常人的发明家如何才能变得伟大呢？西蒙顿发现，科学家的声望越高（看他的传记在百科全书里占了多少页），他同时参与的发明就越多。开尔文同时涉及的发明就有30多项。伟大的发明家不只增加了“下一步”的平均数目，也会参与能带来最强烈冲击的步骤，这些步骤天生就是会吸引更多人参与的研究领域，因此能产生多重结果。如果发明跟彩票一样，可以说最伟大的发明家买的彩票最多。

西蒙顿找到的历史案例告诉我们，重复的发明随着时间推进越来越多，这也意味着“同时发现”的案例会越来越频繁。数百年来，想法出现的速度越来越快，同时也加快了“同时发现”的速度，并且“同时发现”的程度也增加了。几个世纪后，好几个人同时推出一项新发明的最早与最晚的时间将越来越近。以前新发明或新发现公布后，可能要等10年，最后一位提出发明的研究人员才会听到官方公布的消息。这样的时代早就过去了。

以前消息流通的速度不够快，但同时性并不只是那时才可能发生的事，到了现代仍常常出现。1948年，美国电话电报公司贝尔实验室的科学家因发明晶体管而获颁诺贝尔奖，但两个月后，两名德国物理学家在巴黎的西屋实验室也独立发明出晶体管。第二次世界大战末期，冯·诺伊曼发明了可编写程序的二进制计算机，大家也把这项发明归功于他，但几年前（1941年）在德国，康拉德·楚泽就已经将这个原理应用到真正能够发挥功用的穿孔纸带式计算机的样机中。作为现代发明平行性的一个例子，楚泽发明的二进制计算机在刚发明时并未引起美国和英国的注意，几十年后才得到重视。喷墨式打印机也被发明了两次，一次在日本佳能的实验室里，一次在美国的惠普公司，1977年，两家公司都申请了主要技术的专利，时间相差不到几个月。人类学家阿尔弗雷德·克罗伯在其著作中提道："整个发明的历史就是一连串无止境的平行实例。或许有人认为这些不断出现的情况只是善变的幸运事件无意义地呈现出来的，但对某些人来说，从那惊鸿一瞥就能看到伟大的、激发人心的必然性，全然超越了偶然出现的各种性格。"

第二次世界大战期间，核反应堆的运作必须严格保密，这为我们回顾科技的必然性提供了一个模范式的实验室。世界各地的核科学家组成团队，在彼此之间没有联系的情况下开始竞赛，看谁能驾驭原子的能量。由于大家都知道核能量具有战略性的军事优势，这些团队就像敌人般彼此隔绝，或者虽有同盟却"彼此不认识"，或在同一个国家，却被"有必要知悉"的保密规范隔绝。换句话说，有7个团队同时写下了发明的历史。每个独立团队内密切合作的结果都被详细记录了下来，并且他们都成功通过了技术开发的多个阶段。回顾历史，研究人员可以追溯相同发现所经历的同步过程。值得注意的是，物理学家斯宾塞·沃特仔细研究了其中6个团队是如何各自发现制造核弹的必要公式的。这个公式叫作"四因子公式”，工程师用它计算链式反应需要的临界质量。法国、德国、苏联的团队和美国的三个团队同时发现了这个公式。日本的团队虽然也很接近，最终却无法达成目标。这种高度的同时性（6个团队同时发现同样的东西）意味着该公式必然会在此时被发现。

然而，当沃特研究过各个团队最终得出的公式后，他发现大家的方程式都不太一样。来自不同国家的人会用不同的数学标记来表达这个公式，强调不同的因子，作出的假设和对结果的诠释也不一样，对于整体结果的看法也不一样。事实上，有4个团队认为这个方程式只是理论而未加认真注意，只有两个团队把方程式跟实验工作结合在一起，其中一个团队成功造出了核弹。

抽象形式的公式必然会出现。就算一组人没找到，还有其他5组人能做到，这点无法反驳。但是对公式的具体表达方式则不是必然，若按照个人的意志来表达，就会造成明显差异。（美国将发现的公式应用了到了实践中，其结果与其他未能成功利用发现结果的国家差别巨大。）

发明（或发现）微积分的功绩由牛顿和莱布尼兹共享，但事实上他们的计算方法并不一样，过了一段时间，两个人的方法才得以协调。约瑟夫·普利斯特利制造氧气的方法与卡尔·舍勒的也不一样，虽然他们使用不同的逻辑，却揭露了相同的、必然会出现的下一个阶段。两名正确推测出海王星存在的天文学家约翰·亚当斯和于尔班·勒维耶，事实上计算出了不同的行星轨道，那两条轨道恰好在1846年重叠，所以他们才能用不同的方法找到相同的天体。

但这种轶事不仅仅是统计上的巧合吧？看到历史上记载的好几百万项发明，难道我们不该预期有一些发明刚好会同时出现吗？问题在于，大多数“同时发现”的情况并未得到报道。社会学家罗伯特·默顿说：“所有单独的发现都差点就成为同时被好多人发现的案例。”他的意思是，当新闻报道第一个发现的案例时，很多有同样发现可能性的案例就被人遗忘了。1949年，在数学家雅克·阿达玛的笔记中，有人找到了这样的典型记录：“问了一些特定的问题后，看到几位作家开始走上同样的路线，我便决定放弃那个想法，去探索其他的东西。”或者，科学家会记录他们的发现和发明，但可能因为太忙或不满意结果，导致结果从未公布。只有伟人的笔记本才有人细细查看，所以，除非你是卡文迪许或高斯（两人的笔记本中都有好几项未公布的发明），不然你的想法如果未经报道，那么就永远不算数。还有更多同时进行的研究属于个人或企业机密，甚至是国家机密。由于害怕竞争，很多研究都不会进行宣传，一直到了最近，许多重复发现和发明的案例仍无人知晓，因为出版使用的语言晦涩难解。少数几项同时存在的发明仍然不为人知，因为它们用的是难以理解的科技语言。有时候，某项发现太冷门或者受到特殊原因限制，也会受到忽略。

此外，一旦某个发现被揭示出来并且变成众所周知的事实，之后得到同样结果的研究便都只能用来“证实”第一个发现，不论研究时用了什么方法。一个世纪前，传播消息的方法不足，速度非常慢，在莫斯科或日本的研究人员可能要等好几年才能听到英国人发明了什么。今天，消息传播困难则是因为信息量太大了。由于发表的内容太多、太快、太广泛，我们很容易错过别人已经有了哪些成就。重复的发明一直都在不断出现，有时候过了数个世纪，大家都完全不知道之前已经发明过同样的东西。但是，由于无法证明两者绝对没有关系，这些不算新的新发明只能证实而无法证明必然性。

到目前为止，要证明的“同时发明”到处都是，最强烈的证据只是科学家自己的印象。大多数科学家要被别人抢先提出同样的想法，一定会觉得非常倒霉，痛苦不已。1974年，社会学家瓦伦·哈格斯特伦调查了

1718名美国从事学术研究的科学家，询问他们的研究是否曾被别人预料到或抢先发表。他发现有46%的调查对象相信他们的研究工作曾有“一两次”被人预料到，16%的人宣称他们被人抢先三次以上。另一位社会学家杰里·加斯顿调查了203位英国的高能物理学家，结果也很相近：38%的人宣称曾被抢先一次，26%的人则超过一次。

科学学术成就的重心在于成就和恰当的表彰，但发明家不一样，他们喜欢一直向前冲，不会先有条理地研究过去。这意味着对专利局来说，重复发明会变成基准。发明家申请专利时，必须引述之前相关的发明。接受调查的发明家中，有三分之一的人宣称，在进行自己的发明前，他们不知道已经有人主张过同样的想法。到了准备申请要附上“习知技艺”时，才知道已经有足以匹敌的专利。更令人惊讶的是，有三分之一的人宣称等到负责调查的人通知他们，才发觉自己的专利里引述了之前已有的发明。(这绝对有可能，因为发明家的专利律师或专利局的审核人员都可以加入专利的引证。)专利法方面的学者说，在专利法中“优先权的争议大多涉及几乎同时出现的发明”。布兰迪斯大学的杰菲研究过这些几乎“同时出现”的优先权争议，结果显示，在45%的案例中，双方都能证明在对方提出发明的六个月内，他们已经有了“可用的模型”，在70%的案例中，时间差不到一年。杰菲说:“这些结果提供了一些佐证，证明同时或几乎同时的发明是创新过程中常见的特质。”

这些“同时发现”的东西必然会发生。必要的科技网络成形后，便为发现奠定了根基，在科技的道路上，该踏出的下一步就正好出现了。要是这位发明家没想出来，其他发明家也一定会想到。但每一步都会按着恰当的顺序踏出。

这并不表示，装在完美无缺、牛奶白色包装盒中的iPod一定会出现。

我们可以说，麦克风、激光、晶体管、蒸汽涡轮发动机和水车的发明，以及氧气、DNA和布尔逻辑的发现，在它们出现的时代都必然会出现。然而，形式特殊的麦克风里面装的电路、激光的特殊工程学、晶体管使用的特殊材料、蒸汽涡轮发动机的大小、化学式的特殊符号，或者任何发明的细节，都不一定会出现。的确，发明家的个性、手边有的资源、所处的文化或社会、提供发现的经济体，以及好运和机会的综合影响，都会让细节出现许多变化。用钨丝串在椭圆形的灯泡里，发明出来的灯具必然会出现，但白炽灯泡就不一定了。

白炽灯泡笼统的概念可以从所有特定的细节中抽取出来，这些细节不一定一模一样（例如伏特数、亮度、灯泡的种类），却依然带来同样的结果，也就是使用电力发光。这种笼统的概念很像生物学上的原型，而物种则像概念用特定的实体呈现出来。这种原型必须遵守科技体的轨道，而物种则是附带的产物。

有人发明了白炽灯泡，然后白炽灯泡又再度被发明，被好几个人发明，甚至又称“首度发明”，前后总共被发明了好几十次。罗伯特·费里德尔、保罗·伊斯雷尔和伯纳德·芬恩在著作《爱迪生的电灯：发明的传记》（*Edison's Electric Light: Biography of an Invention*）中列出了23位发明家，他们比爱迪生更早发明白炽灯泡。或许该说爱迪生是最后一个“首次”发明电灯的人。23个灯泡（在发明家眼中都是原创的）体现“电灯泡”这个抽象想法的方式也各不相同。不同的发明家用的灯丝形状、电线材料、电力强度、基础规划全都不一样；但所有的设计似乎都各自以同样的原型设计为目标（见图7-1）。我们可以把这些原始形态看成23次尝试，描绘出必然会出现的一般灯泡。

许多科学家和发明家，还有很多不属于科学领域的人，听到“科技进展是必然的”想法，都觉得很厌恶。他们觉得不舒服，因为这个说法和大众根深蒂固的信念相抵触，一般人认为，人类的选择才是人性的关键，也是文明维系的基础。一方面，承认某样东西的必然性，似乎是个借口，降服于无形、无法触及的非人类力量之下。这种荒谬的想法再继续下去，我们便可能会松懈，放弃责任，不为自己的命运负责。

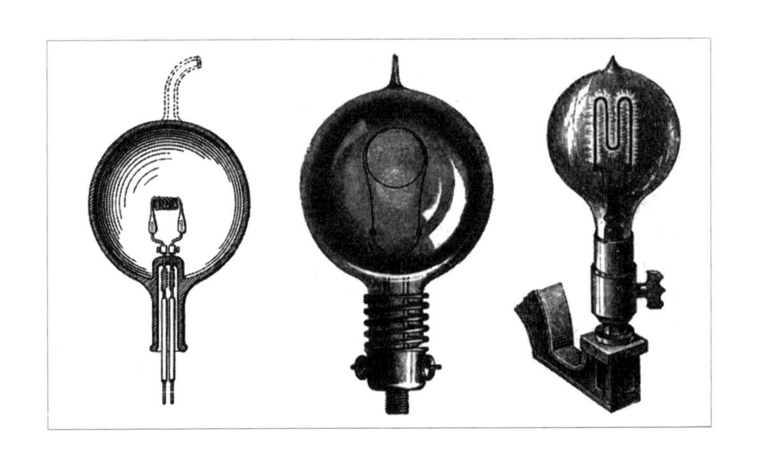

图7-1 灯泡亦有多样性。图中为三种独立设计的灯泡：爱迪生灯泡，斯旺灯泡，马克西姆灯泡。

另一方面，如果科技真的有必然性，那么选择只是空想，我们就应该摧毁所有的科技，才能解开魔咒。稍后我会讨论这几项最重要的利害关系，但我要先告诉大家，关于最后这项信念，有件很奇怪的事。虽然很多人主张，相信“科技宿命论”的观点是不对（或不道德）的，表现得却不一样。不论对必然性有什么理性的想法，就我的经验而言，所有的发明家和创造家都表现得很像他们的发明和发现马上就要同时出现。我认识的多位创造家、发明家和发现家都急着要抢在别人前面把自己的想法散播出去，或要比竞争对手更快申请到专利，表现急迫，或者向前猛冲，要在类似的东西出现前完成自己的杰作。过去两百年来，是否曾有一位发明家感觉到其他人绝对不会跟自己有同样的想法（而事实也果真如此）呢？

内森·麦沃尔德(Nathan Myhrvold)是位多产博学的发明家，之前曾在微软公司担任竞速研究的技术负责人，但他想在数字领域外的其他领域加快创新的速度，例如外科手术、冶金或考古学，因为在这些领域中，创新并非第一优先。麦沃尔德想到要成立一家创意工厂，命名为“高智发明”。麦沃尔德雇用了非常聪颖的创意人员，人员来源跨越不同的学科，坐在办公室里编织出可以申请专利的想法。他们花一两天的时间聚集在一起，天南地北什么都可以说，每年可以产生1000个专利。2009年4月，马尔科姆·格拉德威尔在《纽约客》杂志简略介绍了麦沃尔德的公司，说明他们并不是请一群天才来发明伟大的新产品。一旦创意浮现在“空气中”，就一定会有很多表现的方法。你只要找到够多的创造力丰富的聪明人来抓住这些想法即可。当然，也需要很多专利律师帮你们那一大堆想法申请专利。格拉德威尔发现:“洞察的能力并非只能来自天才；天才只能很有效率地提供洞察力。”

格拉德威尔一直找不到机会问麦沃尔德，从他的实验室发明出来的东西有多少个是别人也想到的，所以我问了麦沃尔德，他回答:“噢，我们知道的大概有20%吧。我们的想法只有1/3会申请专利。”

如果“平行发明”是标准，那么麦沃尔德创造专利工厂的优秀创意应该同时也有人想到。是的，当然有。在“高智发明”成立前几年，网络企业家杰伊·沃克开办了沃克数字实验室。沃克因为发明了Priceline而声名大噪，你可以在这个订位系统上出价订购饭店和航班。在实验室中，沃克定下制度，让来自不同学科的天才专家们围坐在一起，想出未来20年内可以派上用场的东西(专利有效的期限是20年)。他们筛选了好几千个创意，精心挑选出最后可以申请专利的东西。如果他们自己或专利局发现创意已经有人“预见”(“抢先”的法律术语)，他们放弃的创意有多少个？沃克说："要看是什么领域。如果像电子商务这种创新想法如雨后春笋般出现的领域，又是一项'工具'，或许早被别人想到的可能性有百分之百。我们发现受到质疑的专利有2/3会被专利局因'已有人预见'而拒绝。游戏发明这一类的专利则有1/3受到'习知技艺'或其他发明家的阻碍。但如果发明物是很复杂的系统，领域也很特殊，竞争对手就变少了。你看，大多数发明只是早晚的问题……不知道何时会出现，而不是有没有可能出现。"

另一位博学多产的发明家希利斯则与人共同创立了"应用思维"这家开创性的原型商店，也属于一家创意工厂。从名字或许就能猜到，他们雇用聪明的人来发明东西。公司的标语是"大创意，小公司"。就跟麦沃尔德的"高智发明"一样，他们生出成千上万属于多个学科的创意，例如生物工程、玩具、计算机视觉、游乐设施、军事控制室、癌症诊断和地图工具等学科领域的创意。有些创意变成专利后，不经修饰就卖出去了，有些则变成成品，例如真正的机器或可以操作的软件。我问希利斯："发现自己的创意早就被其他人想到，也有可能跟你同时或比你更晚想到，这样的百分比有多高？"希利斯举了一个例子来回答我的问题。他认为，大家对同时性的偏见就像一个漏斗。他说："同时想到同样发明的人或许数以万计。但只有不到1/10的人会想象如何做出来。在这些想到做法的人中间，只有1/10会仔细思索实际的细节和明确的解决方案。当中又只有1/10的人会真正化设计为实践。最后，在几万个想到这个创意的人里面，通常只有一个人会让发明物在文化中留存下来。在我们的实验室里，我们的种种发现各自进展到不同的程度，比例总符合我们的期待。"换句话说，在概念阶段，到处都会有人同时想到同样的东西；你那出色的想法有好多好多共同构想人。但过了一个简化的阶段，构想人的数目就减少了。若想让概念成功上市，或许你必须独力进行，但那时在好几万想到同样创意的人之间，你已经登上了顶点。

通情达理的人看到这个地倒金字塔（见表7-1），就知道有人发明灯泡的可能性高达百分之百，但爱迪生得到发明家荣誉的概率则是万分之一。希利斯也指出另一种结果。在每个想法转化为实际结果的阶段，都会有新人加入。在后期负责做苦工的人或许不是一开始想到这个创意的人。由于简化的幅度非常大，上面的数字指出第一个让发明物永存的人也不太可能是第一个发现创意的人。

表7-1 发明的倒金字塔结构。随着时间的推进，各阶段的参与人数也在不断下降。

发明者	阶段	任务	例子
10,000~1,000人	拥有初步创意	发现有价值的创意	我们应该用电来照明
1,000人	思考如何实现	设想该创意中的关键元素	在密封的球状物里放进一根发出白热光的电线
100人	构想具体细节	制订出详细的解决方法	焊接钨、真空泵，焊接排气口
10人	化设计为实践	证明你的设想具有实际可操作性	斯旺、拉蒂默、爱迪生、戴维等人发明的灯泡
1人	发明出真正可用之物	让世人接受你的发明	爱迪生的灯泡（以及电力照明系统）

另一个诠释表格的方法是，一开始发明的想法都很抽象，随着时间演进，会变得越来越具体，同时必然性也降低了，影响的条件开始增多，更能反映人类的意志。发明或发现的概念本质必然会出现，这种本质核心（例如椅子之所以为椅子）用什么方式显现（材质是夹板，椅背是圆形），其中的细节根据发明家手边有的资源，会有许多的变化。新的创意越抽象，越有可能普遍出现，可能同时有数万人想到。经过每个阶段，创意不断变得越来越具体，最后受限于特定的形式，有同样想法的人变少了，创意也越来越难预料。没有人想得到第一个上市的灯泡或晶体管最终的设计是什么样子，不过相关的概念一定会出现。

那么像爱因斯坦这样伟大的天才呢？他不是证实了必然性的概念纯属虚假？爱因斯坦于1905年向全世界宣布他对宇宙本质的看法，大众都认为他创意十足，不同凡响，太先进了，独特到要是他没出生，或许到了今日或一个世纪后，仍没有人能提出相对论。爱因斯坦是独一无二的天才，这点想必无人能够反驳。但一如往常，也有其他人在研究同样的问题。亨德里克·洛伦兹这位研究光波的理论物理学家在1905年7月提出了时空的数学结构，正好跟爱因斯坦宇宙理论发布同年。1904年，法国数学家庞加莱指出，在不同范围内，观察的人用的时钟都会“标出所谓的当地时间”，以及“因着相对原则的需求，观察的人无法得知他是否静止，还是纯粹在运动中。”1911年获得诺贝尔物理学奖的威廉·维恩向瑞典的委员会提议，1912年的诺贝尔奖应该同时颁给洛伦兹和爱因斯坦，彰显他们对特殊相对论的研究。他告诉委员会：“虽然洛伦兹应该算是第一个发现相对论原理数学精神的人，但爱因斯坦成功地将其简化成简单的原理。因此两位学者的功劳应该算是不相上下。”（两人都不是1912年的得主。）艾萨克森为爱因斯坦的想法写了一部辉煌的传记：《爱因斯坦：他的人生，他的宇宙》（*Einstein: His Life and Universe*），其中说道：“洛伦兹和庞加莱就算读了爱因斯坦的论文，也无法像他一样超越其他人。”艾萨克森非常赞赏爱因斯坦卓越的天分，因为他发现了别人不可能发现的相对论，但他承认：“其他人或许也会想得到，但可能至少比爱因斯坦晚十多年。”所以人类中最伟大的偶像和天才或许能超越必然性十年以上的时间。对于其余的人来说，必然的事情则会按着时间表出现。

科技体的轨道在某些领域中比其他领域更加固定。西蒙顿说：“数学中的必然性比物理科学中的更明显，科技领域中的努力看起来则最坚定。”在艺术发明领域，例如由歌曲、书写、媒体等技术所产生的，则是与众不同的创意发源处，似乎是必然性的最佳对照，但也无法完全避开命运的潮流。

好莱坞电影有种令人泄气的习惯，即作品总是要成对出现：两部同时放映的电影，主题是小行星撞击地球，带来人类浩劫（《彗星撞地球》和《世界末日》），或者主角是蚂蚁（《虫虫危机》和《蚁哥正传》），或者个性坚毅的警察带着不想上工的警犬（《冲锋九号》和《福将与福星》）。这样的相似，是因为同时发挥创造力，还是剽窃别人的创意？在制片厂和出版业有几项不变的定律，其中一项就是：当某部电影或小说很成功的时候，一定会有人声称，说创作的人偷走了他的创意。有时候是真剽窃，但通常是两名作者、两位歌手或两个导演同时想到了类似的题材。在图书馆工作的邓恩写了一部剧本《法兰克的生活》，1992年在纽约市的小戏院上演。《法兰克的生活》描述有个人没发觉他的生活其实是电视上的实景节目。1998年《楚门的世界》上映后，邓恩控告这部电影的制作人，他列出他的故事和电影剧本有149条类似的地方——在《楚门的世界》中，主角不知道他的生活是电视实景节目。然而，《楚门的世界》制作人宣称他们的电影剧本在1991年就申请了版权，也有日期记录，比《法兰克的生活》上演还要早一年。所以，关于主角浑然不觉自己是电视节目的核心人物这样的电影一定会出现。

对于同时出现的电影主题这个问题，为《纽约客》杂志撰稿的弗兰德分析道："版权诉讼最令人眼花的地方在于，制片厂常常想证明他们的故事总是衍生而来，不可能只从一个地方剽窃。"基本上制片厂主张：这部电影全由窃自不定场景、故事、主题、笑话中的陈腔滥调组成。弗兰德也说：

你或许会认为人类的集体想象力能够生出几十种虚构的方式来追踪龙卷

风，但似乎事实上只有一种。凯斯勒因为《龙卷风》而控告克莱顿时，他很生气，因为他写了关于追捕龙卷风的剧本《追风的人》，里面提到龙卷风的路径上放了收集数据的装置“多多二号”，就跟《龙卷风》电影中收集资料的“桃乐丝”一样。被告则辩称：几年前另外两名作家写了名为《龙卷风》的剧本，里面的装置就叫作“多多”，这并不算巧合。

一旦进入了文化的氛围，场景、主题和双关语或许有一次的必然性，但我们渴望碰到完全出乎意料的创作。我们常常认为，艺术作品必须纯属原创，而非经过制定。模式、前提和信息都源自独一无二的人类心灵，闪耀出独特的光芒。假设聪明的头脑写出了独创的故事，比方说像J.K.罗琳，创造出充满想象力的“哈利·波特系列”。1997年，罗琳推出“哈利·波特”后赢得了亮眼的成绩，也成功制止了一位美国作家的诉讼，后者在13年前出版了一系列儿童书籍，主角是一名失去双亲的少年巫师，名叫赖利·波特，生长在全是麻瓜的环境里。1990年，盖曼画了一本漫画书，书中的主角是位黑发英国男孩，过12岁生日时发现自己是巫师，一位有魔法的访客送他一只猫头鹰。还不能忘了1991年尤兰写的故事，主人翁亨利去年轻巫师的魔法学校上课，他想打倒邪恶的巫师。然后还有1994年出版的《十三号月台的秘密》，里面的火车月台是通往地下魔法世界的门户。罗琳坚持她从来没看过这些书，她的理由也很充分，比方说，付梓的麻瓜书不多，也没有人买，盖曼的青少年漫画书通常也不是单亲妈妈会选择的读物，她还有很多更好的理由，让我们承认这些创意会同时出现在不同的自然创作中。在文艺界中，就跟科技一样，随时都会出现好几种发明，但除非能让你声名大噪或赚很多钱，没有人愿意费心记下有哪些类似的地方。由于“哈利·波特”让罗琳变成富豪，我们发现，虽然听起来很怪，但养猫头鹰当宠物、上魔法学校、从火车站的月台进入异想世界的少年巫师故事在西方文化中必然会在这个时刻出现。

就跟科技领域一样，当媒介准备好了，艺术形式抽象的核心就会在文化中成形。可能看起来不止一次。但特殊的创造形式将充斥着无可取代的结构和个性。如果罗琳没写出“哈利·波特”，还是会有其他人写出类似的故事，因为已经有很多人想出了同样的元素。但除了罗琳，再没有人能写出跟现在的“哈利·波特系列”一样精细独特的细节。像罗琳这样具备特殊才华的个人并非必然会出现，必然出现的是完整的科技体不断揭露的天才。

和生物革命一样，宣称某事某物必然会发生，通常很难找到证据。令人信服的证据需要反复重来，而且每次都要提供同样的结果。你必须让怀疑的人看到，不论系统如何遭到扰乱，仍会产生一模一样的结果。要断言科技体大规模的轨道必然如此，意味着要证明如果我们能让历史重演，抽离出来的发明会一模一样，再度出现，相对的次序也差不多。没有可靠的时光机，找不到可信的证据，但我们确实有三种证据，明确指出科技的路一定要这么走。

1. 一直以来，人类已经领悟，大多数的发现或发明都由许多人独力完成。

2. 在古代，我们看到，在不同大陆上独立的科技历程会合成固定的顺序。

3. 在现代，我们看到进步的次序很难停止、偏移或改变。

关于第一点，现代已经有很清楚的记录，同时发现是科学和科技中的规范，在艺术界也常常看到。第二点关于古代的证据比较难找到，因为要追溯创意到书写尚未发明的时代，我们必须仰赖考古记录中埋藏的工艺品提供的线索。有些线索让我们联想到，独立的发现并行汇集成一致的发明顺序。

高速互联网覆盖了整个地球，速度快得令人吃惊，而在这之前，各大陆上的文明进展都彼此不相干。地球上的大陆不稳定，浮在一大块地壳上，仿佛巨大的岛屿。这样的地理环境提供了测试平行状态的实验室。从五万年前现代人出现开始，一直到公元1000年海上旅行和地上沟通跃起后，在四个主要大陆（欧洲、非洲、亚洲和美洲）上发明和发现的顺序都独立前进。

在史前时代，新事物普及的速度可能是每年前进几英里，过了好几代才能穿山越岭，过了几百年才能传遍全国。在中国诞生的发明可能要过一千年才会传到欧洲，从没机会到达美洲。数千年来，在非洲发现的东西会慢慢传播到亚洲和欧洲。美洲大陆和澳洲或其他大陆间隔着漫漫汪洋，大帆船出现后才有机会穿越。进口到美洲的科技产品必须通过陆桥，但这道陆桥出现的时间相对来说不长，公元前两万年现身后，公元前一万年就消失了。要迁徙到澳洲，也必须通过从地质学角度来看出现时间非常短暂的陆桥，其三万年前就关闭了，之后的流通微乎其微。创意通常只在一个大陆上流传。两千多年前，孕育伟大发现的摇篮，如埃及、希腊以及地中海东部附近的岛屿和沿岸国家，都正好在两个大陆中间，因此在穿越点上，共有的边界失去了意义。但是，邻近区域之间的传播速度虽然越来越快，在单一的大陆上，发明流通的速度依然很慢，也很少漂洋过海。

当时这种不得不孤立的情况让我们得以将科技倒带。根据考古证据，吹箭筒被发明了两次，一次在美洲，一次在东南亚的岛屿。除了这两个偏远的区域，似乎没有其他地方的人会用吹箭筒。两地相差甚远，因此吹箭筒的诞生是个很好的例子，说明来自两个独立源头的趋同发明。两地虽有不同的文化，设计出来的吹箭筒却如预期般十分相似，通常用两片材料组合成中空的管子。基本上会用竹筒或蔗筒，再简单也不过。但值得注意的是，撑住吹筒的架构几乎一模一样。美洲和亚洲两地的部落都用纤维活塞垫着类似的箭，箭镞都涂了能毒死动物却不会污染肉品的毒药，吹箭都装在羽毛管里，防止涂了毒药的箭头不小心刺穿皮肤，吹箭时摆出的特殊姿势也很像。箭筒越长，射出的轨道越准确，但长箭筒在瞄准时比较容易晃动。因此美洲和亚洲两地的猎人握住箭筒的姿势有些不自然，两手靠近嘴巴，手肘张开，轻轻摇晃让吹筒头画出小漩涡。每转一圈，吹筒头就会在这短暂的时间内涵盖住目标。瞄准后，重点在于抓住吹箭的时机。这项发明出现了两次，就像在两个不同的世界找到了同样的水晶（见图7-2）。

图7-2 在两种不同的文化中，吹箭本身却是如出一辙。亚马孙土著人（左图）与婆罗洲土著人（右图）手中的吹箭筒奇妙地构成了两条平行线。

史前时代的平行发展一再出现。考古证据显示，西非的工匠开始炼钢的时间比中国人要早几百年。事实上，在四个大陆上都分别有人发现了青铜和钢。美洲和亚洲的原住民各自驯养了反刍动物，例如骆驼和牛。考古学家约翰·罗列出两种文明共有的60项文化创新，分别在古地中海地区和高海拔的安第斯山脉地区，相隔1.2万公里。他列出同时发明的东西包括弹弓、一束束芦苇秆组成的船、有把手的圆形青铜镜、尖头铅锤、算盘。在不同的社会之间，重复出现的发明变成了规范。人类学家劳里·戈弗雷和约翰·科尔结论:“在世界各地，‘文化革命’都遵循类似的轨道。”

但是，在古代的世界，或许世界各地文明的交流比高度发展的现代人所能想象的更为频繁。史前时代的贸易就十分普遍，但跨越大陆的贸易仍非常稀少。然而，虽然证据不多，几种非主流的理论（例如“殷商奥尔梅克假设”）主张中美洲的文明的确曾和中国建立起了跨海贸易的关系。也有人推测曾经出现跨地域的文化交流，如玛雅人和西非，或者阿兹特克和埃及（丛林里也有金字塔！），玛雅人跟维京人说不定也有联系。有些人认为公元1400年前，澳洲和南美，或者非洲和中国之间曾建立起深厚的长期关系，但大多数历史学家不完全相信有这种可能。少数的艺术形式或许表面上看起来很相似，但除此之外，考古学或历史上的记录并未观察到古代世界的越洋交流曾长久持续。就算有几艘船真的从中国或非洲漂洋过海，到达哥伦布发现美洲前的新世界，少数几次登陆记录或许并不足以激发这么多的同时发明。住在澳洲南方的原住民用树皮缝制捆扎成独木舟，在美国阿尔冈昆，也有同样用树皮缝扎成的独木舟，两者不太可能有同样的起源。它们更有可能是趋同发明的例子，各自出现在平行的轨道上。

看看不同大陆上的情况，我们会看见发明物按着熟悉的顺序出现。值得注意的是，世界上的科技进展也遵循类似的次序。最早是石片，再来是控制火焰，然后又出现了切肉刀和使用炮弹的武器。接下来则有赭石颜料、人类的葬礼、钓鱼设备、照明装置、将石头钻洞、缝纫和迷你模型制作。顺序非常一致。有火之后一定会出现尖刀，尖刀之后一定有葬礼，先出现拱形，然后才有焊接。这样的顺序多半来自“自然”的机制。在制作斧头前，当然需要先精通刀身的做法。懂得缝纫后才有纺织品，因为布料一定要有线才能织出来。但还有很多东西出现的顺序并不按照如此简单的因果逻辑。我们现在发现，最早的石刻艺术一定比最早的缝纫技术先出现，但找不到明显的原因，可是这样的顺序已经固定了。金属加工不一定要等陶艺先出现，可是顺序一定是这样。

地理学家尼尔·罗伯茨检验了四块大陆上农作物和动物驯养的平行路径。由于每个大陆上可能出现的生物原料都很不一样（贾里德·戴蒙德在《枪炮、病菌与钢铁》中对这个主题有详细的探讨），只有几种原生的作物或动物最早在驯养时会出现在不止一个大陆上。和早期的假设相反，农业和畜牧业并非一次发明后传播到世界各地。反而是像罗伯茨所说的：“生物考古学的整体证据指出，500年前，作物和驯养后的动物少有散布到世界各地的机会。小麦、米和玉米三大谷类作物延伸出来的农作制度各有不同的起源。”目前大家都同意，农业（重复）发明了6次。这里的“发明”是一系列的发明，指不断地驯养和制作工具。在不同的区域，这些发明和驯养的顺序非常类似。比方说，在不同的大陆上，人类先驯养狗，再驯养骆驼，先耕种谷类，再耕种根茎类作物。

考古学家约翰·特伦选出史前时代53种不属于农业的创新事物编成目录，这些东西不只重复出现，而是在地球上分隔甚远的三个区域出现了三次：非洲、欧亚大陆西部，以及东亚和澳洲。其中22项发明也由美洲居民发现过，表示这些新事物在四块大陆上自发出现。这四个区域隔得够远，因此特伦有理由相信在各个大陆上的发明，都是独立的平行发现。正如科技的不变定律，一项发明会为下一项打好根基，科技体中不论何处，都以看似已经预定好的顺序进化。

在统计学家的协助下，我分析了这53项发明物的4条顺序彼此平行到了什么样的程度。我发现在3个区域内，和相同顺序的关联系数为0.93，在所有4个区域内，系数为0.85。按照外行人的说法，超过0.5的系数就超越了随机，而系数为1代表完全相符；系数0.93表示发现的顺序几乎一模一样，0.85则表示有比较多的差异。虽然记录不完整，史前时代的日期也可能不准确，但顺序中重叠的程度非常明显。基本上，只要科技开始发展，发展的方向不论何时都大同小异。

为了确认这个发展方向，我和数据研究员麦金尼斯也列出了在工业化以前的发明物最早在非洲、美洲、欧洲、亚洲和澳洲五个大陆上出现的日期，这些发明物包括织布机、日晷、拱顶和磁铁。有些发明物出现时，各大陆上的交流旅行比史前时代更为频繁，因此无法非常确定发明物是否独立出现。我们发现83项新事物的历史证据，发明的地点不限于某一个大陆。同样地，进行比较时，在亚洲开展的科技产品顺序跟美洲与欧洲非常类似，相似的程度也很高。

我们可以得出结论，在历史时代和在史前时代一样，世界各地起源不同的科技产物沿着同样的发展途径趋同。不论孕育的文化为何，统治的政治系统为何，提供自然资源的储备从何而来，科技体只有一条普遍的发展途径。科技进展的大规模草图早已预先注定。

人类学家克罗伯警告说："发明由文化因素决定，但这个说法不应加上神秘的言外之意。举例来说，这并不表示从一开始就注定活字印刷机械将于1450年左右在德国出现，也不表示1876年美国人会发明电话。"意思是说，当之前的科技产物准备好所有必要的条件时，下一项科技产品就能兴起。社会学家罗伯特·默顿研究过历史上同时出现的发明物，他说："作为先决条件的知识和工具累积到一定的程度，就必定会发现新的东西。”社会中已有的科技产品变得越来越复杂，创造出过度饱和的母体，充满求新求变的潜力。当适合的想法播下种子，必然会出现的发明物出现在现实中，就如从水汽凝结出来的冰晶。但正如科学显示出来的，虽然在够冷的时候，水会变成冰晶，但每一朵雪花的形状都不一样。水冻成冰的过程早已注定，但预定的状态个别表达出来时，却有极大程度的余地、自由和美感差别。每一朵雪花实际的形态都无法预料，但典型的六角形却早已注定。对这么简单的分子来说，预期会变成的样子却有无限的变化。今日复杂到了极点的发明更是如此。白炽灯泡、电话、蒸汽机的外形早已清楚确定，但根据进化的条件，无法预料的表达形态却可能有好几百万种变化。

自然界也是如此。物种的诞生仰赖其他已有的物种所组成的生态系统来提供基础，并提供形态变化的动力。我们称之为共同进化，是因为物种和另一个物种之间有相互的影响。在科技体中，很多发现会等待其他科技物种先发明，以为其提供适当的工具或平台。望远镜发明一年后，很多人就发现了木星的卫星。但设备本身并不等于发明的人。天文学家原本就期待空中有天体运行。但是，没有人盼望找到细菌，所以等显微镜发明了200年后，列文虎克才观察到微生物。除了设备和工具，有了恰当的信念、期待、词汇、解释、实际知识、资源、资金和赏识，才能发现新的东西。但以上的事物也要靠新的科技产品来提供动力。

发现或发明如果太早出现，就价值较低，因为没人能了解。在理想的情况下，新的事物只会从已知的东西跺出下一步，让文化往前跃进。过度新潮、不符合常规或不切实际的发明一开始就可能会失败（或许基本的原料尚未发明，也没有必要的市场，大家也不了解），但之后等水到渠成，就能成功。1865年，孟德尔提出基因遗传的理论，虽然正确，却35年无人问津。没有人赞赏他敏锐的洞察力，因为他的理论无法解释当时的生物学家碰到的问题，他的解释也没有已知的机制当作根据，所以连喜欢尝鲜的人都无法接触到他的发现。几十年后的科学界面对非常急迫的问题，只有孟德尔的发现能够解答。当时他的理论只差一步了。在短短几年内，三位科学家（德弗里斯、科伦斯、切尔马克）分别重新发现了孟德尔几十年来无人闻问、已被人遗忘的研究成果。克罗伯主张，如果你阻碍这三个人重新发现孟德尔的理论，再多等一年就不只三个人，而会有6位科学家踏出已经摆在那里的下一步。

科技体固有的顺序让科技无法飞跃进展。缺乏所有科技架构的社会要是能一口气跳到百分之百纯净、轻巧的数字科技，略过沉重、肮脏的工业时代，那就太好了。而在发展中国家，数十亿的穷人要是能购买便宜的手机，不需要等候工业时代的室内电话，就让我们有希望期待其他的科技产品也能跃向未来。但仔细观察中国、印度、巴西和非洲等地使用手机的状况，看来世界各地手机数目激增的同时，铜制的室内电话线也同时在成长。有了手机之后，室内电话依然存在。哪里有手机，哪里就有铜线。手机让新用户需要更高带宽的网络和更高质量的语音传输，而先决条件是要有铜线。手机、太阳能板以及其他跳过中间阶段的科技产品并非略过了工业时代，而比较像是加速了工业界早该实现的目标。

或许我们看不到旧时的科技如何为新科技奠定了基础。尽管在现代经济的架构中，有一层不可或缺的电子，而日常生活中绝大部分都脱离不了工业：移动原子、重新安排原子、采集原子、燃烧原子、提炼原子、堆栈原子。手机、网页、太阳能板都要依赖制造业，而农业则是工业的基础。

我们的脑子也一样。大脑活动多半花在简单的过程上，例如走路，我们可能根本没知觉。相反，我们只会察觉到一层很稀疏、刚开始进化的认知，这层认知必须根据和依赖旧有流程可靠地运作。如果不会算数，就不可能会微积分。同样地，没有铜线，就没有手机。没有工业，就没有数字架构。比方说，最近有项很引人注目的活动，想把埃塞俄比亚每家医院都计算机化，却遭到中断，因为医院的电力供应不够稳定。根据世界银行的研究，在发展中国家引进最先进的科技，通常有了5%的突破后就停滞不前。等到旧有的基础科技跟上脚步，才能继续散播。低收入的国家十分明智，仍快速吸收工业技术。道路、供水系统、机场、机械工厂、电力系统、发电厂等基础架构需要大量的预算，才能让高科技的东西发挥效用。《经济学人》提出了一篇科技飞跃的报告，结论指出：“无法采用旧时科技产品的国家碰到新科技时，处境就会相当不利。”

如果我们想要在环境跟地球类似、无人居住的星球上建立殖民地，是否表示我们必须重现历史，从削尖的木棍、狼烟和泥砖建筑物开始，然后再经历所有的年代呢？我们是否会利用最先进的科技，放弃从头开始建立社会呢？

我想我们会试试看，但不会有结果。如果我们要在火星建立文明，推土机跟收音机一样有价值。人类的大脑主要用在较低阶的功能上，科技体中也同样充斥着工业制程，只是信息比以前更多了。不论何时，高科技的去量产化都只是虚幻。虽然科技体的确在进步，能够用更少的原子达成更多的目标，但信息科技并非抽象的虚拟世界。原子依然很重要。在科技体进步的同时，也在物质中嵌入信息，就跟DNA分子的原子中嵌入信息和顺序的方法一样。比特和原子天衣无缝地融合后，就会形成更先进的高科技。工业界也会变得更聪明，而不是抛弃工业，只留下信息。

科技产物跟生物一样，需要一系列发展，才能到达特定阶段。在所有的文明和社会中，不论人类天分如何，发明物都遵循一致的发展顺序。就算想要，也无法真正略过某些阶段。但当奠定基础的科技物种织成支持的网络，发明物便应运而生，急迫到很多人会同时发明同样的东西。发明的进展在很多地方都像物理学和化学指定的形式，按着复杂规则决定的顺序前进。或许这可以称为科技的规则。

第八章

WHAT TECHNOLOGY WANTS

聆听科技的声音

20世纪50年代早期，很多人都想到同一件事：一切都进步得这么快、这么有规律，也许其中存在着一种进步的模式。或许我们可以绘制出从过去到当下为止的科技进展图表，然后推断后面的曲线，看看未来会发生什么事。美国空军首先有系统地采取了行动。他们需要长期的计划表，列出应该提供资金的机型，但航空学的变化速度要快过其他科技领域。他们显然想要造出速度最快的飞机，但既然要花数十年的时间来设计和取得许可，然后才能造出新型的飞机，将军们认为比较审慎的做法是先了解他们要把资金花在哪些未来的科技上。

因此，1953年，美国空军科学研究办公室编写出了最快速飞行工具的历史。1903年，莱特兄弟制造的飞机飞行时达到每小时6.8公里，两年后跃升到每小时60公里。飞行速度的纪录每年都会增加一些，1947年，艾伯特·博依德上校驾驶洛克希德公司的“射击之星”战斗机飞出每小时超过1000公里的最高速度。1953年，这个纪录被打破了4次，最后由F-100“超佩刀”战斗机以每小时1215公里的速度创下新纪录。进步的速度很快，而且最终的目标都指向太空。《尖峰》（*The Spike*）的作者达米安·布罗德里克指出，美国空军在图表上标出了飞行速度曲线和其发展趋势曲线（见图8-1），然后得到了荒谬可笑的结果，简直都无法相信自己的眼睛。曲线指出他们的机器能够在4年内达到轨道速度……之后不久，他们的载重就能摆脱地球引力的束缚。曲线暗示出，如果他们愿意花很多钱研究和设计，他们很快就会拥有人造卫星，然后到达月球。

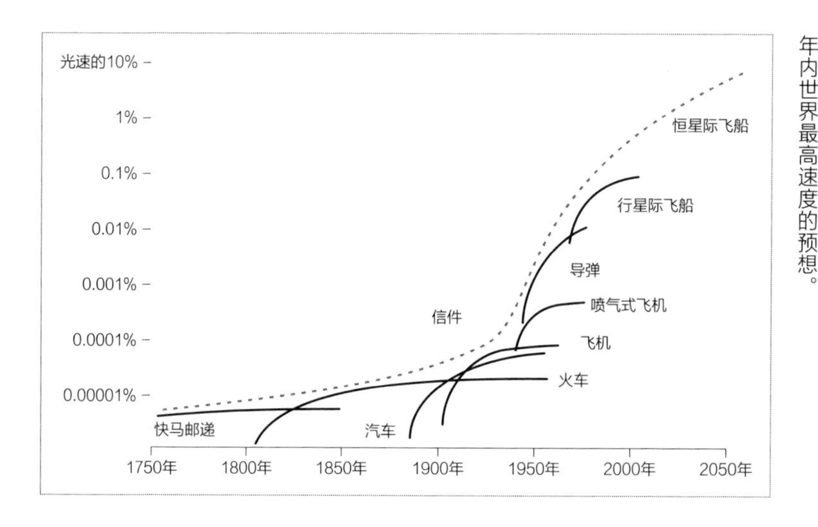

图8-1 速度趋势曲线图。由美国空军绘制的这张速度变化史图，记录了1750—1950年间各种交通工具的行驶速度，以及他们对未来100年内世界最高速度的预想。

别忘了，1953年时，这类未来的旅行所需要的科技尚未出现。没有人知道如何才能达到那么快的速度，同时还要保证人身安全。就连最乐观、最忠诚的幻想家也认为到了众所周知的“公元2000年”，人类才有希望登陆月球。只有一条画在纸上的曲线告诉他们，这个目标能更快达成。不过曲线最后被证明没错，但实现者上不正确。1957年，苏联（不是美国）发射了斯普特尼克卫星。12年后，美国的火箭呼啸着冲上了月球。布罗德里克指出，人类到达月球的时间“几乎比科幻大师亚瑟·克拉克那种疯狂迷恋时空旅行的人所期待的早了1/3个世纪”。

曲线知道什么克拉克不知道的东西吗？俄罗斯人和全球各地几十个团体秘密筹划的任务又和曲线有什么关系？曲线是自我应验式的预言，还是显露出深深扎根在科技体本质中的必然趋势？从那之后描绘出来的趋势还有不少，或许答案就在里面。最有名的趋势被称为“摩尔定律”。简单来说，摩尔定律预测每经过18~24个月，计算机芯片的尺寸和价格就会减半。从1965年至2015年的50年来，摩尔定律基本没有出错，令人非常惊讶。

摩尔定律基本不变，但是否透露出科技体中的规律呢？也就是说，摩尔定律是否是必然的？对文明而言，有好几个原因导致这个答案非常重要。第一，摩尔定律代表计算机科技的速度加快也会驱动其他东西的速度。喷射引擎的速度加快，玉米产量并不会提高；激光质量改善，也不会让我们更快发现药物；但是计算机芯片速度变快，却能带来这些结果。现在，所有的科技都会跟随计算机科技的步调。第二，在科技的关键领域找到必然性，表示在科技体其余的地方也可能会找到不变性和方向性。

计算机功率一直稳定增加，1960年，斯坦福研究院（位于美国加州柏拉阿图，现名斯坦福国际咨询研究所）的研究人员道格·恩格尔巴特首先注意到这大有可为的趋势，后来他继续研究，发明了现在随处可见的“窗口和鼠标”的计算机接口。一开始担任工程师时，恩格尔巴特在航空业工作，工作内容是在风洞中测试飞机模型，他在那儿学到了系统按比例缩减会带来何种益处以及出乎意料的结果。模型越小，飞得越顺利。恩格尔巴特思索怎样才能把按比例缩减的好处（他所谓的“相似性”），转移到斯坦福研究院正在追踪的新发明上（在集成电路硅片中容纳多个晶体管）。或许正因为尺寸缩小，电路才能传递类似的奇妙相似性：芯片越小越好用。1960年，恩格尔巴特在国际固体电路会议上向一群工程师发表了他的相似性概念，而美国新成立的集成电路制造企业仙童半导体公司的研究人员摩尔当时也在场。

接下来的几年内，摩尔开始追踪早期原型芯片样品的真实统计数字。到了1964年，他收集了足够的数据点来推断到那个时候的曲线斜率。半导体产业不断成长，摩尔的数据点也一直增加。他追踪所有的参数：生产的晶体管数目、晶体管单价、芯片引脚数目、逻辑速度和每片晶圆的组件数。而其中有一类参数形成了一条很漂亮的曲线。趋势告诉我们在别处听不到的事：芯片会按着预期的速度越变越小，但趋势实际上能走多远？

摩尔联系了同样从加州理工学院毕业的卡弗·米德。米德是位电机工程师，也是最早研究晶体管的专家。1967年，摩尔问米德，电子产品的微型化已经有哪些理论上的限制？米德当时并不知道，但当他着手计算后，发现了很惊人的结果：芯片功率的增加与规模缩减幅度的三次方呈比例。缩减的好处呈指数级成长。微电子不只变得更便宜，质量也更好。根据摩尔的说法："把东西变小后，同时一切也变得更美好。不必担心顾此失彼。产品的速度变快了，消耗的电力降低了，系统稳定性迅速改善，但最值得注意的是科技降低了生产的成本。"

今天，当我们看着摩尔定律的图表（见图8-2），从50年的记录中，我们可以看到几个显著的特质。首先，这是一张加速图。笔直的线条指出，在线的每个点不只代表增加，而是10倍速的增加（因为横轴是指数比例尺）。硅芯片不只变得更好，变好的速度也越来越快。50年来的持续加速在生物学中非常少见，在这个世纪开始前也未曾在科技体中出现。因此这张图除了表现硅芯片的发展，也指出文化加速的现象。事实上，摩尔定律已经能够体现出一个原理，便是未来会不断加速，也为我们对科技体的期待奠定了基础。

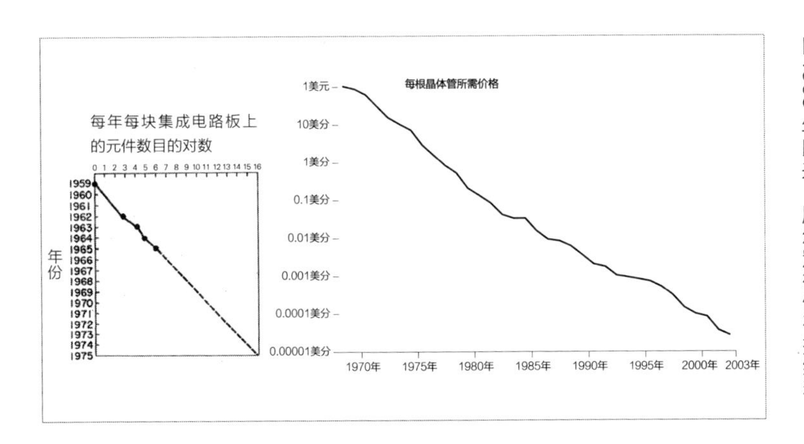

图8-2 摩尔定律图解。最初，摩尔定律的图表上只有5个数据点，而在接下来的10年中它已经外推成了一条粗线。自1968年以来，摩尔定律仍在持续着。

其次，即使是惊鸿一瞥，也能看到摩尔这条直线的规律性有多么惊人。从最前面的数据点开始，向前发展的样子就已经机械化到了怪异的程度。50年来基本不中断，芯片的进化速度就跟加速的速度一样，呈指数级成长，偏差无多。即使是经过人为操控，它也不会变得更笔直。全球市场的混乱和不互相配合的无情的科学竞争果真有可能酝酿出这道严谨坚定的轨道吗？是物质的本质和计算机计算把摩尔定律推往这个方向，抑或这稳定的成长是经济野心的产物？

摩尔和米德相信答案是后者。2005年，纪念摩尔定律发布40年的时候，摩尔写道："摩尔定律其实是经济学的定律。"米德又进一步阐释说，摩尔定律"其实就是人类的信念系统，并非物理学定律，而是和人类信念相关。当我们相信某件事的时候，就会投入精力来成就这件事"。他怕自己的话还不够清楚，又进一步说明：

（摩尔定律）流传的时间够久以后，大家会开始回顾。从过往看，它的确是条通过了某些点的曲线，因此看起来就像物理定律，大家也开始把它当成物理学定律。但实际上如果你像我一样，曾经亲身体验过，就不会觉得这是物理学定律。事实上重点在于人类的活动、人类的愿景，以及你能够相信的东西。

最后，在另一次提到摩尔定律的时候，米德补充，“让大家相信（定律）会持久不变”才是定律背后的动力。1996年，摩尔在文章中表示同意:“最重要的是，像这样的定律一旦建立后，多多少少就会变成自我应验的预言。半导体产业协会提供了科技的规划蓝图，（时代的进步）每三年就延伸一次。工业界的每个人都明白，如果跟不上曲线，就会落后。所以也算是自行驱动前进。”

对未来进展的期望显然会引导目前的投资，除了半导体，在其他科技产业也一样。摩尔定律不变的曲线有助于把金钱和智力集中在非常具体的目标上，也就是不违背定律。若要接受自我建构的目标就是这种规律进步的源头，只有一个问题，就是其他的科技产品或许能从同样的信念获益，却无法展现出同样迅速上升的趋势。如果只是自我应验的预言这么简单的事，为什么我们在喷射引擎的效能、合金钢或玉米混种等科技产物上看不到摩尔定律那样的成长？以信念为基础，不断向前加速，这很了不起，当然也很适合消费者，并为投资人产生数十亿美元的利益。要找到渴望相信这种预言的企业家，应该不难。

那么，摩尔定律的曲线显露了什么专家和内行人看不到的东西呢？这稳定的加速不只是大众的协议，而是源自科技。还有其他的科技跟固态物质会展现出稳定的进步曲线，就跟摩尔定律规定的一样。这些科技似乎也遵循一套粗略的定律，改善速度稳定地呈指数级成长，也很值得注意。想想看过去20年来通信带宽和数字储存技术的成本绩效。这些指数级成长的状况跟集成电路一样。除了坡度，图片都非常相似，相似到甚至问这些曲线是否只是摩尔定律的反映也不为过。电话已经完全计算机化，存储盘片就是计算机的器官。带宽的速度和便宜的价格，以及存储能力与不断加速的计算能力，有直接和间接的因果关系，因此，带宽和存储技术以及计算机芯片的命运已经纠缠不清到无法分开的地步。或许带宽和存储技术的曲线只从至高无上的定律衍生出来？如果没有摩尔定律在那儿运作，带宽和存储技术还能符合成本吗？

在科技产业的核心阶层中，将磁条存储技术价格的快速下降称为克莱德法则。克莱德法则就是计算机存储技术的摩尔定律，以希捷公司前技术负责人克莱德的姓氏命名，这家公司是全球最大的硬盘制造商。克莱德法则指出，硬盘的成本绩效呈指数级降低，每年会稳定减少40%。克莱德说，即使计算机无法年复一年变得更好更便宜，存储技术仍会持续改善。根据克莱德的说法："摩尔定律和克莱德法则之间没有直接的关系。半导体装置和磁存储技术的物理学及制程都不一样。因此，当硬盘体积继续缩小时，半导体的微缩趋势却很有可能停止。"

美国国防部高级研究计划局网络（ARPANET）是互联网的始祖，拉里·罗伯茨是这个网络的主要架构设计师，留下了通信进步的详细统计数据。他注意到，通信技术在质量上通常也会出现类似摩尔定律的提升加速现象。罗伯茨得到的曲线显示出通信成本也稳定呈指数级下降。线路质量加强了，是否也跟芯片进步有关？罗伯茨说通信技术的绩效"受到摩尔定律强烈的影响，也和摩尔定律非常相似，但并不完全如我们预期的一样"。

我们再来看看另一个加速过程。约十年来，生物物理学家罗伯·卡尔森将DNA定序和合成的结果制成表格。每个碱基对的成本绩效在图表上看起来都很像摩尔定律，而这项科技绘制在对数轴上的时候，也显示出持续下滑的样子。如果计算机无法每年变得更好、更快、更便宜，DNA定序和合成仍会继续加速吗？卡尔森说："如果摩尔定律停下来，我觉得不会有什么影响。可能出现影响的区域是把原始的序列信息处理成人类能了解的东西。分析处理DNA数据的成本起码就跟取得实际DNA的序列一样昂贵。"

稳定的指数级进展除了驱动计算机芯片，也为三种信息产业提供动力，最热心观察这些发展轨迹的人也各自创造出他们的"定律"或"法则"，而他们都相信这些进步的轨道是独立的加速线条，计算机芯片的进步看似包罗万象，却不足以衍生出上述的轨道。

如定律般始终如一的进步不只是自我应验的预言，还有另一个原因：通常早在有人注意到定律出现之前，该定律的曲线就已经成型，在人们能够对其施加影响之前走过了一段长路。磁存储技术的指数级成长始于1956年，几乎过了十年，摩尔才发表了他的半导体定律，又过了50年，克莱德才能用公式表达曲线的坡度。卡尔森说："当我首次发表DNA指数曲线时，有些评论家声称，他们从未察觉到定序成本呈指数级下降的证据。就算有人不相信，趋势依然如此运作。"

发明家兼作家雷·库兹韦尔翻遍了旧档案，证明像摩尔定律这样的法则在1900年就已经发源，早在计算机出现之前，当然这也要等很久才会看到自我应验的实证。库兹韦尔估计，迈入20世纪时的模拟机器成本以1000美元为计算单位基数时，每秒所能执行的计算次数，还有机械式计算器以及之后第一台真空管计算机的计算次数，又把同样的计算延伸到现代的半导体芯片。他证实，过去100多年来，这个比率呈指数级增长。更重要的是，他的曲线（姑且称之为库兹韦尔定律，见图8-3）横跨5种不同的计算类型：机电计算、继电器计算、真空管、晶体管和集成电路。100多年来，在这5种截然不同的科技范例中运作的不显著却恒常不变的事实，一定不只是产业的规划蓝图那么简单。这意味着这些比率的本质深植在科技体的构造中。

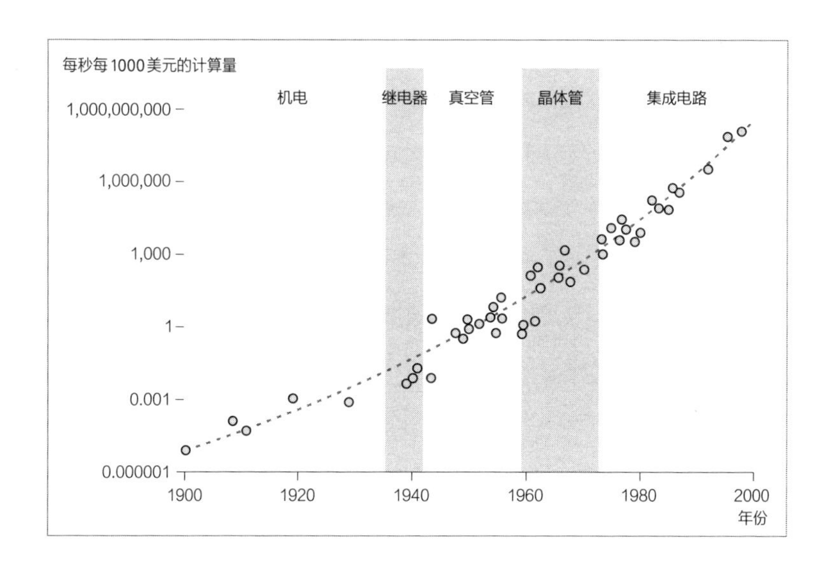

图8-3 库兹韦尔定律。雷·库兹韦尔将早期的计算方法整合为统一的计量标准，以证明摩尔定律一直潜藏于科技领域之中。

如图8-4所示，在光电池、磁存储技术、DNA定序、带宽的加速过程中，可以看见科技的规范。一旦固定的曲线浮现，科学家、投资人、营销人员和记者都会抓住这条轨道，用来引导实验、投资、时间表和宣传。图表变成了版图。同时，由于我们察觉不到这些趋势何时开始和如何进展，在强烈的竞争和投资压力下，也很少偏离笔直的线条，因此曲线的行进路径必须或多或少受到物质的约束。

为了看出这种规则延伸到科技体里多深，我尽一切努力收集了很多目前指数级进展的例子。我找的例子并非整体产量（瓦特、公里、位、碱

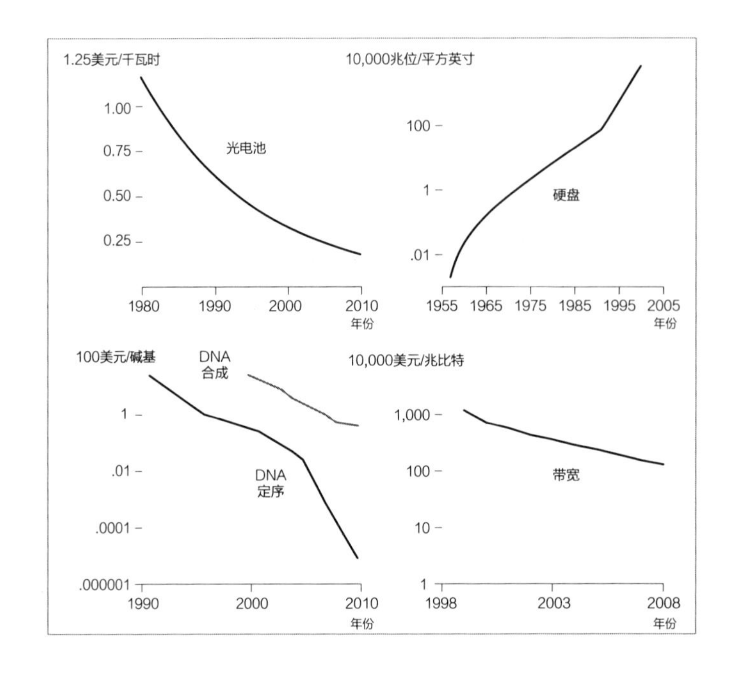

图8-4 其他4条定律。光电池：太阳能发电的成本（单位为美元/千瓦时）一直呈下降趋势，接下来预计会呈线性发展；硬盘：每年可实现的最大存储密度。DNA 定序：DNA 定序（黑线）或DNA 合成（灰线）中每个碱基对的成本呈指数方式下降；带宽：每秒每兆比特的带宽成本也在呈指数方式下降。

基对、交通流量等）呈指数级上升，因为人口增加后，这些数量也会被扭曲。人口变多后，即使事物没有改善，人类使用的量也会增加。所以我选的例子会显示出绩效比率（例如每英寸的磅数和每一元的照明度）稳定增加，但速度不一定会加快。表8-1列出了我随手找到的例子，以及绩效加倍的速率。时间期限越短，加速的速度越快。

可以注意到，这些例子都展现出尺寸缩小或者使用微小物品产生的效果。当规模放大时，并不会找到指数级的进步，比方说建造摩天楼或更大的太空站。飞机或许会变大、加快飞行速度或变得更省油，但增加的比率不会呈指数级成长。摩尔开玩笑说，如果飞行科技体验了跟英特尔芯片一样的进步，一架现代的客机只要500美元，20分钟内就能绕地球一圈，而

表8-1 加倍所需时间。图中是各项技术性能加倍所需的时间，由此可以看出它们的性能比。

技术	度量标准	时间
光纤吞吐率	波长/光纤	9个月
光纤网络	美元/位	9个月
无线技术	比特/秒	10个月
通信技术	比特/美元	12个月
磁存储技术	千兆比特/平方英寸	12个月
数码相机	像素/美元	12个月
微处理器	美元/周期	13个月
超级计算机功率	浮点计算	14个月
内存	百万字节/美元	16个月
DNA定序	美元/碱基对	18个月
晶体管	美元/晶体管	18个月
CPU功耗	瓦特/平方厘米	18个月
像素	每数列	19个月
硬盘存储容量	千兆字节/美元	20个月
单片处理口	单字长定点指令平均执行速度	21个月
DNA定序	美元/碱基对	22个月
中继线数据速度	比特/秒	22个月
微处理器	晶体管/芯片	24个月
单片处理器主频	兆赫/美元	27个月
带宽	千兆赫/（秒×美元）	30个月
微处理器	赫兹	36个月

绕一圈只会用掉5加仑的燃料。但是，飞机可能只有鞋盒大小！

这个微观宇宙与我们的宏观世界不一样，能量在其中并不重要。这正是我们在放大规模时看不到类似摩尔定律进展的原因：能量的需求也同样快速地扩大规模，而能量也是主要的限制条件，不像信息可以自由复制。这也是为什么太阳能板（只有直线进展）或电池的绩效不会呈指数级成长，因为两者都会产生或储存大量的能量。因此，我们的整个新经济中心便是不怎么需要能量和不断微缩的科技，像是光子、电子、比特、像素、频率和基因。这些发明物微型化时，会更靠近裸原子、原始的比特和无形的本质。因此，它们固定的、必然的进展路线便会从最原始的本质上衍生出来。

关于这些例子，我第二个注意到的是坡度范围非常狭窄，也就是指加倍所需的月数。每过8~30个月，这些科技产品达到最完美状态的特殊能力就会加倍（摩尔定律要求每过18个月就变成之前的两倍）。这些参数都比一两年前增加了两倍。怎么回事？工程师克莱德解释说，“每过两年就比之前好一倍”是企业结构的产物，大多数发明物也来自企业。只需要一两年的时间来构想、设计、产生原型、测试、制造和营销经过改善的新产品，虽然很难一下子增加5倍或10倍，但几乎每位工程师都能至少达到原来的两倍。这就对了！每两年就变成原来的两倍。果真如此，这表示进步的稳定轨道虽然直接源自科技体，但实际的坡度并非超自然的数字（每18个月就加倍），而是根据人类的工作周期来决定的。

此时此刻，我们还看不到这些曲线的尽头，但是在未来的某个时刻，每一条曲线都会进入稳定期。摩尔定律不会永久持续。这就是人生。特殊的指数级成长总会拉平成典型的S曲线。这就是成长的典型模式：缓慢增加后，突然如火箭般向上直冲，过了很长一段时间后又慢慢拉平。回想1830年，美国境内只铺设了37公里的火车轨道。接下来的10年内变成原来的两倍，再接下来的10年内又加倍了，每10年加倍一次，持续了60年。到了1890年，理智的铁路迷应该能预期100年后，美国境内的铁路长达好几亿公里。铁路可以通到每个人家门口。结果，铁道长度还不到40万公里。然而，美国人仍到处移动；只是利用其他的发明来行动和运输。美国人建造了高速公路和机场，移动的里程数不断扩张，但那项特殊科技的指数级成长到达高峰后便趋于缓和。

人类习惯把注意力放在自己在乎的事物上，科技体中的变动几乎都源自于此。精通某项科技后，便会引起新的科技欲望。举一个最近的例子：第一台数码相机的图片分辨率非常粗糙。然后科学家把越来越多的像素塞到传感器里，来增加相片的质量。他们浑然不觉，每个数组所能容纳的像素数目已经画出指数型曲线，迈入了百万像素的领域。像素数目升高，变成新相机的主要卖点。但这样加速10年后，消费者已经不在乎越来越高的像素数目，因为目前的分辨率已经够用了。消费者关心的反而是像素传感器的速度或对低光源的反应，而之前大家都不太在乎这些事情。因此，新的衡量标准诞生，画出新的曲线，数组中像素数目增加的指数型曲线会慢慢趋缓。

摩尔定律正走向类似的命运。没有人知道是什么时候。几十年前，摩尔自己预测，1997年达到250纳米制程时，他的定律就会失效。2015年的产业目标则是20纳米。代表晶体管密度的摩尔定律推动人类经济的时间或许还有10年、20年、30年，不论如何，我们都能确定，就跟其他过去的趋势一样，摩尔定律也会消逝升华，让位给新兴的趋势。当旧有的摩尔定律放慢了脚步，我们会找到其他的解决方法来制造出数百万倍的晶体管。事实上，芯片上的晶体管数目已经足以执行人类想要的功能，只是我们不知道怎么做。

摩尔开始时先衡量每平方英寸的“组件”数，然后转换到晶体管，现在我们则衡量一美元能买到的晶体管数目。就跟像素的数目一样，一旦计算机芯片的指数型趋势速度变慢，我们就开始关心新的参数（比方说运作速度或联机数目），然后衡量新的标准，绘制新的图表。突然之间，新的“定律”就上场了。学习、利用和优化新技术的特质时，也揭露了天生的步调，这条轨道向前推进时，就会变成原创者的目标。就计算而言，我们发觉微处理器有这个特质，过了一段时间，会变成新的摩尔定律。

跟美国空军1953年的快速速度曲线图一样，科技体透过这条曲线跟人类沟通。米德到处宣传摩尔定律的波状图，他相信我们需要“聆听科技的声音”。曲线要表达的信息十分一致。由于一条曲线必然会拉平，这条曲线的动力便会转移给另一条S曲线。如果细看耐久的曲线，就能看出定义和衡量标准如何随着时间变化，来适应取代旧科技的新科技。

举例来说，仔细观察克莱德法则（见图8-5）如何用在硬盘密度上，就可以看出这个法则包含一连串互相重叠的趋势线条。最早的氧化铁磁盘技术始于1975年，终于1990年。第二项科技是气膜悬浮式磁头，绩效稍有改善，加速的速度也略快，跟氧化铁技术重叠，始于1985年，在1990年结束。第三项创新的磁阻式磁头技术从1993年开始，改善的速度又比第二项更快。三种技术不太平均的坡度结合起来，产生了无法动摇的轨道。

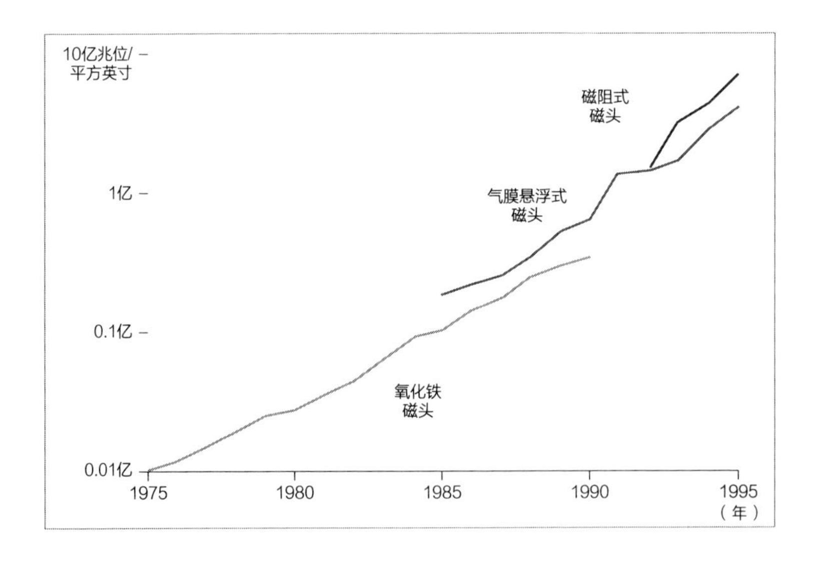

图8-5 克莱德法则的连续性。硬盘的磁密度仍有跨越不同技术平台持续上升之势。

图8-6剖析了共通技术的状况。好几条叠在一起的S曲线，每一条的指数型成长都受到限制，重叠形成长期的指数型成长线。大趋势联结的科技不止一种，因此具备卓越的能力。某次的指数级成长纳入下一次的时

候，已经奠定基础的科技将动力转移给下一个典型，持续成长，毫不松懈。接受衡量的确切单位也能从一条副曲线变形成下一条（见图8-6）。一开始可以数像素的数目，然后转向像素密度，然后是像素速度。或许在最早的科技中看不到最终的绩效有什么特质，要过很长的时间才会显露出来，或许会变成无限期持续下去的整体趋势。就计算机而言，由于从一个科技阶段到下一个阶段，芯片的绩效标准会不断重新校正，摩尔定律经过重新定义后，永远不会结束。

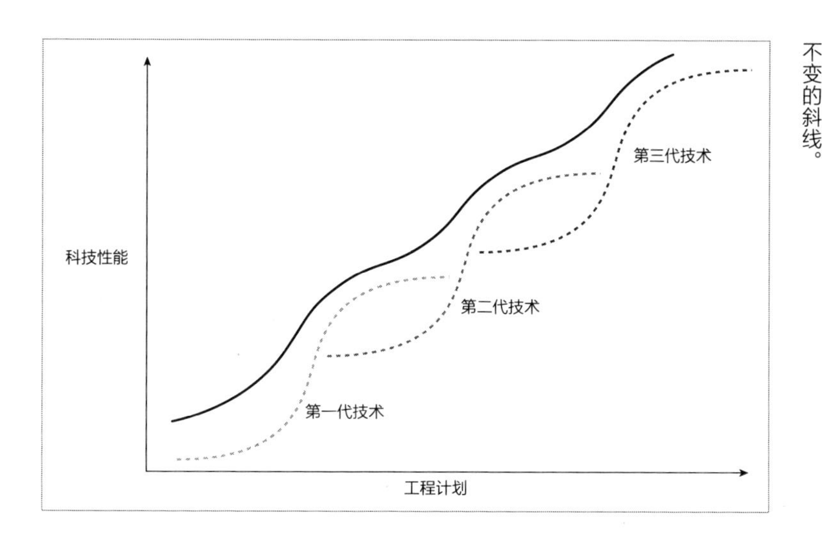

图8-6 复合S曲线。在这张概念图上，横轴表示时间或工程计划的推进，纵轴则表示科技性能的提升。这一系列S形曲线逐渐汇集成了一条大体不变的斜线。

在芯片上放更多晶体管的趋势必然会慢慢衰落。但平均来说，在可见的未来，数字科技每两年的绩效基本上都会加倍。这表示对人类文化最重要的装置和系统每一年的速度、价格和质量都会改善50%。这就好比你每年都比去年更聪明50%，或者今年能比去年记下多50%的事情。我们已经发现，埋藏在科技体深处的便是每年增半的非凡进展能力。摩尔的承诺带来稳定的进步，为这一代的乐观主义奠定基础：明天，一切就会变得更好，一定看得见，绝对做得到，可以放心。如果我们的产品下一次出现了改善，就表示黄金时代在我们眼前，而不是过去。但如果摩尔定律停息了，我们的乐观主义也必须告一段落吗？

就算我们真的想，假设大家共谋要停止摩尔定律，有什么真能让源远流长的摩尔定律出轨呢？或许我们相信摩尔定律提升了过度的乐观主义，让我们的盼望误入歧途，期待超级人工智能能让我们长生不老。我们能怎么办？要怎么停止？相信的人主要把信心放在自行增强的期望上，他们说：很简单，宣布摩尔定律会停止。如果有足够聪明的信徒宣称摩尔定律完了，那就完了，也打破了自我应验预言的循环。但只要有一个人持反对意见，不断推动，继续向前，就会破解魔咒。在微缩的物理学耗尽前，比赛仍会继续。

更聪明的人或许会推论，由于整体的经济制度决定摩尔定律加倍的时间，你可以降低经济情况的质量，直到定律停止。如果某个国家无精打采的经济成长抹杀了计算机功率呈指数级成长所需的基础建设。我觉得这种结果很值得玩味，但也心存怀疑。进步或许比较慢，坡度也比较和缓，加倍的时间可能要花5年，但我相信，与西方国家政见不同的科学家们会跟我们一样利用小宇宙的定律，跟我们一起啧啧赞叹相同的科技奇迹：他们也一样会持续投注相同的精力，让芯片的改善呈指数级成长。

我猜，除了加倍的时间，我们没办法动摇摩尔定律。摩尔定律是我们这一代的莫伊莱。在希腊神话中，莫伊莱代表命运三女神，通常被描绘成阴郁的未婚女子。第一位女神纺出新生儿生命的纱线，第二位算出线的长度，第三位则在死亡时切断纱线。一个人的开始和结束都早已命定，但中间发生的事则非必然。人类和神祇都能在终极命运的范围内一展身手。

摩尔、克莱德、罗伯茨、卡尔森和库兹韦尔发现了“不会妥协”的曲线，如梭子般穿过科技体，纺出一条长长的线。这条线有必然的方向，由物质和发现的本质注定。但线条的迂回曲折则未固定，等待我们去完成。

米德说，聆听科技的声音。那些曲线对我们说了什么？想象现在是1965年。你看到摩尔发现的曲线。假设你相信了这些曲线想告诉我们的故事：年复一年，正如夏去冬来，昼逝夜临，计算机会改善50%，尺寸减小一半，价格降低一半，每年不断重复，过了50年，功能会比当下强大3000万倍（这件事已经发生了）。如果你在1965年就能确定，或几乎信了，该能获得一大笔财富吧！你不需要其他的预言、其他的预测、其他的细节，就能坐等收益。在人类社会中，如果我们只相信摩尔的那条轨道，其他的都不相信，教育和投资的方式都会改变，也会做好准备，更睿智地捕捉到那即将萌芽的神奇力量。

在加速的科技体中，人类的历史很短，而晶体管、带宽、存储技术、像素数和DNA定序不变的成长速率则是我们从中梳理出来的最早几条莫伊莱纺线。一定还有其他尚未透过工具揭露、尚未发明的东西。这些“定律”是科技体无视于社会气候就启动的反射。按着排好的顺序开展时，这些定律也会酝酿进步，激发出新的趋势、新的欲望。或许遗传学、药物或认知等领域中会出现这些自治的动力。一旦成长的动力发动了，大家都看得到，财务、竞争和市场的燃料会把定律推到极限，沿着曲线一直向前，直到耗尽潜能。

我们的选择一看就很明显，就是要准备迎接定律给我们的礼物，还有定律会带来的问题。我们可以选择，更懂得如何预料到这些必然会出现的波涛。我们可以选择教育自己和下一代，让自己更聪明，在运用定律时能发挥教养和智慧。我们也可以决定，修改自己对法律、政治和经济的假设，迎合前方早已注定的轨道。但我们绝对无法逃避。

探究远处的科技命运时，我们不该被必然性吓得退避三舍，而是要准备好，向前猛扑。

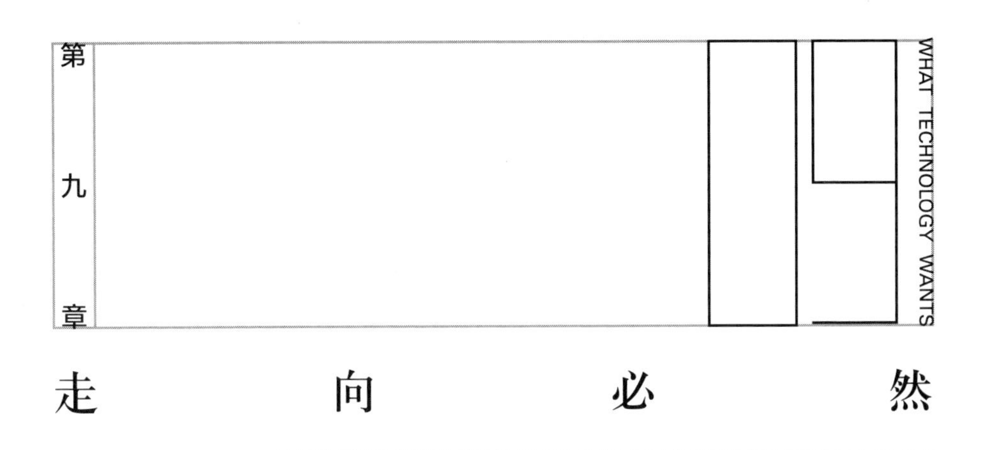

走向必然

我曾经亲眼见证人类未来的科技命运。1964年，我还是个孩子时，去参观纽约的世界博览会，看得目瞪口呆。必然会出现的未来展现在我们眼前，我仿佛面对美食般地狼吞虎咽。在美国电话电报公司的展示馆中有一台真正的影像电话（如图9-1所示）。视频电话的想法早就在科幻小说中流传了100年，果真是个很明确的预言前兆。现在这儿就有台真正可以用的可视电话了。尽管看到了它，我却没有试用它的机会，不过《大众科学》（*Popular Science*）和其他杂志都拨出篇幅放上照片，说明影像电话如何能让郊区居民的生活更有乐趣。我们都期待影像电话有一天会出现。好吧，等了45年，这一天终于到了，我正在打的视频电话就跟1964年预测的一样。我和妻子在加州的家里，屈身靠向面前流线型的白色屏幕，上面正播放着上海的女儿到处移动的动态影像。这场景就像以前的杂志插图中，一家人挤在可视电话前的样子。远在中国的女儿在她的屏幕上看着我们，三个人随口闲聊着家里的琐事。我们的可视电话跟大家曾经想象的几乎一模一样，只有三个比较明显的差别：用的装置不是电话，而是我们的iMac电脑和她的笔记本电脑；不用付电话费（通过Skype，而不是美国电话电报公司）；虽然很完美很好用，而且不用花钱，可视电话却还不怎么普及，对于我们来说也是如此。

图9-1 可视电话初次问世。图片拍摄于1964年纽约世界博览会，贝尔电话亭。

所以，可视电话必然会出现吗？讨论到科技的必然性时，这个名词有两个意义。第一，发明只需要存在一次。也就是说，能够实现的科技必然会出现，因为总会有人疯狂地东拼西凑起能混在一起的东西。个人飞行器、水底的房屋、夜光猫咪、失忆药丸……时机酝酿成熟后，每项发明的原型或展示品都一定会出现，这是必然的。此外，类似的发明同时出现已经变成规则，而非例外状况，任何发明物被发明出来的次数都不止一次，但只有少数几项能为人广泛采纳，大多数则无法发挥功效。更常见的情况是，这些发明虽然能够运作，却没有人要。因此，按照这个无关紧要的意义，所有的科技都必然会出现。把时间倒带，所有的发明物都会再来一次。

“必然性”的第二个意义更加实在，它需要某种程度的大众接纳度和可行性。科技的应用必须主宰科技体，或至少能掌控自身在技术领域中的那一角。但普遍存在还不够，必然性还必须包含强大的动力，靠着自身的决心超越数十亿人的自由选择。它是不会仅凭着社会大众的奇想就会改变方向的。

在不同的时代和经济体制下，出现了好几次可视电话的构想，细节都相当完备。可视电话可以说是呼之欲出。1878年，贝尔获得电话发明专利两年后，一名艺术家画出了心目中的可视电话。1938年，德国邮局展示了好几种可视电话原型。1964年的世界博览会结束后，纽约街头的公共电话亭也装了名为“皮克风”（Picturephones）的商务版可视电话，但美国电话电报公司10年后就因为失去兴趣而撤销了这项产品。虽然几乎每个人都知道这项发明，但可视电话在高峰期也只有500多名付费用户。你可以说这不算是必然的进步，而是一项必然受人忽略的发明物苦苦挣扎的过程。

但今天可视电话回来了。或许经过50年的时间，它的必然性提高了。或许在1964年，时机还没到，缺乏必要的基础科技，社会动力也尚未成熟。从这个角度来看，之前的多次尝试可以被视作对其必然性的验证以及希望被发明出来的强烈渴望。也许，它诞生的过程还没结束。也许还要等其他创新产品被发明出来后，可视电话才会更加普及。这就需要有创新的技术，能让别人说话时眼神引导到你脸上，而不是对着不知道在哪里的摄影机，或在多方通话中有方法切换屏幕到说话的人身上，这一类产品才能成功。

影像电话迟迟无法成为主流，同时证明了两个论点：一、影像电话确实必须问世；二、影像电话确实不需要出现。那我们就要问了：是否如科技评论家兰登·温纳所说，科技产品靠着自身的惯性向前猛冲，有如“自行推进、自立自强、无法逃避的潮流”，还是我们在科技改变的顺序中能很清楚地用自由意志来选择，采取一种不管是个人或团体都要为每一步负责的态度？

我想打个比方。

你是谁，除了其他的因素，也由基因决定。每天科学家都会发现表达人类某个特质的新基因，透露出遗传的“软件”用哪些方法驱动你的身体和大脑。我们现在知道，上瘾、野心、冒险、害羞等行为都脱离不了基因的控制。同时，“你是谁”当然也由环境和教养来决定。每一天科学家都会发现越来越多的证据，透露出家庭、同伴和文化背景用什么样的方式塑造出我们的存在。其他人对我们的信念更有无比的影响力。最近还有越来越多的证据指出，环境因素能够影响基因，所以这两个因素互为辅助，也是彼此的决定因素。你的环境（比方说你吃进去的东西）可能会影响你的遗传密码，而你的遗传密码则会推着你走入某些环境，因此这两种纠结在一起的影响力实在难以分开。

“你是谁”就最广的定义来说，你的性格、你的精神、你的生活，都由你的选择来决定。你的生活形式有很高的比重来自他人赋予，超乎你的控制，但对于这些预先决定的事物，你有很高的且很明显的选择自由。在基因和环境的约束下，生活的方向由你选择。就算你的基因有说谎的倾向，或家庭习惯如此，但在法庭审判中你可以决定是否要说实话。或许你天生害羞，或者处在习于胆怯的文化中，你也可以决定是否要跟陌生人交朋友。你的决定能超越遗传带来的意向或熏陶。你的自由绝对算不上完整。如果你想当上全世界跑得最快的人，光靠选择是不够的，你的基因和教育会起更强烈的作用，但你可以选择要不要跑得比从前快。你的遗传以及家庭和学校的教育定下了外在的界线，决定你能变得多聪明、多慷慨、多卑鄙，但你会选择今天是否要变得比昨天更聪明、更慷慨、更卑鄙。或许你的身体和大脑想要懒惰、想要草率、想要有想象力，但你能选择这些特质可以进展到什么程度（即使你天生不怎么果断，也要做决定）。

很奇怪，我们自由选择的面向才会让别人印象深刻。在血统和背景定下的范围中，我们处理生活中一连串真实选择的方式，才是决定身份的因素。在我们死后，这会是别人谈论的话题。预先决定的并不重要，我们做的选择才重要。

科技也是如此。科技体有一部分已经由继承而来的特质注定，也是本书主要探讨的地方。正如我们的基因会推动人类必然的发展，从一颗受精卵开始，继续长成胚胎，然后变成胎儿，婴儿出生后长大成幼儿、小孩、青少年，科技最明显的趋势也按着发展的阶段一步步开展。

在我们的生命中，我们无法选择要不要变成青少年。奇异的荷尔蒙开始流动，我们的身体和心灵必须变形。文明的发展途径也很类似，只是文明发展的草图比较不确定，因为我们见证过的文明发展没那么多。但我们可以分辨出必要的顺序：人类必须先懂得控制火，冶炼金属后才有电力，有了电力才有全球通信。我们或许对于确切的顺序有不同的意见，但一定要按顺序来。

同时，历史也很重要。科技系统得到了动力，变得很复杂，自行聚合在一起，随后形成了对其他科技也有益处的环境。为汽车奠定基础而建造出来的基础架构太广阔了，扩展了一个世纪后，到现在也会影响到交通以外的科技。比方说，空调系统发明后，也建造了高速公路，亚热带地区的人因此能选择住在郊区。发明便宜的冷气后，美国南部和西南方的景观跟着改变了。如果在没有汽车的城市里装冷气，即使冷气系统保有自身的科技动力和固有特质，带出来的结果模式也会很不一样。因此，科技体中每项新发展的先决条件都依照之前的科技产品留下的历史先例。在生物学上这种结果叫作共同进化，意思是一个物种的“环境”是其他与其互动的所有物种共享的生态系统，所有的物种都不断变动。举例来说，猎物和掠食者会一起进化，也会影响彼此的发展，这种“军备比赛”永远不会停止。宿主和寄生虫组成了二重唱，想盖过彼此的声音，而新的物种在适应生态系统时，也促使生态系统去适应不断改变的目标。

无可避免的影响力画出了范围，我们的选择在其中释放了结果，随着时间过去，不断增加动力，直到这些偶发事件奠定基础，成为科技的必需品，在未来的时代中变成几乎无法改变的事实。很久以前就有人说过，最早的选择留下了长远的影响，这基本上没错：罗马老百姓的手推车宽度必须要跟皇帝的战车一样，因为这样才能跟着战车在路上留下的车辙。战车的大小要能容纳两匹高大战马的宽度，换成现在的尺寸是143.5厘米。在广大的罗马帝国内，每一条路在建造时都符合这个规格。古罗马的军团行军进入英国时，他们建造了143.5厘米宽的长程御道。英国人开始建造马车轨道时，他们使用同样的宽度，好让同样大小的马车可以派上用场。开始建造铁路时，已经不用马匹了，但铁路轨道宽度很自然地还是143.5厘米。从大不列颠群岛进口的劳工在美洲铺设最早的铁路时，也用了他们已经习惯的工具和钻模。再转到美国的航天飞机，其组件在很多不同的地方制造，然后在佛罗里达州组装。由于航天飞机侧边的两具大型固体燃料火箭引擎要从犹他州用火车运过来，那条路线会穿过不比标准轨道宽多少的隧道，火箭本身的直径就无法比143.5厘米宽太多。有人打趣说："所以，这套运输系统是大家公认全世界最先进的，但最重要的设计特色却在2000年前由两匹马的屁股决定了。"这差不多可以说明在漫长的历史中科技用什么方式自行束缚。

过去一万年来的科技影响了每个新时代中科技早已命定的行进。比方说，初期的电力系统一开始的状况会用好几种方式引领最终网络的性质。工程师可能会偏好集中式而选择交流电，或偏好分布式而选择直流电。有可能业余人士会安装12V的直流供电系统，而专业人士则会安装220V的交流供电系统。法律制度或许选择保护专利，也有可能不保护，商业模式的重点可能在于利润，也有可能在于慈善事业。这些一开始的规格影响了在电力系统上发展的互联网。这些变量让开展的系统朝着不同的文化方向前进。但某种形式的电力化是科技体不可或缺、必然的阶段。随之而来的互联网也必然会出现，但其典型的特质则会依附先前科技的一般趋向。电话必然会出现，但iPhone则不一定。我们接纳生物学的比喻：人类一定会进入青春期，但不一定会变成少年犯。青春期是必然的，在个人身上展现出来的确切模式或多或少，视个人的生活规律而定，再视个人过去的健康和环境而定，也一定要考虑到自由意志的选择。

跟个性一样，科技由三股力量塑造出来。第一股最主要的力量是早已命中注定的发展——科技想要的东西。第二股力量则是科技历史的影响，过去留下的重量，就像马轭的大小决定了太空火箭的尺寸。第三股力量则是社会用来塑造科技体的集体自由意识，也就是我们的选择。在第一股必然性的力量下，在不断改变的大型复杂系统中，科技进化的途径同时受物理定律和自发秩序的趋势操纵。即使让时间倒转，科技体仍会朝着某些宏观的形式前进。接下来会发生或已经发生过的事情会依附在第二股力量上，因此历史的动力限制了我们后续的选择。这两股力量沿着受限的路径引导科技体，严重限制我们的选择。我们会认为“接下来一切都有可能”，但事实上在科技中并非一切都有可能。

不同于前两股力量，第三股力量是个人用来做选择和群体用来决定政策的自由意志。和我们能想象到的所有可能性相比，人类的选择范围其实很狭窄。但和一万年前，或甚至一千年前，或甚至上一年比较起来，可能性一直都在扩张。虽然从宇宙的角度来看受到限制，但我们能有的选择其实超乎我们的知识范围。透过科技体的引擎，这些真实的选择会不断扩张（虽然大多数的选择早已命中注定）。

除了科技史学家，普通的历史学家也看到了同样的矛盾。这里引述文化史学家戴维·阿普特的看法："人类的自由其实存在于历史过程设下的限制内。虽然并非一切都有可能，但能选择的也不少。"科技史学家温纳用下面的说法总结自由意志和命定的趋同："科技仿佛按照因果关系持续前进。人类的创造力、智力、习性、机会或固执的欲望并不因此遭到否决，不是只能朝着一个方向前进，还有其他的方向可以选择。这一切都在过程中吸收，变成进展中的重要关头。"

科技体具备三股力量的本质正好和生物进化的三股力量一样，这并不是巧合。如果科技体确实是生命进化延伸出来的加速过程，就应该被同样的三股力量支配（见图9-2）。

有一股力量是必然的。物理学的基本定律和突然出现的自我组织驱动进化朝着特定的形式前进。特定物种（生物或科技）的细节无法预测，但宏观模式（电力马达、二进制计算）则由物质的物理学和自我组织注定。这股必然的力量可以当成生物和科技进化的结构必然性（如图9-2左下角所示）。

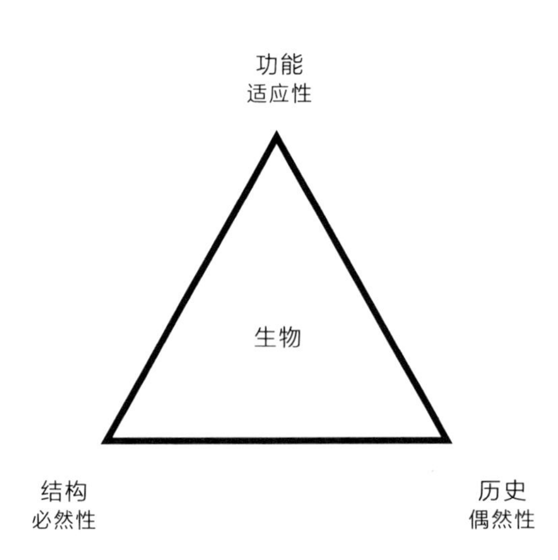

图9-2 生物进化的三角法则。图中为生物进化进程中的三股主导力量。

三角形的右下角则是进化过程中与历史和偶发事件有关的层面。事件和环境契机会用不同的方法扭转进化的过程，这些偶发事件累积起来，内在的动力会创造出生态系统。过去的影响不可小觑。

进化中的第三股力量则是适应能力，不断追求最优秀的东西和有创意的新事物，持续解决生存的问题。在生物学中，物竞天择没有知觉也没有目的，但力量却非常惊人（顶端的角）。

但在科技体中，适应力不像在物竞天择中不为我们所感觉，反而能接纳人类的自由意愿和选择。我们对必然的发明表达自己的想法，以及决定是否（和如何）使用或避免某些发明物的数十亿个个人选择，构成了这个意念的范围。在生物进化中没有设计师，但在科技体中却有非常聪明的设计师，也就是现代人。当然，有意识的开放性设计（见图9-3）就是为什么科技体变成了世界上最强大的力量。

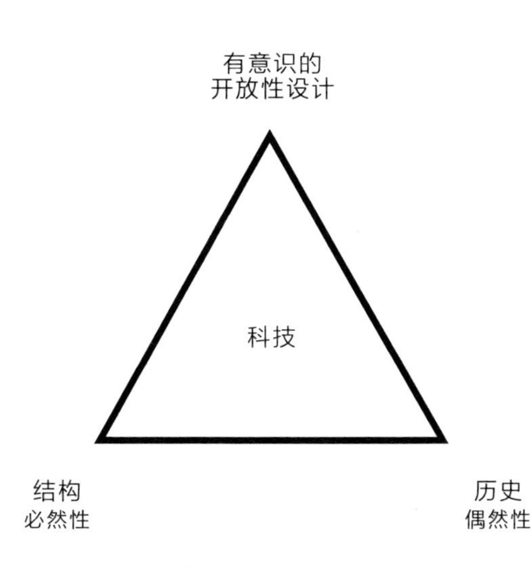

图9-3 科技进化的三角法则。在科技领域，功能适应性被另一股对等的力量替代：意识。

科技进化的另外两股力量跟生物进化一样。物理学的基本定律和突然出现的自我组织透过一连串必然的结构形式推动科技，例如四轮交通工具、半球体的船、页面组成的书籍。同时，历史上过去偶然出现的发明物形成了一股惯性，用不同的方法扭转进化的方向，但不会超出必然性的范围。而拥有自由意志的人集合起来的选择构成了第三股力量，塑造出科技体的特质。我们透过自由意志做出的选择在个人的生活中决定我们是谁（难以形容的“人”），而我们的选择同样也会决定科技体的形状。

我们或许无法选择工业自动化系统的大规模草图、装配线工厂、石化燃料发电、大众教育、时间表，等等，但我们可以选择相关的性质。在选择大众教育该如何进行时，有很大的冗余空间，因此我们可以推动教育系统，尽量提高质量、追求卓越、培育创新。产业装配线的发明可以偏向尽量提高输出或尽量提高工人的技术，这两条途径会产生不同的文化。每种科技系统都可以制定不同的标准，这些标准会改变科技的性质和品格。

从太空中，一眼就能看到选择带来的结果。卫星会在夜间扫过天空，记录城市的光量。从轨道上看，地球上每个点了灯的城市都像科技体夜景图中的一个像素。平均分布的一层光量指出科技发展的进度。

罗伯特·赖特在著作《非零理论》（*Nonzero*）中有一个很不错的比喻，可以让我们了解必然性的角色套用到科技上的模样，接下来我用自己的话来说明。赖特说，像罂粟花种子这样细小的种子，其命运是要长成一棵植物，这样的主张很恰当。花儿结出种子，种子长成植物，这外在的固定程序已由数十亿年来的花朵确定下来。按照最基本的意义，罂粟花种子会长成植物，虽然有为数不少的种子最后可能被拿去做贝果。种子不需要百分之百全都进入下一个阶段，才能让我们承认罂粟花的生长有个无可变更的方向，因为我们知道罂粟花种子内已经有DNA程序了。种子“想要”变成植物。更精确地说，罂粟花种子注定要长出特定形态的枝条、叶片和花朵。在我们心中，与其说种子的命运是能够完成旅途的概率，不如说原本就设计成这个样子。

如果说科技体自行推动着通过某些必然的科技形式，并不表示每一项科技都必然会出现。应该说，科技体表示一个方向，而不是命运。更确切地说，科技体的长期趋势显露出科技体的设计；这样的设计指出建构科技体的目的。

必然性并不是缺点。有了必然性，就更容易预测。我们预测的能力越强，越能准备好面对即将到来的事物。如果我们能分辨持续的力量有什么粗略的轮廓，就能教育下一代学习恰当的技术和知识，好在那样的世界中兴旺茂盛。我们可以改变法律和公共机构中的标准，来反映即将到来的实况。举个例子，如果我们了解到每个人全部的DNA从一出生或出生前就排好了顺序（这是必然的），那么我们就该教育众人基因的知识。大家都必须知道从基因代码能搜集到哪些信息，而哪些信息无法搜集，亲属之间的基因有什么变化，又有哪些相同之处，有什么因素会影响基因的完整，有哪些相关信息可以共享，“种族”和“种族渊源”等概念在这个背景中有什么意义，如何利用这样的知识去打造治疗的方法。全新的世界等着我们去开拓，而且要花一段时间，但我们现在就可以开始分类这些选择，因为那个时刻会跟外熵准则同时到来，而且是必然的。

在科技体前进时，预报和预测出现了更好的工具，帮我们找出必然会出现的事物。再回到青春期那个比方，因为我们能预见人类青春期一定会开始，就更懂得截长补短。青少年的生理构造迫使他们要去冒险，借此建立自己的独立性。青少年爱冒险，是进化“想要”他们这样的。知道青春期一定会出现冒险行为，青少年就能安心了（你很正常，不是怪物），社会也安心了（他们总会长大），也让我们想办法去控制正常的冒险心，改善之后从中获益。如果我们确定在文明成长时，持续连线的全球网络是必然的阶段，那这样的必然性就能消除我们的疑虑，让我们欣然接纳，尽全力创造出最完美的全球网络。

在科技进步时，我们面对越来越多的可能性，如果够聪明机警，也会有更好的方法来预测这些已经注定的趋势。在科技中，我们真正的选择非常重要。虽然受限于预先决定的发展形式，科技阶段的特殊规格对我们而言非常重要。

发明和发现是科技体中原本就有的珍宝，等待展现的时刻。这些模式没有任何魔力，科技的方向一点也不神秘。所有复杂、有适应能力的系统都能维护稳定的自我组织，比方说银河、海洋、人类心智，这些系统会展现出突发的形式和固有的方向。我们说这些形式属于必然，因为就像排水时出现的螺旋状漩涡，或冬天暴风雪中的雪花，这些形式在条件合适的时候就会展现出来。不过，展现出来的细节当然不会每次都一模一样。

科技体的漩涡按着自身的时间表成长，有自己的规则和方向。人类创造出科技体，但科技体却再也不完全由人类控制和主宰。我们就跟普通的父母一样，感到忧心忡忡，尤其在科技体越来越有力量、越来越独立的时候。

但科技体能够自立，也带给我们无限的好处。真正的进步能够长期成长，因为科技体的成长就跟有生命的系统一样。科技最吸引人的地方也要归因于这些自行增强的长期趋势。

生物在自然状态下，都想要自行保护、自行扩展和自行成长。我们不会嫉妒狮子、蚱蜢或人类的自私本质。但会有个时刻，我们要面对下一代在童年时期展现出的幼稚自私的本质，我们必须承认他们会按着自己的时间表成长。即使他们的生命毫无疑问地延续我们的生命（他们所有的细胞都衍生自我们的细胞，未曾遭到中断），我们的孩子有他们自己的生活。不论看过多少个小孩，当自己的孩子宣布要独立时，我们仍会坐立难安。

我们一起和科技体面对这样的时刻。每一天，我们都会碰到生物学中自然的生命循环，但这是我们第一次遇到科技的循环，心中十分胆怯。在科技中看到自私，我们大吃一惊，因为实际上，我们应该隶属于科技体本身，而且以后情况应该也不会有变化。心理学家谢里·特尔克说，科技是我们的“第二个自我”。同时是“他们”，也是“我们”。我们的下一代会长大，想法完全跟我们不一样，但科技体自立的情况不一样，我们和集体的心智都会包含在内。我们脱离不了科技体自私的本质。

如此一来，科技永远进退两难，我们永远都得面对这个困境。科技是我们打造出的最精密的工具，它不断更新以改善人类的世界，是不断成熟的超级生物，我们也被包含在内，遵循的方向已经超越了我们制造出来的成果。人类是科技体的主宰，也是科技体的奴隶，我们的命运无法脱离这令人不自在的双重角色。因此，我们对科技永远都有矛盾的感觉，发现要做出选择很难。

但我们要考虑的重点不该是要不要拥抱科技。是否欣然接纳科技，不是我们能决定的，因为我们必须和科技共同生存。从宏观的角度来看，科技体要遵循必然的进展。但从微观的角度，意志才是主宰。我们的选择是要让自己对准这个方向，为所有人、事、物扩展选择和可能性，优雅美妙地展露出细节。或者我们可以选择抗拒第二个自我（但我相信这个选择不明智）。

科技体在我们心中引发的矛盾是因为我们拒绝接纳人类的本质，也就是人类和创造出来的机器已经融为一体。我们是自我创造的人类，也是自己最佳的发明。当我们抗拒整体的科技时，表现出对自己的愤恨。

阿瑟说：“我们信任自然，但我们希望身处于科技之中。”这个希望源自接纳自己的本质。配合科技体的规则，我们就能做更好的准备，尽力控制科技体的方向，进一步察觉到我们朝着哪个方向前进。注意到科技想要什么，我们便能准备好迎接科技赋予人类的所有益处。

PART 3

第三部

选择

大学炸弹客有他的道理

1917年，奥维尔·莱特预言：“飞机将对和平有所帮助，尤其我认为飞机很有可能会让战争消逝。”他的话响应了早前美国记者华克的心愿，华克于1904年宣称：“作为和平的机器，（飞机）对世界的价值简直无法计算。”这并非第一次有人提出伟大的科技承诺。同一年，凡尔纳宣布：“潜水艇有可能变成让战争完全停止的因素，因为舰队将变得无用，随着其他战争工具继续进步，战争将不再可能发生。”

发明炸药的瑞典人诺贝尔是诺贝尔奖的创立人，他真心相信他的炸药会遏制战争：“我发明的炸药会超越1000次的世界会议，更快带来和平。”按照同样的脉络，发明机关枪的海勒姆·马克西姆在1893年被问道：“这把枪会不会让战争变得更可怕？”他回答：“不会，机关枪让战争不可能出现。”发明无线电的列尔莫·马可尼在1912年对世界宣告：“无线时代来临后，战争就不可能发生了，因为战争会变得很可笑。”美国无线电公司的董事长詹姆斯·哈博德将军在1925年宣扬他的信念：“无线电能够实现‘世界得太平，人间持善意’的概念。”

19世纪90年代，电话变成商品后不久，美国电话电报公司的总工程师约翰·丁·卡蒂预言:“有一天,我们会造出全球电话系统,让所有人都使用共通的语言,或对不同的语言有共同的了解,如此一来,四海之内皆兄弟。地球上不论何处,都会听到苍穹中发出洪亮的声音对我们宣告:‘世界得太平,人间持善意’。”

尼古拉·特斯拉认为如果发明了“不需要电线、符合经济效益的电力传输……就能为地球带来和平与融洽”。那时是1905年,而既然当时无线的电力传输还没发明出来,世界和平仍有希望。

科技史学家戴维·奈伊列出了更多发明物,想象着这些东西能永久废除战争,引领我们进入宇宙和平:鱼雷、热气球、毒气、地雷、飞弹和激光枪。奈伊说:“每一种新的沟通方式,从电报和电话到无线电、电影、电视和互联网,都让人期待能保证言论自由,想法也能自由流通。”

1971年,乔治·金特在《纽约时报》发表了有关交互式有线电视的文章,他说:“支持的人认为这个节目……向政治哲学家的参与式民主梦想踏出了一大步。”到了今日,对于互联网能促进民主化和和平的承诺,又夺去了类似的主张曾赋予电视的光彩。未来主义学家约尔·加罗对此非常惊讶:“我们都见证了电视已经变成什么样,对于现在计算机科技在大家眼中居然变得如此神圣,我感到非常奇怪。”

并不是说这些发明物都没有好处,说不定它们还真有些对国际民生有益的地方。而应该说,新科技带来的问题多过解决的问题。阿瑟说:“问题就是解决方法的答案。”

世界上新出现的问题大多数是以前的科技造成的问题,但我们对这却几乎察觉不到。每年有120万人死于车祸,科技带给我们非常重要的运输系统,但造成的死亡人数却高过癌症。科技产生许多严重的问题,例如全球变暖、环境毒害、肥胖症、核恐怖主义、宣传活动、物种消失、药物滥用，等等，这让科技体陷入困境。科技评论家西奥多·罗萨克说：“在城市化的工业社会中，有多少我们已经认定为‘进步’的东西其实揭开了从最后一轮科技创新继承而来的罪恶？”

想要拥抱科技，就需要勇敢面对科技的代价。进步让数千种传统生计逐渐走向边缘化，和这些职业相关的生活形态也消失了。今日有数以亿计的人为自己痛恨的工作汲汲营营，制造出自己一点都不喜爱的东西。有时候工作带来身体疼痛，造成残障或慢性疾病。科技创造出许多众人公认非常危险的新职业，例如开采煤矿。同时，大众教育和媒体教导我们要避开低技术的劳动业，追寻对数字科技体有用的工作。双手和头脑分离了，人类的精神变得紧绷。确实，那些要人久坐不动的高薪工作，也是最伤身心的。

科技不断膨胀，似乎填满了人与人之间所有的孔洞和空间。除了监督邻居的家务事，也监督任何我们有兴趣刺探的对象。我们的通讯录上有5000个“朋友”，但心里可能只容纳得下50个，我们施加影响的能力早已超越了我们关怀的能力。在科技介入后，生活出现了巨变，乌合之众、聪明的广告商、政府，以及体制下无心的偏见，都能操控我们。

要花时间在机器上，一定要先省下做其他事的时间。为消费者新发明的小玩意如排山倒海而来，让我们没时间用其他的玩意，或得放弃其他的活动。10万年前的现代人在采集食物时，显然根本用不到科技。1万年前，农夫可能每天要拿着工具工作好几个小时。而1000年前，中世纪的科技遍布人类关系的边缘，但尚未进入核心。今天的科技自行立足在万事万物的中心，不论我们做什么、看到什么、听到什么、造出什么。吃饭、恋爱、性行为、养育子女、教育、死亡，科技无所不在，生命因此充满规律。

科技是世界上最强大的一股力量，已渐渐成为人类思维的主宰。由于科技无所不在，所有的活动都被科技垄断，也让其他不利用科技的解决方法看起来很不可靠或毫无作用。由于科技有让人变得更强的力量，所以我们认为人工制品优于自然产品。野生药草和人工制药，你预期哪个会比较有效？就连恭维卓越的文化用语都变得富有机械味道：“像玻璃一样光滑”“明亮闪耀”“标准纯银”“滴水不漏”“像时钟一样规律”，这些都流露出人工制品更加优越的感觉。我们被禁锢在科技的架构中，它就像诗人威廉·布莱克口中“人心自囚的桎梏”。

只因为机器能做某项工作，通常就给我们足够的理由，让机器去做那项工作，即使一开始表现很差也没关系。最早的机器制品，如衣服、瓷碗、书写用纸、篮子和罐头，都不怎么样，只是很便宜。通常，我们发明机器的时候只想到特定的某个用途，然后，发明出来的东西却按照自己的意思发展，尼尔·波兹曼称之为科学怪人症候群。波兹曼写道：“一旦造出机器，我们总会大吃一惊，发现机器有自己的想法；除了有能力改变我们的习惯，还能……改变心智的习性。”因此，按照卡尔·马克思的说法，人类变成了机器的附属物或助手。

很多人相信，科技体要成长，就要消耗无法替代的资源、古老的栖息地和无数的野生动物，但回报给生物圈的只有污染、铺筑过的地面和无数被淘汰的垃圾。更糟糕的是，同样的科技剥削世界上最贫弱的地方，那些自然资源最多但经济能力较差的国家，让最强的国家变得更富有。进步让幸运的少数人生活得更富裕，也让不幸的穷人挨饿。由于科技的规则对自然环境带来不利的影响，很多承认科技体进展的人无法全然接纳科技的规则。

的确存在这种剥削的情况。科技进步产生时，常常要牺牲生态环境。

科技体使用的钢铁来自地下的矿脉，木头来自砍伐森林，塑料和能源自石油中提取，然后燃烧二氧化碳进入空气中。工厂取代了沼泽地或草原。地球的陆面已经有三分之一因为农业和人类居住而出现改变。你可以列出长长的名单，山丘被铲平、湖泊受到污染、河流上建了水坝、丛林化为平地、空气变得脏污、生物多样性大幅削减。更该死的是，文明造成许多独特的物种永久灭绝。在地质时期，物种灭绝的正常速率是每4年一种，而现在物种灭绝的平均速率至少变成当时的4倍；甚至，我们消灭物种的速率可能已经加快好几千倍。

我碰巧对这样的大量毁灭有点认识，因为我花了十年的时间主持一项行动，把地球上所有的生物编成目录。我们找到了历史证据，证明过去2000年来约有2000个物种灭绝，等于一年一种，是自然速率的4倍。然而，过去200年来灭绝的物种最多，因此现在已知的年平均值已经高出许多。既然我们已经识别出地球上所有物种的5%，很多尚未命名的物种跟已证实绝种的物种栖息地相同，而这些栖息地正在消失中，即可推论即将灭绝的物种总共有多少。估计出来的数字偏高，每年有5万种以上。事实上，没有人知道地球上到底有多少个物种，或者我们已经识别出多少种，连个边也摸不着，所以我们只能确定人类消灭物种的速度比从前快很多，这已经够可耻了。

但是，在科技体中，并没有促成物种流失的固有条件。我们现在用到的科技方法如果会导致栖息地消失，一定能想得到不会威胁栖息地的替代方案。事实上，我们若能发明科技X，就有（或可能有）对应的科技Y，很有可能比科技X更加环保。一定有方法能增加能源和材料效率、更贴近生物程序，或者减轻对生态系统的压力。保罗·霍肯极力拥戴对环境无害的科技，并因此而闻名，他说："我无法想象有哪种科技无法改成比现在环保好几倍的样子。但我觉得，我们根本还没踏进绿色科技的领域。”当然，更环保的做法或许会对环境带来前所未见的负面影响，但那只表示必须要有其他的创新科技来补救不足之处。如此一来，更环保的科技绝对有无尽的潜能。既然无法侦测到科技的环保程度有什么限制，这种无边无际的特质告诉我们，科技原本就非常尊重生命。科技体回归到根本，其实充满与生物共存的潜能，只需要把潜能发挥出来即可。

未来主义学家保罗·萨夫说得好，我们常把未来的清楚景象跟近在眼前的事物搞混。但实际上，科技常在我们能想象到的跟能做到的事物之间制造出令人烦恼的不一致。电影导演卢卡斯解释过科技外在的两难困境，我觉得他的说法再好也不过了。我曾于1997年访问过卢卡斯，主题是他为《星际大战》前传三部曲发明的全新高科技电影拍摄手法。他必须把计算机、摄影机、动画和真人天衣无缝地融入电影世界，构造出一层层的影像，就像在影片中画图。之后，其他前卫的动作片导演也采用同样的手法，包括《阿凡达》的卡梅隆。当时，卢卡斯的新手法十分激进，让先进科技达到新的高峰。但是，他创新的技法虽然未来感十足，很多人看过之后却认为他后来的电影并没有因此更好看。我问他：“你认为科技让世界变好，还是更糟糕？”卢卡斯回答：

> 看看科学的曲线以及一切已知的东西，它们像火箭一样向上猛冲。我们就坐在火箭上，循着垂直的线条完美地冲向恒星。但是人类的情绪商数跟智力商数一样重要，也有可能更加重要。对于情绪的理解，我们跟5000年前的人类一样孤陋寡闻，所以我们的情绪商数曲线根本是水平的。问题在于，垂直线跟水平线渐行渐远，越分越开，一定会带来某项后果。

我觉得我们低估了这个“鸿沟”的张力。从长期来看，传统的人性受到侵蚀，或许证实了科技体用在这方面的成本超越了对生物圈的侵蚀。兰登·温纳指出，生命的动力其实永远都一样：“只要人类把自己的生命倾入器械中，自身的活力就会随之缩减。人类的精力和性格转移后，就变得空虚，但他们可能永远察觉不到空虚的存在。”

那样的转移并非必然，却已经发生了。机器帮人类做的事情越来越多，我们熟悉的事情越来越少。步行的距离变短了，汽车取代了双脚。不需要掘地，反正有耕耘机。不需要猎取食物，不需要采集。我们不用敲锤子或缝补。除非必要，不用眼睛阅读。不会计算。记忆工作正在移交给谷歌的搜索引擎，等到打扫机器人降到足够便宜的价格，我们也不用扫地了。工程系的学生布仁德花了两年的时间体验阿米什人的生活，他说：“重现维持生命所需的人类才能只有两种结果，一是人类才能停止发育，二是重启智人和机器之间的竞争。对于有自尊心的人来说，两个结果都令人不快。”科技会慢慢腐蚀人类的尊严，让我们质疑自己在世界上的角色和自我的本质。

我们可能会因此失去理智。科技体是一股遍及全球的力量，无法由人类控制，似乎也没有界限。人类的智慧找不到抗衡的力量，来防止科技占领地球的各个角落以及创造出世界都市，就像阿西莫夫科幻故事中的川陀星或卢卡斯《星际大战》电影中的行星克鲁斯根。务实的生态学家争论，早在世界都市能够成形前，科技体就已经超越了地球自然系统的能力，因此如果不是停滞不前，就会崩溃。丰富论者相信科技体能够无穷无尽地替换，文明留下的痕迹能够毫无障碍地不断成长，也期待世界都市的出现。以上两者的看法都让人不安。

约在一万年前，人类通过了临界点，改造生物圈的能力超越了地球改造我们的能力。这个临界点就是科技体的起点。现在，我们正站在第二个临界点上，科技体改变我们的能力超过了我们改变科技体的能力。有些人称之为“奇点”，但我不认为目前已经出现了适当的名称。温纳认为：“技术诡诈聚合而成的现象（也就是我所谓的科技体），矮化了人类意识，让人类应该能操纵和控制的系统变得晦涩难懂。遵循这种趋势，科技超越了人类的支配，按照自身内在的构造成功运作，这种整体的现象构成了‘第二天性’，其超越了对特定要素的欲望或期待。”

已经被判决有罪的炸弹客泰德·卡钦斯基炸伤了几十个拥戴科技的专业人士，其中死亡3人，他的做法残忍但却说对了一件事：科技有自己的理念，很自私。科技体并非如大多数人所想，只是一系列可供出售的独立人工制品和玩意儿。卡钦斯基用“大学炸弹客”的名义回应了温纳的论点以及我在本书中提出的不少想法，他主张科技是个有生命的、全面的系统，并不只是硬件，而更像是有机体。科技体不是没有生命或被动的，而是会寻找资源、获取资源来自我扩展。科技不是人类活动的总和，事实上却比人类的行动和欲望更加优越。我觉得卡钦斯基的这些主张没错。大学炸弹客在他毫无章法、声名狼藉、长达3.5万字的宣告中写道：

> 这个系统不会满足人类的需要，也无法做到这一点。反而是人类行为需要调整，以迎合系统的需要。假装能引导科技系统的政治或社会意识形态和这并没有关系。这是科技的错，因为这个系统并非由意识形态引导，而是依循技术上的需要。

我也认为科技体由“技术上的需要”引导。也就是说，在科技系统这广大的综合体中，已经深植了利己的层面（让更多的科技和系统出现，来维护自身的科技)，此外，固有的倾向会引导科技体朝着某些方向走，偏离人类的愿望。卡钦斯基说：“现代的科技是联合的系统，其中所有的要素都互相依赖。你没办法把科技‘坏的’地方去除，只留下‘好的’地方。”

卡钦斯基的观察虽然属实，却无法赦免他的谋杀罪名，他疯狂的愤恨也找不到正当的理由。卡钦斯基在科技里看到了某样东西，让他的暴力行为一发不可收拾。但是，虽然精神失序，犯下滔天大罪，他却能清楚地表达那样的想法，实在令人惊讶。卡钦斯基引爆了16颗炸弹，害死了3个人(并造成23个人受伤)，只是为了要发表他的宣言。在绝望和卑劣罪行背后的评论，吸引了一小群卢德分子[1]来追随他。卡钦斯基以一丝不苟、符合学术标准的精确性提出了最重要的主张：“自由和科技进步无法共存”，因此科技的进步无法退回原点。由于“左派”分子限制了他的慷慨陈词，卡钦斯基感到非常委屈，但他的核心论点非常清晰。

我读过许多哲学及科技理论有关的书籍，许多思索过这股力量本质的聪明人，也曾是我的访问对象。所以，发现对科技体做出如此敏锐观察的人居然是个心理有问题的连环杀人犯和恐怖分子，真让我很气馁。该怎么办？几位朋友和同事劝告我在这本书里根本不要提大学炸弹客。但我还是写出来了，有些人因此很不高兴。

我之所以详细引述大学炸弹客的宣言，有三个原因。第一，他的宣言简洁陈述了科技体的自治状态，比我写得还好。第二，许多人怀疑科技，他们认为世界上最大的问题和个别的发明物没有关系，而要归咎于科技自身整体的自支持系统(一般人或许也这么想，但感觉没那么强烈)，我还

1 工业革命期间，英国的机器生产逐渐代替手工业者，致使大批工人失去工作。其中一个名叫卢德的工人第一个捣毁了织布机，其他工人纷纷效仿，从而引发大规模砸毁机器的卢德运动。现在“卢德分子”泛称反对科技的人。——编者注

没找到比大学炸弹客更好的例子来说明。第三，支持科技的人（包括我在内）已经认识到科技体的自治程度越来越高，但讨厌科技的人也发现了这一点，我觉得我一定要传达这个事实。

科技体有自我强化的本质，大学炸弹客说的没错。但我不同意卡钦斯基其他的论点，尤其是他的结论。卡钦斯基走错了方向，因为他的逻辑脱离了道德，但用数学家的角度来看，他的逻辑很有洞察力。

就我的理解，大学炸弹客的论点如下：

> 个人的自由被社会束缚，因为秩序之故，他们不能脱离文明。
>
> 科技让社会变得越强大，个人的自由度就越低。
>
> 科技会毁灭自然，让自己变得更强大。
>
> 但是，由于科技体毁灭性的本质，最终会崩溃。
>
> 同时，科技自行扩张的缓慢变化比政治还要强大。
>
> 想要利用科技来驯服系统，只会让科技体更有力量。
>
> 由于科技文明无法受人驾驭，无法进行改革，必须加以毁灭。
>
> 由于无法用科技或政治毁灭科技体，人类必须把科技体推向其无可避免地自我瓦解。
>
> 在科技体崩溃时，我们应该加以猛击，消灭其东山再起的机会。

简单来说，卡钦斯基主张文明是人类问题的来源，而不是解答。他并不是第一个提出这种主张的人。对文明机器大声怒吼的人早就出现了，包括弗洛伊德在内。在工业加速发展时，对工业社会的抨击也随之增加。传奇荒野保护行动家爱德华·艾比认为工业文明是“可怕的毁灭力量”，同时摧毁着地球和人类。艾比尽其所能，用捣蛋的方法停止毁灭的力量，例如破坏伐木设备。他是大家的偶像，是“地球第一”环保组织的战士，激励了不少人跟随他到处放火。卢德分子理论家柯克帕特里克·塞尔跟艾比不一样，他埋怨机器，却住在曼哈顿的上流社区，深思熟虑后提出“文明是疾病”的想法。（1995年，在我的煽动下，塞尔跟我打赌文明会在2020年以前瓦解，赌资是1000美元，这件事也登在《连线》杂志上。）最近，由于全球联网的密集程度迅速升高，联网从不中断，更有人大声疾呼要解除文明，回归更纯粹、更人性化、更原始的状态。一群只会耍嘴皮子的“革命人士”突然出现，出书开设网站，宣布末日将近。1999年，约翰·泽尔赞出版了现代文选《反抗文明》（*Against Civilization*），也聚焦在“解除文明”的主题。2006年，德里克·詹森写了1500页厚的专著，阐述推翻科技文明的方法和原因，包含实用的建议，告诉读者哪里才是理想的起点，比方说电缆、输气管道和信息基础建设。

卡钦斯基读了前人反对工业社会的伤心文章，对文明的恨意勃然而生，就像其他爱好自然、住在山中、回归土地的人。他想躲避我们这些人，退回自己的角落里。社会为卡钦斯基这位有抱负的数学教授设立了许多规则和期望，结果把他压垮了。他说：“规则和条例本身就给人压迫。即使是‘良好的’规则也会削减自由。”他感到非常受挫，自身的努力和社会的培养使他得以进入专业团体，却无法融入（他辞去了副教授的职位）。他的挫折表现在宣言的这几段文字里：

> 现代人被规则和条例织成的网络困住了……大多数的条例无法去除，因为有了这些条例，工业社会才能运作。得不到适当的机会……结果带来无聊、道德败坏、自尊丧失、感到自卑、失败主义、沮丧、焦虑、罪恶感、挫折、敌意、虐待配偶或小孩、无法满足的

享乐主义、异常的性行为、睡眠障碍、饮食障碍，等等。（工业社会的规则）让生活变得无法满足，让人感到屈辱，导致许多人心理非常痛苦。“感到自卑”的意思是，除了严格来说有自卑的感觉，还有形形色色相关的特质：自尊心受挫、感到无力、有抑郁倾向、认为自己一定会失败、有罪恶感、憎恨自己等。

卡钦斯基的尊严受到这些伤害，他归咎于社会，他逃到山间，并发现在那儿他能享受更多的自由。他在蒙大拿建了小屋，没有自来水也没有电力。他过着自给自足的生活，远离科技文明的规则和控制。（但就跟梭罗的《瓦尔登湖》一样，他会去镇上补给生活物资。）然而，大概在1983年，他逃离科技的计划被打乱了。卡钦斯基有一处很爱造访的野外绿洲，他称之为“年代为第三纪的高原”，从他的小屋要走两天才能到。那个地方对他来说是个秘密基地。之后卡钦斯基告诉《地球优先》（*Earth First*）杂志的记者：“那是一块丘陵，地势不平，走到边界的时候，你会看到这些深谷，很险峻地切出非常陡的悬崖。还有一片瀑布呢！”他的小屋周围常有登山客和猎人经过，变得十分繁忙，因此在1983年的夏天，他退隐到高原上的秘密基地。入狱后他告诉另一名记者：

当我走到那儿的时候，我发现有人铺了一条路穿过那块地的中间。（他的声音变小了；停了一会儿，他又继续说。）你没办法想象我有多生气。从那时候开始，我就决定，与其更努力学习野外求生的技能，不如想办法报复系统。复仇。那不是我第一次报复，但在那时，复仇变成我第一优先考虑的事。

卡钦斯基变成异议人士的处境很容易让人同情。你很客气，想要逃离科技文明的压力，退隐到科技的边缘以外，建立起几乎没有科技的生活形态，然后文明／发展／工业科技的怪兽偷偷靠过来，摧毁了你的天堂。有路可逃吗？机器无所不在！绝不放手！一定要让机器停下来！

热爱荒野却又因文明侵占而感到痛苦的人当然不只卡钦斯基一个。许多美国原住民的部落人士因欧洲文化的推进而退隐到偏僻的地方，虽然他们自己并未逃离科技（若有机会拿到最新型的枪支，他们会欣然接受），但后果也一样，他们想要远离工业社会。

卡钦斯基主张，我们之所以不可能逃脱工业科技棘轮般的魔爪，有好几个原因：第一，你只要用了科技体，系统就要你做牛做马；第二，因为科技不会自行“反转”，抓到什么就会一直抓着；第三，因为我们无法选择长期下来要使用的科技。下一段引述自他的宣言：

> 系统“必须”严密管控人类的行为，才能保持运作。在工作场合，老板叫你做什么，你就得做什么，不然制作过程就会变得一团乱。官僚政治“必须”按照死板的规则来经营。若让较低阶层的官僚自己做决定，系统就会变得混乱，而由于官僚主义者进行判断时各有自己的想法，也会被人指控不公平。没错，我们的自由所受的限制或许能消除，但“一般来说”，由大型组织来控制人类生活有其必要性，科技社会才能发挥功效。到了最后，一般人会感到十分无力。
>
> 科技是一股很强大的社会力量，还有另一个原因，在某个社会中，科技进步只朝着一个方向前进：永远无法回头。一旦引进了科技创新，我们就会变得依赖，除非有更先进的创新产品取代了原本的科技。每个人都会依赖新的科技产品，此外，整个系统也开始依

> 赖科技。
>
> 新的科技产品问世，你可以选择要不要接纳，在你做选择的时候，这项产品不一定会把选择权留给你。在许多情况下，新科技改变了社会，而且改变的方式让我们最终发现，我们“不得不”使用科技。

最后一点尤其让卡钦斯基感受深刻，出现在宣言中好几次。这是很严重的指责。一旦你承认我们放弃自由和尊严，屈服于“机器”之下，越来越不得已，一定得走上这条路，那么卡钦斯基其余的论点就顺理成章了：

> 但我们不认为人类会自动自发地把权力交给机器，也不认为机器会蓄意夺取权力。我们的想法是人类可能会轻易让自己逐渐陷入非常依赖机器的形势，结果无法进行选择，只能接受所有机器的决定。社会和面对人类的问题变得越来越复杂，机器也变得越来越有智慧的时候，我们会让机器为人类做出更多决定，只因为机器的决定会比人的决定带来更好的结果。最后走到某个阶段时，要保持系统运作就会变得太过复杂，人类将无法利用智慧做出决定。到了那个阶段，机器就变成真正的主宰了。人类却没有能力把机器关掉，因为我们太依赖机器了，把机器关掉就等于自杀……科技最后得到的力量几乎能完全控制人类的行为。
>
> 大众的抗拒是否能阻止科技控制人类的行为？当然可以，如果我们能够想办法防微杜渐的话。但是，要通过长长一系列几乎察觉不到的进步，科技才能控制人类，大众无法理性抵抗，抵抗也无效。

我觉得最后这一段很难反驳。没错，我们建造出来的世界变得越来越复杂，同时我们必然需要依赖机械化（计算机化）的工具来管理。现在就是这样。非常复杂的飞行器由自动飞行模式来驾驶。算法控制非常复杂的通信和电力网络。不管是好是坏，极度复杂的经济结构也由计算机控制。在我们建构更加复杂的基础架构时（适地性行动通信、基因工程、核融合发电机、自动驾驶的汽车），我们当然更依赖机器来操控整个架构并做出决定。我们无法选择要不要关闭这些服务。事实上，如果我们现在要把互联网关掉，一点也不简单，尤其是有人不愿意把网络关掉。从根本上说，互联网是被设计成永远不需要关闭的。永不。

最后，如果科技接管世界的功绩等于卡钦斯基描绘的灾难（夺走灵魂的自由、主动权和明智，让环境无法永续），如果最终人类都必然要接受禁锢，那么系统就必须毁灭。改革还不够，因为改革只会让系统继续延伸，一定要淘汰。他的宣言也提道：

> 等到工业系统完全破坏后，我们“只有一个”目标，就是毁灭那个系统。其他的目标会分散注意力和精力，妨碍主要的目标。更重要的是，如果我们除了毁灭科技还定下其他的目标，就很有可能利用科技当成工具去达成其他的目标。如果屈服于那样的诱惑，就会立刻跌回科技的陷阱中，因为现代科技是一套一致、组织紧密的系统，因此，为了保留“一点点”科技，你发现你必须保留“大多数”科技，因此最后能牺牲的科技实在少之又少。
>
> 冀望成功，只能把科技当成整体来对抗；但这是革命，不是改革……在工业系统生病时，我们必须加以毁灭。如果我们妥协，让工业系统恢复健全，最终我们就会因此失去自由。

出于这些原因，卡钦斯基到山间逃避文明的掌控，后来密谋要对其加以毁灭。他计划自行制作工具（只要能用双手做出来的东西），同时逃避科技（要用系统制造的东西）。他只有一间房的小屋建造得十分完善，联邦调查局后来把整栋房子像塑料制品一样从他的土地搬走，然后送到仓库里（现在已经重组成原来的样子，放置在华盛顿特区的新闻博物馆里）。他住的地方离大路有段距离，去镇上的交通工具是辆山地自行车。猎到的动物处理后放在小阁楼里风干，傍晚坐在煤油灯黄色的灯光下，制作精细的炸弹装置。炸弹要用来攻击那些经营文明的专业人士，而他痛恨文明。然而炸弹制作成功后，并无法帮他达成目标，因为没有人知道炸弹攻击的目的。他需要向世人公告为什么文明必须遭到毁灭。他需要写出宣言出版在世界各大报刊杂志上。经过拣选的少数人读了宣言，才会发现他们受到怎样的束缚，也会加入他的志业。或许其他人也会开始用炸弹攻击文明的障碍。然后，他想象中的“自由俱乐部”（宣言最后的签名就是“自由俱乐部”的缩写，文中使用的是复数的“我们”）除了他，还有其他的成员。

他的宣言发表后，对文明的攻击并未大量涌现（却帮助当局逮捕了他）。偶尔“地球第一”的成员会纵火焚烧侵占土地的建筑物，或把砂糖倒入推土机的油箱。对G7工业国的抗议一向还算和平，除了某些反文明无政府主义份子（他们自称无政府原始主义者），打烂了快餐店的店面玻璃和民众住所。但大型的文明攻击从未出现。

问题出在卡钦斯基最基本的前提，论点中的第一条宣言并非属实。大学炸弹客认为科技剥夺了人类的自由，但世界上大多数人发现事实正好相反。他们发现从科技得到力量后会更自由，因此受到科技的吸引。他们（也就等于我们）注重实际，权衡了真实的情况后发现，对，没错，采用新科技后确实失去了某些选择，但又得到了更多其他的选择，就纯收益而言，自由、选择、可能性都增加了。

再来看看卡钦斯基这个人吧。他强迫自己隐居，自行幽禁在没有水电和抽水马桶的肮脏小屋里（见图10-1），就这么过了25年。他在地板上挖了个洞权充夜壶。就物质标准来说，现在他在科罗拉多州佛罗伦萨监狱[1]里的牢房有四星级的水平：他的“新家”更大更干净，也更温暖，有他之前没有的自来水、电力和抽水马桶，还有免费的食物和设施更完备的图书馆。在他蒙大拿州的隐居地，只要不下雪，天气适合的时候，他能四处乱走。晚上能做的事情虽然有限，他还是可以自由选择要做什么。或许他很满足于这个小小的世界，但整体来说选择还是受到限制的，虽然他在这些有限的选择中享有无限的自由，有点像是：“你爱几点去挖马铃薯就几点去。”卡钦斯基把冗余跟自由搞混了。选择有限时，他觉得很自由，但这种自由有点狭隘，同时可供人类挑选的选择越来越多，每种选择内的余裕可能会变得比较少，他却认为狭隘的自由比较优越，这就错了。选择的数目暴增，实际上的自由度也会提高，而不只是增加有限选择中的余裕。

图10-1 炸弹客的小屋内部。这里是卡钦斯基的图书室，也是他用来制造炸弹的工作间。

1 高科技武装监狱，用于囚禁美国最危险的罪犯。——译者注

我只能把他在小屋中受到的束缚跟我自己比较，或者任何一位读者要当比较的对象也可以。我的生活与机器密不可分，但科技让我可以在家工作，每天下午我几乎都会去有美洲狮和土狼漫游的山间步行。今天听数学家讲解最新的数字理论，明天在死亡谷国家公园的荒漠中随意乱走，手边的求生工具少到不能再少。这一天要怎么过，有很多很多选择。选择的数目并非无限，有些选项也由不得我决定，但跟卡钦斯基在小屋中的选择和自由程度相比较，我的自由超出太多了。

这就是为什么世界各地有数十亿人从山间小屋搬出来，他们原本的住所跟卡钦斯基的很像。在老挝或喀麦隆或玻利维亚山间有个聪明的孩子，住在只有一间房、熏黑的屋子里，他会尽一切努力对抗难关，好进入自由程度更高、选择更多（外来的人一眼就看得出来）的城市。贫困刚脱离了令人窒息的贫苦居所，但卡钦斯基却说那居所比较自由，只会让人觉得他疯了。

年轻人并非受了科技的蛊惑，扭曲自己的心灵去相信文明比较好。在山间的故乡，他们受到贫穷的诅咒。他们当然知道离开家乡时要放弃什么。他们知道家庭有多么舒适，会给他们支持，小村庄里的团体具有无可言喻的价值，上天赐予新鲜的空气，以及自然世界带来的慰藉。这些东西不再唾手可得，他们感觉到了，但还是离乡背井，因为到了最后，文明创造出来的自由仍得到较高的票数。他们可以（也将会）回到山间，振兴自己的精神。

我家没有电视。虽然我们有汽车，但住城里的朋友很多是无车人士。要避开特定的科技产品，当然做得到。阿米什人就做得很好。很多人也能做得很好。然而，大学炸弹客说得有道理，一开始能够选择的东西，过了一段时间后，选择性反而降低了。首先，有些科技产品（比方说废水处理、疫苗、交通标志）原本可以选择要或不要，但现在都由系统规定要强制使用。还有其他有系统的科技会自增强，例如汽车。汽车非常成功，带给人类舒适悠闲，抢走了公共交通工具的收入，让更多人不想搭乘公共交通工具，而想要自己买车。其他还有数千种科技产品遵循同样的动态：参与的人越多，这项产品的必要性就跟着升高。少了这些深植人类生活的科技，耗费的精力就会增加，不然起码要有更多刻意的替代方案。自增强的科技形成了网络，如果整体的选择、可能性和自由无法超越造成的损失，这个网络就像一个陷阱。

反文明主义者认为，由于我们被系统洗脑了，所以别无选择，只得接纳越来越多的科技产品，张开双臂迎接科技。比方说，就连抗拒少数几项科技产品也无能为力，因此陷入了错综复杂的人工谎言，无法逃脱。

很有可能科技体已经帮大家洗脑了，除了少数几位目光如炬、到处放炸弹的无政府原始主义者。如果大学炸弹客能提出更清楚的方案来取代文明，我才宁可相信这个魔咒应该被打破。文明毁灭后，下一步是什么？

我大量阅读反文明主义崩溃论者的文献，想知道在科技体崩溃后他们有什么打算。反文明主义的梦想家花了很多时间设计毁灭文明的方法（跟黑客做朋友、破坏电塔结构、炸毁水坝），却未想出取代的方案。他们的确有概念，知道文明出现前的世界是什么样子。根据他们的说法，那时候的世界是这样的[引述自《绿色无政府主义入门书》（*Green Anarchy Primer*）]：

> 在文明出现前，休闲时间非常充沛、性别完全自主平等、不会为自然世界带来破坏、看不到有组织的暴力、没有居中斡旋或刻板的机构、人人身体强健。

然后文明出现，地球上弊病丛生（并非比喻）：

> 文明引发了战祸、对女性的歧视、人口增长、乏味的工作、财产的观念、根深蒂固的阶级，以及几乎所有已知的疾病，以上只是几种文明衍生出来的令人沮丧的产物。

绿色无政府主义者（也被称为反文明主义者）说要挽救人类的灵魂，要同心协力煽风点火，也讨论过素食主义是否适合猎人，但尚未简要描述人群如何超越生存模式，或者是否已经超越。我们想把目标设在“重现荒野”，但负责的人却羞于描述在荒野重现后的生活会是什么模样。绿色无政府主义作家德里克·詹森的著作繁多，我跟他谈过相关问题，他并不考虑文明有没有替代方案，而是直率地告诉我：“我不提供替代方案，因为没有这个需要。替代方案早已存在，几千几万年前就出现了，而且很有效。”他当然是指部落生活，但不是现代的部落，而是没有农业和抗生素的部落，除了木头、毛皮和石头什么都没有。

反文明主义者面对着无法躲避的难题，无法想象出能够取代文明的方案，因为它们除了能够延续其观点，也要能吸引人心。我们描绘不出来。无法想象那样的地方怎么会变成我们的目的地，无法想象只有石头和毛皮的原始生活如何满足每个人的才能。由于想象不到，所以它们永远不会出现，因为若无想象，就创造不出来。

尽管想不出人心所愿、协调一致的替代方案，绿色无政府主义者全都接受某些做法，和自然协调、吃低热量饮食、降低物欲、只用自己做出来的东西，他们认为这么做能带来万年来无人能见的满足、快乐和意义。

但是，“乐道安贫”的状态如果大家都想要，而且对灵魂有益，为何反文明主义者不采用这样的生活方式？我从研究和个人访谈的结果中归纳出来，自认追随绿色无政府主义的人都过得很现代。他们住在大学炸弹客所说的“陷阱”中。他们用着速度很快、放在桌上的机器撰写反对机器的责难；同时还有一杯咖啡在手。他们的日常生活跟我的相差无几。他们尚未放弃文明带来的便利，却在追寻游牧、打猎、采集的美好生活。

或许，只有一位纯粹主义者做到了：大学炸弹客卡钦斯基，他比其他批评家更进一步地去活出他相信的故事。匆忙一瞥之下，他的故事似乎很有希望，但再看一眼就瓦解了，结论很相似：他靠着文明的发达活下去。大学炸弹客的小屋里放满了购自文明机构的东西：雪鞋、靴子、运动衫、食物、炸药、床垫、塑料罐和水桶，一切都可以自己动手做，他却用的却是买的。耗费了25年的心思，他为何不制造出脱离系统的工具？从小屋肮脏内部的照片看来，他应该去过沃尔玛零售商店买东西。他从野外采集的食物少之又少。反而是定期骑自行车去镇里，从那儿租旧车开到大城市，去超市补足食物和日常用品。他不愿意脱离文明来自己过活。

除了缺乏令人向往的替代方案，据我们所知，毁灭文明还有最后一个问题，自诩为“痛恨文明者”的那些人所想象出来的替代方案只能让目前人口中的少数人存活。也就是说，文明瓦解后，数十亿人必须付出生命。很讽刺的是，最贫穷的乡间居民会活得最好，因为不需要费什么工夫，就可以重回打猎和采集的生活，但数十亿都市人不到几个月就会死亡，因为食物吃完了，疾病到处蔓延，或者最多只能撑几个星期。反文明主义者对这场灾难却相当乐观，认为提早加速崩溃或许能挽救所有人的性命。

卡钦斯基再一次独持异议，在被捕后接受访问中，提到人类相继死亡的话题时，他的看法非常清楚：

那些发现他们需要废除科技工业系统的人如果努力让系统瓦解，事实上会害死很多人。如果系统崩溃了，会出现社会混乱，会出现饥荒，用于农田设备的零件或燃料严重缺乏，也没有现代农业不可或缺的杀虫剂或废料。所以会出现粮食危机，然后呢？在我看过的书里，还没有激进分子能面对这样的问题。

卡钦斯基能从个人的角度“面对”毁灭文明后的合理结论：数十亿人会因此死亡。他想必已经下定决心，在这过程开始时谋杀几个人并不算什么。毕竟科技工业构成的复杂系统已经扼杀了他的人性，因此，如果他为了消灭奴役数十亿人的系统而“干掉”一二十个人应该也算值得。数十亿人的死亡也有了正当的理由，因为这些被科技掌握的不幸人儿已经失去了灵魂，就跟他一样。等文明消失，下一代才能得到真正的自由。他们都可以进入他的自由俱乐部。

终极的问题是，卡钦斯基规划的乐园，也就是他用来解决文明问题的方案，取代新兴的自治科技体的则是那栋窄小、熏黑、昏暗、发臭的小木屋，除了他，没有人想住在里面。那是数十亿人想要逃避的“乐园”。文明虽有问题，但跟大学炸弹客的小屋比起来各方面都好得太多了。

大学炸弹客说得没错，科技是套完整、自我永续的机器。他也说对了，这套系统自私的本质会导致具体的伤害。科技体的某些面会伤害人类，因为命运就此失去了危机。科技体也有可能自我反扑；因为自然或人类都无法调节科技体，有可能加速到自我毁灭。最后，科技体如果不想办法转向，就会伤害自然。

虽然实际上科技有这么多毛病，大学炸弹客想要加以根除，却大错特错，原因有很多，很重要的一个理由是，文明的机器赋予我们的自由事实上比替代方案更多。要让机器运转，必须付出代价，我们才刚开始面对这样的代价，但到目前为止，不断扩张的科技体给人类的好处远超过完全没有机器的替代方案。

很多人不信。一点也不信。跟许多人对话后，我知道本书有一定比例的读者会拒绝我的结论，站在卡钦斯基那边。我认为科技正面的地方如果只是稍微超过负面的地方，这样的论点也无法说服他们。

他们反而深信，扩展中的科技体夺走了人性，夺走了下一代的未来。因此，我在这些章节中列出所谓科技的好处一定都是幻觉，只是技巧纯熟的戏法，让我们欺骗自己，允许自己对新的东西上瘾。

对于他们指出的邪恶，我无法否认。拥有的“变多”了，我们却似乎更不满足、更没有智慧、更不快乐。他们说对了，在多项测验和调查中，都能察觉到这种不自在。最愤世嫉俗的人相信，进步只会延续我们的寿命，让我们的不满足感还要持续几十年。说不定未来的科学能让人长生不老，我们只得永远不快乐。

我要问：如果科技如此败坏，在卡钦斯基暴露科技真正的本质后，我们为何还会继续追求新科技？那些真的很聪明、很投入的生态战士为何不完全放弃科技，就像大学炸弹客一样？

我总结出一个理论：科技体让物质主义猖獗，我们把精神都放在物质上，生命中更伟大的意义因此受限。暴怒令人盲目，为了让生命有一丁点儿意义，我们疯狂地、积极地、持续地、着魔般地消耗科技，接受唯一看似可供出售的答案，也就是更多科技。最后，我们需要的科技越来越多，却觉得越来越不满足。“需要的变多，却更加不满足”就是上瘾的一个定义。根据这个逻辑，科技也可算是上瘾源。我们不会强迫自己对电视或互联网或简讯着迷，而是强迫自己对整个科技体无法自拔。或许新事物能让多巴胺迅速增加，导致我们上瘾。

或许这就能解释为什么连理智上鄙视科技的人都会一直买东西。也就是说，我们明白科技对人类多么有害，甚至能看到科技如何奴役人类（快速读过大学炸弹客的短文后），但我们仍不断购买新玩意跟商品，成果堆积如山（心中也许充满罪恶感），因为我们克制不了自己。我们无力抗拒科技。

倘若果真如此，补救的方法会让人有点不安。要治疗上瘾，通常不是改变引发问题的放荡做法，而是改变上瘾的人。有可能要经过包含12个步骤的方案或冥想，在上瘾者的脑袋里解决问题。最后使他们得到释放，但是电视、互联网、赌博机器或酒精的本质仍未改变，只有上瘾者和这些东西的关系改变了。能克服上瘾源的人必须得到力量来隐藏他们的无力感。如果科技体会让人上瘾，我们并无法靠着改变科技体来消除上瘾的感觉。

再换另一个方法来解释，我们上瘾了，但还没察觉到。我们被蛊惑了。炫丽的光彩让我们恍恍惚惚。科技不知道用什么邪恶的魔法减弱了我们的洞察力。按这个说法，媒体的科技把科技体真实的颜色掩盖在理想国的外表下。全新的益处如此闪亮，我们立刻瞎了眼，看不见科技体还有非常有力、前所未见的缺陷。被迷惑的人类只能茫然前进。

但全世界的人都被蛊惑了，大家一定都有某种幻觉，因为我们都想要同样的新东西：最好的药物、最酷的交通工具、最小的手机。那一定是某种很强的魔咒，因为不论种族、年龄、地理位置或财富，全人类都受到了影响。这表示本书的读者也被迷惑了。最时尚的大学校园理论说，贩卖科技产品的大企业愚弄我们，对我们下了咒，经营大企业的老板当然也是共犯。但那意思是说，公司的CEO应该发现这是一场骗局，也不会堕入陷阱。根据我的经验，他们跟我们一样，都在同一条船上。相信我，我跟很多大老板磋商过，我知道他们没办法酝酿出这样的阴谋。

不那么时髦的理论则指出，科技愚弄我们是出于它们自己的意志。科技利用科技媒体来帮我们洗脑，让我们相信科技只有好处，把缺点从我们的脑子里移除。因为我相信科技体有自己的时间表，我觉得这个理论似乎有理。把科技拟人化，对我来说完全没有问题。但按着这个逻辑，我们应该期望科技知识相对浅薄的人并不容易受到科技愚弄，也能最敏锐地察觉到显而易见的危险。他们应该像孩子一样，看出国王没有穿衣服，或是披着羊皮的狼。事实上，这些人无法享有其他人的权利，并未受到媒体蛊惑，却常常急欲汰旧换新。他们直视科技体骇人的毁灭力量，说道：全部给我，现在就给我。或者，如果他们自认很睿智，就会说：只要把好的给我，那些会上瘾的烂东西我不要。

受到科技影响最深的人，也就是那些开油电混合车、写微博和上推特的专家，他们“看见”或深信科技体的魔咒确实存在。这种逆转并不等于我的想法。

最后只剩一个理论：我们自愿选择科技，在重大的缺陷和明显的伤害也照单全收，因为我们会在不知不觉中计算科技的优点。在完全不使用文字的计算中，我们注意到别人上瘾的样子、环境受到破坏、自己的生命中出现分散注意力的事物、不同科技产品产生出的人格混淆，然后我们算出总和，跟科技的好处互相比较。我不相信在这个过程中人人都能保持理性；我想我们也会互相诉说科技的故事，按着优缺点加入了等量的价值。但事实上我们做了风险效益分析。就连最原始的巫医在决定要不要用兽皮换把大砍刀的时候也会做同样的计算。他看过别人拿到大砍刀后会发生什么事。我们对未知的科技也会进行计算，只是没那么精确。在大多数情况下，根据经验来权衡优点和缺点后，我们发现科技提供的优点比较多，只是差距不大。换句话说，要接纳科技出自我们的自由意愿，同时也付出代价。

但人类总会不理性，我们有时候因着好几个理由无法做出有可能是最好的决定。科技的代价无法立刻辨明，预期的优点常常吹得天花乱坠。为了让我们能做出更多更好的决定，我们需要更多的科技（我几乎说不出口了）。要显露科技完整的代价，消除夸张的地方，就要有更好的信息工具及做事方法。实时自我监控、公开分享问题、深度分析测试结果、不断重复测试、正确记录制造过程中的资源链、诚实描述如污染等负面外在因素，这些都是我们拥有的科技。科技可以帮助我们揭露科技的成本，在采用科技时帮我们做出更好的选择。

用更好的科技工具来展现科技的缺陷，则会带来反向的结果，反而能提高科技的信誉。这些工具会把无意识中的计算化为现实，加入理性的因素。有了适当的工具，利益得失就能用科学方法来计算。

最后，诚实计数每项特定科技产品的缺点，我们才能看见，欣然接纳科技体其实出于我们心中所愿，而非上瘾，也不是魔咒。

阿米什翻修家给我们的启示

在讨论避免科技上瘾有什么优点时，阿米什人总会脱颖而出，他们另类的生活方式非常值得尊敬。阿米什人如此出名，因为他们是卢德分子，拒绝接纳赶时髦的新科技。很多人也知道，最严格的阿米什人不用电也不开汽车，用手操作耕田的工具，用马拉车。他们偏好能自己建造或修理的科技产品，整体来说也非常节俭，比别人更能自力更生。呼吸着新鲜的空气，用自己的双手工作，因此，在小隔间里对着计算机屏幕工作的呆伯特一族[1]都很喜爱阿米什人。此外，他们极简的生活形态也有越来越多追随者（阿米什人人口每年会增加4%），而白领和工人则有越来越多人失业，群体日渐萎缩。

大学炸弹客不是阿米什人，阿米什人也不是“崩溃论”者。他们创造出来的成果勉强算是一种文明，好似提供了价值非凡的教导，让我们看到如何在科技的善恶间取得均衡。

然而，阿米什人的生活基本上是反科技的。事实上，我去拜访过他们

1 呆伯特是漫画人物，描绘典型的工程师上班族。——译者注

几次，发现阿米什人改造和修补器具时真的非常心灵手巧，什么都能自行制作。令人惊讶的是，他们对科技大多持正面的态度。

我要先提醒大家几件事。阿米什人并非一个庞大的团体；每个教区的做法都不一样。俄亥俄州的团体跟纽约的教区不一样，爱荷华州的教区可能差别又更大。另外，他们跟科技的关系也没有一定的规则。大多数阿米什人跟我们一样，同时使用老东西和最新的产物。此外也要注意，阿米什人的习惯终究受到宗教信仰的驱使：科技带来的结果没那么重要。他们的做法通常没有符合逻辑的理由。最后一点则是，阿米什人的做法会随着时间改变，此时，他们会按照自己的步调拥抱新科技，适应这个世界。作为过时的卢德分子，阿米什人在很多方面都算是都市“神话”。

阿米什人的神话就跟所有的传说一样，基本上都有事实根据。阿米什人，尤其是旧派阿米什人（明信片上的典型阿米什人），真的很不愿意接纳新事物。在当代社会中，我们认为接受新事物理所当然，而在旧派阿米什团体中的习惯则是“时机未到”。新事物出现时，旧派阿米什人会自动忽略。例如，汽车刚问世时，旧派阿米什人不肯接受汽车。外出时他们会驾着马拉的轻便马车，就跟以前一样。有些宗派规定马车不可以有车顶（搭车的人就不会因为有私人空间可以随意乱来而受到诱惑，尤其是青少年）；其他宗派则允许封闭式的马车。有些宗派允许用拖拉机耕田，但是拖拉机要有钢轮；这样民众就不能“作弊”，把拖拉机当作车子开上路。有些团体允许农民在收割机或打谷机上装柴油发动机，发动机只能用来转动打谷机，不能用来推动车子，表示那冒着烟的吵闹玩意儿要用马来拉。有些宗派允许开车，但只能完全漆成黑色（不能是金属的银色），以免车主想要升级到最新的款式。

虽然各有规定，但阿米什人的动机仍是为了让他们的团体更强大。20世纪初汽车刚出现的时候，阿米什人注意到开车的人会离开团体，到其他城镇野餐或观光，而不是在星期天拜访家族人士或病人，或在星期六到附近的商店消费。因此，禁止大家无拘无束的行动是为了增加长途旅行的难度，把精力全放在当地的团体上。有些教区定下的规矩比其他教区更加严格。

旧派阿米什人规定不可使用电力，也有类似的团体动机。阿米什人发现，一旦家里接了电线，接上镇上发电机的电力后，镇上的节奏、政策和关心的问题会给他们更多约束。阿米什人的宗教信仰所根据的原则是他们应该“在世而不入世”，所以应该各方面都尽量保持疏离。受到电力约束，会让他们跟外边的世界的关系更紧密，因此他们为了出世独居，只得放弃电力带来的益处。就算到了今日，去参观众多阿米什人的家居，你在他们家里也看不到四处交织的电线。他们不需要电网。生活中没有电力，没有车子，对新事物的期望几乎也不存在。没有电力，也没有互联网、电视、电话，阿米什人的生活突然看起来跟我们复杂的现代生活大相径庭。

但当你走入阿米什人的农田，简朴的感觉便会消失了。事实上，在你踏入农田前就感受不到简朴了。在路上漫步，你看到头戴草帽、身穿吊带裤的阿米什小孩踩着直排轮呼啸而过。我看到一座校舍边停了好多辆滑板车，是孩子们上学的交通工具。但在同一条街上，污秽的小卡车绵延不断地开过校舍前面。每辆车上都坐满了满面胡髭的阿米什男人。那又是怎么一回事?

原来阿米什人认为使用某物跟拥有某物不一样。旧派阿米什人名下没有小货车，但可以搭乘小货车。他们不会考驾照、买车子、付保险费，从此依赖汽车和复杂的汽车产业，但他们会搭乘出租车。由于阿米什人的男性人数远超过农田的数目，很多人要去小工厂工作，他们会租赁由外人驾驶的货车当作上下班的交通工具。就连有马车的人也可以自由主张要不要搭汽车（这也算节约）。

阿米什人也认为，工作场所的科技跟家里的科技不同。我记得最初曾去宾夕法尼亚州兰卡斯特附近拜访一位经营木工厂的阿米什人。就叫他阿摩斯吧，不过他的真名不是阿摩斯：阿米什人不希望引起别人注意，因此他们不愿自己的照片或名字出现在媒体上。我跟着阿摩斯走入一栋肮脏的水泥建筑物。里面几乎只靠窗外射进来的自然光照亮，相当昏暗，但在堆满杂物的房间里，木质会议桌上挂了一个灯泡。阿摩斯看到我瞪着灯泡，等我们四目交接，他耸耸肩，说这个灯泡是为了像我这样的访客装的。

阿摩斯的木工厂很大，除了那盏光秃秃的灯，其他的地方都没有电力，但却有不少动力机械。整座工场都在震动，充斥着砂磨机、电锯、电动刨刀、电钻等工具刺耳的喧闹声。不论转向何处，都会看到身上盖满锯木屑的大胡子男人把木头推过嘈杂的机器。他们并不像文艺复兴时代的工匠，围坐成一圈手工打造经典作品。这是一家不入流的工场，用机械动力快速制造木头家具。但是电力从哪儿来？绝不是风车。

阿摩斯带我走到后面，那里有座大客车大小的柴油发电机，巨大无比。除了煤气机，还有庞大的燃料箱，原来里面贮存了压缩的空气。柴油引擎燃烧石油燃料来推动压缩机，用压力填满燃料箱。燃料箱上有一长串高压管线，蔓延到工场的每个角落。工具透过可弯曲的硬橡胶管连到管线。整座工厂靠着压缩空气提供动力。每一台机器都利用气压动力来运转。阿摩斯还给我看了气动开关，跟电灯开关一样，按下就可以打开气动扇来吹干油漆。

阿米什人把这套气动系统称为“阿米什电力”。气动系统最早是为阿米什工厂发明的，但阿米什人发现空气动力太好用了，也开始在家使用。其实已经有家庭手工业专门翻新工具和设备，好搭配阿米什电力使用。比如说，翻新业者购买高性能的搅拌器，把电动马达拆掉，然后换上适当大小的气动马达，加上气动连接头。好啦，家中阿米什女主人在没装电线的厨房里就有搅拌器可以用了。你可以买到气动裁缝机以及气动洗衣机和烘衣机（利用丙烷发热）。为了展现对纯粹的蒸汽朋克（蒸汽朋克指以19~20世纪初蒸汽时代作为基本设定所衍生的科幻作品，这里可能该说空气朋克？）有多痴狂，阿米什黑客铆足全力，想要压倒别人，把用电的新玩意改造成气动版本。他们的机械制造技术相当令人赞叹，而且念完八年级就从学校毕业了。他们喜欢卖弄怪得不得了的改造成品。我见到不少爱敲敲打打的人，每个人都主张气动装置比电动的更好，因为空气的效力强，经久耐用，比日夜运转几年后就烧坏的马达更持久。自认更为优越的主张我不知道是事实还是借口，不过常从不同的人口中听到。

我参观了一家翻修工厂，老板马林是位虔敬的门诺派教徒。马林个子不高，没留胡子（门诺派不蓄胡）。他驾马车出门，没有电话，但开在住所后面的店铺接了电力。他们用电制作气动零件。他的小孩也在店里帮忙，这是门诺团体的习俗。他的几个儿子穿着平民装束，开着丙烷动力、有金属轮的堆高机（没有橡胶轮胎，就不能开上路），把沉重的金属搬来搬去，制造出非常精确的铣切金属零件，可用于气动马达和阿米什人最爱的煤油烹饪炉。可容许的差距为千分之一英寸。所以几年前，他们在后院里装了价值40万美元、用计算机控制的铣床，就在马厩后面。这台巨大的铣床尺寸跟运货车差不多，由马林14岁的女儿负责操作，她头戴女帽，身着长洋装。马林的女儿用这台计算机控制的机器制作零件，与家人共享无电网、驾马车的生活。

我说“无电网”，而不是“无电力”，因为我一直能在阿米什人家里看到电源。如果你家谷仓后面有台巨大的柴油发电机供电给储存牛奶（阿米什人最主要的经济作物）的冷藏设备，使用小型发电机其实不算问题。用可以重复充电的电池来打个比方。你可以在阿米什人的农场上找到用电池的计算器、手电筒和电栅栏，以及利用发电机电力的焊接机。阿米什人也会把电池装在收音机或电话上（在屋外的谷仓或店铺内），或为马车上必要的头灯及转弯信号提供动力。有个聪明的阿米什人花了半小时向我解释他如何巧妙改装马车上转弯信号的机制，转弯完成后能自动关掉信号，就跟汽车一样。

现在，阿米什人很流行装太阳能板。有了太阳能板，他们有电可用，就不需要连上最让他们不得安宁的电网。太阳能主要用于对生活有效益的杂务，例如汲水，但就跟大多数创新发明一样，会慢慢进入家庭生活。

阿米什人使用纸尿布（为什么不行？）、化学肥料和杀虫剂，也大量生产经过基因改造的玉米。在欧洲，这种玉米叫作“科学怪食物”（衍生自科学怪人）。关于基因改造，我请教了几位阿米什长者。为什么要种植基因改造作物？他们回答，玉米容易招来玉米螟，这种害虫会从最下面把茎啃光，有时候蛀到玉米整秆倒下。现代500匹马力的收割机不会注意到倒下的玉米，只会把所有的物料吸进去，把玉米吐到桶子里。阿米什人收割玉米时一半用人工一半用机器。先用切割装置摘下，然后丢到打谷机里，但如果有很多破掉的茎，就必须用人工挑选。这项工作非常繁重费力。所以他们选择抗虫玉米；这种基因变种带有苏力菌（简称Bt）的基因，是玉米螟的敌人，会生出杀死玉米螟的毒素。破掉的茎变少，割下来的玉米可以用机器处理，产量就提高了。一位阿米什长者让儿子经营农地，他说自己太老了，破掉的玉米茎对他来说太重，丢不动，他告诉儿子，如果他们种植抗虫玉米，他才能帮忙收割。另一个方法则是，购买昂贵的现代收割设备，但没有人想买。所以基因改造作物的科技让阿米什人能持续用经过时间考验、不需要借贷购买的老设备，达成永续经营家族农地这个至高无上的目标。虽然没有明说，但他们很清楚地表示，经过基因改造的作物很适合家庭农场。

阿米什人对于人工授精、太阳能和网络等科技仍有争议。他们会在图书馆上网（使用，但不拥有）。事实上，阿米什人去图书馆用计算机时，有时候就为自己的生意架了网站。所以，虽然“阿米什人的网站”听起来就像笑话，但实际上还不少。信用卡之类后现代的创新产物呢？少数阿米什人的确有信用卡，一开始应该是为了业务需要。但过了一段时间，当地的阿米什主教发现了问题，有人过度花费，导致利息上升到无可救药的地步。农人负债累累，除了打击自己，也打击到社群，因为家人必须帮他们还债（这就是社群跟家庭存在的目的）。所以实验期结束后，长者也禁止大家申请信用卡。

一位阿米什男性告诉我，电话、传呼机、黑莓手机和iPhone（没错，这些东西他都知道）的问题在于“你会收到讯息，而不是与人对话”，从而言简意赅地描绘出现代人的生活。亨利留着长长的白胡子，和年轻而闪亮的双眼形成悬殊的差别，他告诉我：“如果我有电视，我就会看电视。”再简单也不过了，对吗？

是否应该接纳手机，阿米什人想了又想，却没有近在眼前的答案。以前阿米什人会在车道另一头建造简陋的小木屋，把录音机和电话放在里面，好几家人一起用。打电话的人在小屋里就不怕风雨寒冷，也让电网无法连到屋内，而且要走一段路才能到，让大家在必要时才通话，不会随时打电话闲聊。手机又是个新花样，你有电话，可是没有电线，也不用连到电网。一位阿米什人告诉我：“拿着无线话机站在电话亭里，跟拿着手机站在外面有什么两样？根本没有差别。”此外，女性非常欢迎手机，它可以帮助她们跟远方的家人保持联系，因为她们不会驾车。主教也发现，手机很小，很方便藏起来，为不鼓励个人主义的者带来隐忧。阿米什人还不确定要怎么处理手机。或者比较正确的说法是，他们决定了“大概可以吧”。

阿米什人不连接电网，没有电视和互联网，阅读的书籍只有圣经，但实在令人想不透的是，他们居然有非常充足的信息。不管我提到什么，他们几乎都听过，也已经有自己的想法。我也很惊讶，只要有新东西出现，教会里可能都有人用过了。事实上，阿米什人就靠那些喜欢抢先尝新的人去实验新事物，证明是否有害。

采用新科技的典型模式如下：阿米什人伊凡是位技术达人，总会领头尝试新玩意或技术。他有个想法，新型的流动位调变器或许真的很有用。他想了一些正当的理由，怎么让这玩意配合阿米什人的定位。他就跑去找主教，提出企划：“我想试试看这个东西。”主教告诉伊凡：“伊凡，好的，想试就去试吧。但如果我们的决定对你没有帮助，或者对其他人有害，你就要立刻放弃。”伊凡便买了新产品，开始敲敲打打，邻居、家人和主教则在旁密切观察。他们会权衡轻重得失。对社群有什么影响？对伊凡呢？阿米什人就是这么开始用手机的。根据传闻，最早取得许可使用手机的阿米什技术达人是两位神职人员，也是承包商。主教不太愿意给他们许可，最后双方各退一步：把手机留在驾驶的货车里。货车就算是移动电话亭。然后所有人都会监督承包商。这似乎行得通，之后其他爱尝新的人也开始用手机。不过，主教随时都可以否决，就算过了好几年也一样。

我参观了一家店，阿米什人出名的马车就从这里制造出来。从外面看，马车看起来很简单很古老。但细看过店里的制程，我发现这种车挺高科技，器械也复杂得令人称奇。马车的材料是轻量光纤，手工铸造，配备了不锈钢硬件和很棒的LED灯。老板的儿子戴维才十几岁，也在店里工作。他跟很多阿米什人一样，从小就在父母身边帮忙，极为老成。我问他觉得阿米什人该怎么看待手机。他不动声色地把手伸进工作裤口袋里，拿出他的手机，笑道："应该会接受吧。"然后戴维立刻补充，他在附近的消防队当义工，所以才有手机。（的确！）不过他老爸适时地插话进来，要是他们接受手机，"街上也不会铺设连到我们家里的电线"。

为了追求现代化却不受限于电网的目标，有些阿米什人在柴油引擎上装了连到电池上的变频器，没有电网也可提供110伏特的电力。一开始用在特殊的器具上，例如电动咖啡壶。我在某人客厅里的家庭办公室看到复印机。慢慢接纳现代的设备，缓步前行100年后，阿米什人的生活是否就跟我们现在一样（但到那时仍比我们落后）？他们会接纳汽车吗？如果全世界都开始用个人飞行器，旧派阿米什人还会继续驾驶老旧的内燃机破车吗？我问了18岁的阿米什人戴维，他期望未来能用什么科技产品。他早就有了青少年的答案，倒让我吃了一惊："如果主教允许教众抛下马车，我知道我要什么——黑色的福特8汽缸460。"那台车可带劲了，有500匹马力。有些门诺派团体允许教众驾驶汽车，只要是黑色的就好，不可以用银色或花哨的设计。所以你可以买一台黑色的改装车！戴维开马车店的父亲又适时地插话了："就算真的允许大家买车，还是有阿米什人会驾驶马车。"

戴维接着坦承："在我考虑要不要加入教会的时候，我想到如果以后有了小孩，是否要让他们无拘无束地长大。我想象不出来。"阿米什人常说"守住界限"。他们都知道界限一直变动，但一定要留着。

《无电生活》（*Living Without Electricity*）这本书描绘在美国人采用科技后过了多少年阿米什人才接纳这项科技。在我印象中，阿米什人的生活比我们落后50年。他们现在用的发明物有一半是最近100年发明的。并非每项新产物都会得到采用，但当他们真的愿意欣然接纳时，已经比其他人晚了半个世纪。到了那个时候，益处和成本都很清楚，科技变得更稳定，也很便宜。阿米什人用自己的步调从容地接纳科技。他们是进度缓慢的怪胎。一位阿米什男性说："我们不想停止进步，我们只想让进步慢下来。"但他们慢慢接纳的态度很有教育意义：

1. 有选择性。他们知道该怎么拒绝，也不怕拒绝新的事物。忽略的比采用的多。

2. 他们靠经验来评估新事物，而不是靠理论。他们会让领头的人在众人监督下率先采用新玩意，满足尝新的欲望。

3. 他们有选择的准则。科技必须强化家庭和社群，让他们远离外在的世界。

4. 个人无法选择，要靠众人决定。社群决定和坚持科技的方向。

这个方法对阿米什人有用，对其他人呢？我不知道。其他地方没有人试过。我们能从阿米什翻修家和抢先实验的人身上学到的就是你必须先试了再说。他们的格言是："先尝试，之后若有需要再放弃。"我们知道要先尝试，但我们不懂得放弃。要实现阿米什人的模式，我们必须先磨炼群体同心舍弃的方法，这很难，尤其我们处在一个多元化的社会中。群体舍弃要靠彼此支持。在阿米什社群外，我还没看到相关的证据，但要真的出现了，一定会有明显的征兆。

阿米什人管理科技的技巧已经很纯熟。但这样的纪律带给他们什么好处呢？努力之后是否真有更好的生活？我们看到他们放弃了哪些东西，但他们是否获得了我们也想要的东西？

前不久，一位阿米什人沿着雾气迷蒙的太平洋海岸骑自行车到我们家来，所以我有机会深入探讨上面的问题。我们家在红杉林里，他先爬了一段长长的上坡路后出现在我家门口，满身大汗，气喘如牛。几米外停着他那辆制作精巧的大行折叠自行车，他一路从火车站骑过来。他跟大多数阿米什人一样不搭飞机，所以他从宾夕法尼亚州开始三天的跨州火车旅途时，把自行车放在火车上。这不是他第一次来旧金山。以前他就曾骑自行车走过加州的完整海岸线，也真的靠着搭火车、骑车和乘船去过不少地方。

接下来的一个礼拜，我们的阿米什访客借宿在空着的卧房里，吃晚餐的时候尽情对我们诉说在驾驶马车的旧派平民社群里长大的故事。姑且称我们的朋友为莱昂。他是个很特别的阿米什人，可以说非常特别。我跟莱昂是网友。当然了，大家一定会想，怎么可能在网络上认识阿米什人？但莱昂读了我在网站上写过的有关阿米什人的文章，然后写信给我。他没念过高中（阿米什人念完八年级就结束正式教育），平民社群里念大学的人很少，他就是其中一个，也是已经成年的学生（他现在30多岁）。他想进医学系，或许有望成为第一名阿米什人的医生。之前有很多阿米什人去念大学或当了医生，但是那些人都已经离开了旧派教会。莱昂的特别之处在于，他是平民教会的成员，但也想品味生活在“外面”的世界是什么感觉。

阿米什人有项很值得注意的传统，叫作“奔忙”（rumspringa），青少年可以抛弃自制的制服（男孩的吊裤带和男帽，女孩的长洋装和女帽），穿上垮裤和迷你裙，买车、听音乐、开派对，几年后再决定要不要永远放弃这些现代的东西，加入旧派教会。亲身体验科技世界后，表示他们完全明白那个世界能提供什么，以及他们究竟让自己弃绝了什么。莱昂有点像进入了永久的奔忙期，不过他努力工作，不狂欢作乐。他的父亲开了一家机械加工厂（阿米什人常见的行业），所以莱昂是个工具高手。莱昂第一次来我家的那天下午，我正在厕所修理水管，他立刻接手把工作完成。他对五金行的零件知道得一清二楚，令我留下深刻的印象。我听过阿米什人虽然不会开车，但是修车技师碰到什么型号的车辆都懂得修理。

莱昂描述只有马车当作交通工具的童年时代是什么样子，他的学校只有一间教室，所有年级一起上课，他也告诉我们他学到了什么，同时脸上出现了强烈的渴望。离开了旧派生活后，他很想念那样的舒适自在。我们外人觉得没有电、中央空调或汽车的生活是严厉的处罚。但说来奇怪，和现代都会比起来，阿米什人的生活更加悠闲。根据莱昂的说法，他们总有时间打棒球、阅读、拜访邻居和培养嗜好。

观察过阿米什人后，有不少人评论他们非常勤勉。因此，布仁德从麻省理工学院的研究所辍学，放弃了工程学位，跟旧派阿米什／门诺派社群住在一起，想要明白这样的生活方式能给他多少空闲，让大家都很惊讶。布仁德不是阿米什人，他和妻子减少家中的装置，尽量过着阿米什人的平民生活，这些经过他都写入了著作《活得更好》（*Better Off*）。两年多来，布仁德慢慢接受他所谓的“简微”生活形态。简微主义者使用“达成某个目的所需要最少量的科技”。就跟他的旧派阿米什／门诺邻居一样，他使用最少量的科技：没有动力工具或电动设备。布仁德发现少了电子娱乐和长途开车通勤，不用花时间做只为了维护当前复杂科技的杂务，就有更多的休闲时间。事实上，亲手砍木柴、用马拖肥料、在灯泡的光线下洗碗，虽然带来限制，却让他有生以来第一次享受到真正的休闲时光。同时，亲手工作虽然艰苦费力，却带来满足和回报。他告诉我，除了有更多闲暇，他也更有成就感。

思想家贝瑞也是一名农夫，他用老式的方法驱马耕田，不用拖拉机，跟阿米什人很像。贝瑞和布仁德一样，大家都看到他的体力劳动和耕作成果，他也从中得到无比的满足。贝瑞也擅长舞文弄墨，要表达极简主义给人的“礼物”，谁的文采都比不上他。在他的文选《美地的礼物》（*The Gift of Good Land*）有个特别的故事捕捉了极简科技带给我们那种近乎着迷的满足感。

去年夏天，一个炎热潮湿到了极点的下午，我们把第二次采收的苜蓿装箱……一点风也没有。上货的时候，亮晃晃的湿热空气似乎把我们包围了。谷仓里的情况更糟糕，铁皮屋顶升高了温度，让空气密度更高，更静止。工作的时候，我们比平常安静多了，不想浪费气息闲聊。很痛苦，真的。触手可及的范围内也没有按钮。

但我们留在谷仓里，完成了工作，甚至满心欣慰，感觉不到未来的变化。工作完成后，我们找了一棵大榆树，坐在树荫里的石柱上，花了好长一段时间闲聊笑闹。那天好开心。

为什么很开心？按着“逻辑推测”，谁也想不出为什么。这个问题太复杂太深奥了，不能用逻辑解释。开心的一个原因是我们把工作做完了。那不是逻辑，但是很合理。另一个原因是干草的质量很棒，很容易挖起来。还有一个原因，我们感情很好，才会一起工作。

那汗流浃背的一天已经是六个月前的事情了。在酷寒的一月，某天傍晚我去马房喂马。天快黑了，雪下得很大。北风夹杂着雪花，从马房墙壁的空隙里挤进来。我在马厩里铺好干草，把玉米装在饲料槽里，爬到阁楼上，把固定分量的芬芳香草丢到马槽里。打开后门让马儿进来，它们陆续走到自己的马厩里，背上堆了白白的雪花。马房里充满了马儿进食的声音。该回家了。我要回家放松：谈话、晚餐、炉火、读物。我知道我养的动物都吃饱了，也觉得很舒服，它们觉得舒适，也让我更舒适了……走出去把门关上的时候，我觉得很满意。

我们的阿米什朋友莱昂提到了同样的消长感受：让人分心的事物变少，满足的程度就会提高。社群永远对他张开双臂，明眼人都看得到。想想看：有需要的时候邻居会帮你付医疗账单，几个星期内就无酬地帮你建好房子，更重要的是，你可以提供同样的回报。最少量的科技，没有保险或信用卡等事物带来的负担，让你不得不在日常生活中依赖邻居和朋友。教会成员帮忙付医院的账单，还会定期探望病人。因火灾或暴风雨而摧毁的谷仓大家会合力修复，而不是靠保险金。同伴为你提供财务、婚姻和行为的咨询服务。社群完全自力更生，不需要外援。我终于明白阿米什人的生活形态为什么对年轻人有强烈的吸引力，而且为什么到了今日，会在"奔忙"后离开的只有少数人。莱昂观察到，教会里有300多名跟他年龄相近的朋友，只有两三名放弃了这种科技上受到重重限制的生活，他们加入了稍微没那么严格的教会，同样不是主流。

但这样的紧密和依赖也有代价，就是选择有限。念完八年级就从学校毕业，男性的职业选择很少，女性只能当家庭主妇。对阿米什人和简微主义者来说，个人的成就感必须在农夫、商人或家庭主妇的传统界限内得到和发扬。不过，并非每个人生下来就能当好农夫。马匹、玉米、季节以及村民的密切审视，织出的节奏并非每个人都能完全适应。在阿米什人的体制中，数学天才或可能一整天都在谱写新曲的人要如何得到支持呢？

我问了莱昂，阿米什生活中有很多好处，比方说令人安心的互相协助、亲自动手带来工作的满足、可靠的社群架构，要是所有的小孩都念到十年级，而不是像现在只念到八年级，是否仍有可能让这些好处显露出来？先举一个例子就好了。当然了，你知道的，他说："荷尔蒙会在九年级启动，男孩就是不想坐在书桌前写作业，甚至有些女孩也一样。除了用头脑，他们也想动手做事情，很渴望让自己变得有用。那个年纪的孩子能自己动手，会学到更多。"算他有理。我十几岁的时候也希望自己能"派上实际用场”，而不是被关在沉闷乏味的学校教室里。

阿米什人对这个话题有点敏感，不过他们目前所执行的自给自足的生活形态却严重依赖围绕在阿米什小王国外、更广大的科技体。用来制作收割机的金属并非由他们挖掘，他们用的丙烷不是自己生产的，屋顶上的太阳能板不是自己制造的，衣服的布料不是自己种植纺织的，他们不会培养或训练他们的医生。另外很出名的是，他们不加入任何武装部队。（但为了补偿，阿米什人在外面的世界也是全球文明的义工。很少有人在当义工的频率、专门知识和热情方面能比得上阿米什人。他们搭乘巴士或船只到遥远的地方，为有需要的人建造房屋和校舍。）如果阿米什人必须自行生产全部的能源、种植纺织衣物的所有作物、挖掘所有的金属矿、砍伐和加工所有的木头，他们就完全不是阿米什人了，因为他们需要操作大型机器，需要工厂，需要其他没办法纳入自家后院的产业（这是他们用来决定某项工艺是否适合阿米什人的一条准则）。但如果没有人生产这个东西，他们就无法维护同样的生活形态，无法繁荣和发展。简言之，阿米什人要靠外面的世界来维护他们目前的生活方式。他们尽量减少采用的科技，这是他们的选择，但这个选择也是科技体给他们的。他们的生活仍在科技体内，不是在外面。

有好长一段时间，我一直想不明白——为什么像阿米什人一般的异议人士主要出现在北美洲（相关的门诺派在南美洲有几个卫星殖民地）。我费尽心思、花了很长的时间去寻找日本阿米什人、中国阿米什人、印度阿米什人，甚至信仰伊斯兰教的阿米什人，但是都没找到。我发现以色列有一些“极端正统”的犹太人拒绝使用计算机，同样也有一两个伊斯兰的小教派禁止看电视和上网，印度有些耆那教僧侣拒绝搭乘汽车或火车。就我所知，北美以外并没有现存的大型社群发展出避开科技的生活形态。那是因为没有科技化的环境，这种想法便显得很疯狂了。当你有一个退出的目标，选择退出才会有意义。最初的阿米什抗议分子（也就是清教徒）跟邻近的欧洲农夫没什么两样。在教会残酷的压迫下，阿米什人不采纳新科技，远离“入世”的主流。压迫停止后，今日的阿米什人和美国社会令人咋舌的科技层面形成对比。普通民众的生活就是个人的重新发现和进步，不断向前冲刺，而他们另类的生活方式完全相反，却能欣欣向荣。在中国或印度，阿米什人的生活状态跟当地的普通农民一样，因此不用单独描述。只因为有了现代的科技体，才能优雅地抗拒科技。

科技体在北美洲出现过剩，也刺激其他人退出社会主流。20世纪60年代晚期到70年代早期，成千上万自认为是嬉皮士的人们蜂拥进入小农场或临时小区里，过着跟阿米什人类似的生活。我也曾参与其中。贝瑞和其他思绪清楚的导师变成了我们的偶像。我们在美国乡间做了一些小小的实验，唾弃现代世界的科技（因为科技似乎摧毁了个人主义），想要重新建造出“新世界”，自己动手挖井、磨自己要吃的面粉、养蜜蜂、用阳光晒干的泥土造房屋，甚至连风车和水力发电机偶尔也能运转。有些人也信教了。我们的发现就跟阿米什人知道的一样，在社群中才能力求简朴，科技不是答案，但某些科技可以帮我们解决问题，我们称之为“适切科技”的低科技解决方案似乎最有效。穿着象征嬉皮士的扎染衣物，精心选择适切科技，在短短的时间内体会到深刻的满足。

不过那段时间真的很短。我曾做过《全球概览》杂志的编辑，它的目标读者是数百万名进行简单科技实验的人。每一页都有满满的信息，告诉读者如何自己建造鸡舍、自己种菜、自己做奶酪、自己在家教育小孩，以及用一捆捆麦秆造成房屋后在家工作。因此，我有亲身体验的机会，一开始对有限的科技充满热情，最后却必然因为不安定、不自在而放弃。嬉皮士们慢慢地离开他们刻意建造的低科技世界。一个接一个放弃了圆顶屋，住进郊区的车库或阁楼，在那儿许多人把他们“小而美”的技能转换成“小规模创业”的企业家身份，让我们这群人非常惊讶。20世纪70年代，许多“反文化分子”离开学校，《连线》世代和长发族计算机文化（比方说适用开放源代码的Linux）便由此发源。《全球概览》的创立人布兰德也是位嬉皮士，他回忆说：“‘自己动手做’立刻就变成‘自己动手创业’。”在我认识的人中，有不少离开了群体，最后在硅谷开创高科技公司。“昔日赤脚人，今夕大富翁”都快变成陈腔滥调了，史蒂夫·乔布斯就是一个例子。

上一代的嬉皮士们并未保留类似阿米什人的生活模式，因为虽然在社群中的工作带来满足，也很吸引人，但更多的选择发出魅惑的呼唤，更有吸引力。嬉皮士们离开农场的理由跟年轻人一定要离开农场的理由一样：科技带来更多的可能性，日夜向他们招手。回顾从前，我们或许可以说嬉皮士们离开的理由就跟梭罗离开瓦尔登湖的原因一样，来和去，都为了充分体验生活。自愿过着简朴的生活，是一种可能性，一个一生至少应该尝试一次的选择。选择贫穷和极简主义是一种很棒的生活方式，我非常推荐，尤其因为你能从中得到帮助，分析出自己最需要什么样的科技。但我也观察到，要发挥简朴全然的潜能，你必须把极简主义当成很多阶段中的一个（这个阶段有可能会重来，就跟冥想时刻或安息日一样）。过去十年以来，新一代的简微主义者出现，现在他们在都会中找到家园，在都市里过着少花钱的生活，和志趣相投、同样定居在都市里的人组成特别的社群，彼此支持。他们想要两者兼备，像阿米什人一样地满足于热情的互助和亲力亲为，同时享受都市里多如雪片般飞来的选择。

由于我个人体验过从低科技到高科技的选择，我很钦佩莱昂、贝瑞、布仁德等人，以及旧派平民社群。我相信，阿米什人和简微主义者与我们这些步调快速、热爱科技的都市人比起来，活得更加心满意足。刻意地约束科技后，面对不断变动的可能性，他们将其好好发挥，让闲暇、自在和踏实凑成迷人的组合，而且他们也找到了最恰当的利用方法。老实说，当世界创造的新选择从科技体不断爆发出来，我们发现要感到满足变得难上加难。如果不知道要满足什么，怎么能得到满足呢？

所以，把每个人都往这个方向赶，不就好了？为什么大家不干脆放弃更多的选择，变成阿米什人？毕竟，贝瑞和阿米什人觉得我们那好几百万个选择不切实际，也没有意义，说是选择，实际上却是圈套。

我相信，在科技的生活形态中，全然的满足和众多选择这两条截然不同的道路，所表现出的是大相径庭的人性观念。

只有相信人性不会改变，才有可能达到全然的满足。需求不断变动，就无法真正满足需求。极简工艺家坚持人性不会改变。要是提到进化，他们就会宣称在平原上存活了数百万年后，人类的社会本质已经定型，很难因为新的小玩意儿而得到充分的满足。相反地，我们灵魂渴望永恒的商品。

如果人类本质确实不会改变，就有可能得到最高的科技解答，奠定人性的基础。举个例子，贝瑞相信牢固的铸铁手摇抽水机比用扁担挑水好多了。他还说，养马耕田比人力拉犁好，在他之前很多古代的农夫都用人力犁田。贝瑞用马耕作，但是他认为除了手摇抽水机和用马耕作，其他的创新产品都会破坏人性及自然系统的完满。20世纪40年代，拖拉机问世时，“工作的速度会增快，质量却不一定”，他写道：

> 用国际高速齿轮出品的九号收割机来举个例子。这台收割机用马拖拉，当然比之前的工具更强，比方说镰刀或同一家公司出过的机器……我有一台收割机。有天我在牧草田里用收割机，同时邻居

> 正驾着拖拉机在收割。我从刚割过的牧草田走到用拖拉机走过的田里，我可以毫不迟疑地说，虽然拖拉机速度比较快，效果却不一定好。对其他工具来说，我觉得同样的道理大体上也适用：犁、耕耘机、耙、谷物条播机、播种机、施肥机……拖拉机出现后，农民的效率大增，但不一定更好。

贝瑞认为科技的高峰出现在20世纪40年代，那时，所有的农具发展到了极限。在他眼中，小小的家庭农场种满了各种农作物，农民在田地中耕作出当饲料的粗粮，给家里的牲口吃了以后产生肥料（种植更多农作物的动力和食物），构成精巧的循环，便是人类健康和满足、人类社会及环境达到的最完美的模式，阿米什人也有同样的想法。庸庸碌碌了几千年，人类找到了方法，让工作和休闲臻于完美。但是，现在额外的选择不断出现，超越了这个高峰，一切也跟着恶化了。

当然，我说的不一定对，但要相信在长长的人类历史（我认为除了过去1万年，还有接下来的1万年）中，发明和满足的巅峰就出现在1940年，似乎有点愚蠢，不然就是自负和傲慢到了极点。1940年，贝瑞还是个小孩子，住在养了马儿的农场上，这绝对不是巧合。看来贝瑞也信奉凯伊对科技的定义。聪颖博学的凯伊曾任职雅达利、施乐、苹果计算机和迪士尼等公司，他所提出的科技定义是我听过最棒的。凯伊说："科技，就是你出生后所发明的东西。"1940年不可能是科技完美到带给人类满足的尽头，因为人类的本质尚未走到终点。

我们驯化人性，就跟驯服马匹一样。人类的本质就像5万年前种下的农作物一样充满可塑性，到了今日仍是种植的对象。人类本质的范畴从来不是静态。我们知道，从遗传学的角度来说，人体的变化日渐加速，已经超越了过去百万年来的速度。文化改变了大脑的接线。我们跟1万年前开始耕作的那些人已经不一样了，不是夸张，也不是打比方。马和马车、用木柴生火煮饭、堆肥发酵和极简工业紧密地相互联结，这样的活动或许非常适合人类的本质，我指很久以前的农业时代。但是，完全投入传统的生活方式，就会让我们忽略了人类的本质（我们的需要、欲望、恐惧、原始本能和最崇高的抱负）已经被我们和我们发明的东西塑造出新的形状。新的本质有什么需要，也不在我们关切的范围内。我们需要新的工作，就某种程度而言，是因为在内心深处我们是全新的人。

实质上的我们跟祖先已经不一样了，思考模式也不一样。经过教育，有文化修养的大脑运作方式也改变了。前人与当代人士累积下来的智慧、做法、传统和文化改变了我们，这是我们和打猎采集的祖先不一样的地方。生活中充斥着无所不在的信息、科学，四处蔓延的娱乐、旅行，过剩的食物、营养，每天都出现的新的机会。同时，我们的基因正在拼命往前冲，要追上文化的速度。我们提高基因加速度的方法有好几种，例如基因治疗等医学干预方法。事实上，科技体所有的趋势，尤其是日渐成长的进化能力，都指向未来人类本质愈加快速的变化。

很奇怪，在否认人类不断变化的传统主义者中，也有很多人坚持人类最好不要变化。

在高中时代，我希望是个阿米什男孩，用手做东西，远离教室，知道自己是谁。但在高中读的书籍启发了我的心智，看到更多念小学的时候不可能想象得到的可能性。念高中的时候我的世界扩展了，而且从未停止扩展。在不断扩展的可能性中，最重要的就是体验人生的新方式。社会学家戴维·里斯曼在1950年的著作中观察到："科技越进步，整体来说，就越有可能有相当多的人能想象自己是另外一个人。"我们扩展科技，是为了明白我们是谁，还有我们能变成谁。

我对阿米什人、贝瑞、布仁德和其他简微主义者都有足够的认识，所以我知道他们相信我们不需要爆发的科技来扩展自己。毕竟他们是极简主义者。阿米什人规定人类本质不变，并因此得到无比的满足。这种人性满足很真实，发自内心深处，会不断更新，充满吸引力，以至于阿米什人每增加一代，数目也跟着加倍。但我相信阿米什人和简微主义者用真相换来满足。他们尚未发现他们能变成什么样的人，而且也没有这种能力。

这是他们的选择，就现状而言没有问题。因为他们做出这个选择，我们应该赞扬他们的成果。

或许我不会上推特、不看电视、不用笔记本电脑，但其他使用者的影响的确为我带来好处。如此一来我跟阿米什人的差别也不大了，阿米什人周围充分利用电力、电话和汽车的外人也为他们带来好处。但是，跟选择拒绝某项科技的人不一样，阿米什社会在自我约束的同时也间接限制了其他人。如果我们全都试着用阿米什人的方式生活——要是所有人都这样，那会怎么样？选择的完美程度就会崩溃。限制可能的职业选择，降低教育程度，阿米什人除了局限了孩子的机会，也间接地阻碍了其他人的机会。

假设今天你已成为一名网络工程师，那是因为你周围和更早之前已经有成千上万的人先扩展了这个机会领域。他们离开农场和家里开的商店，发明了复杂的电子装置生态，需要新的专业知识和新的思考方式。如果你是一位会计师，过去已有无数的创意人士为你发明了会计的逻辑和工具。如果你一位是科学家，你的仪器和研究领域已经由别人创造出来。如果你是一位摄影师、极限运动员、烘焙师、汽车修理工或护士，借由其他人的贡献，你的潜能才有机会发展。在别人扩展自己时，你也得到扩展。

跟阿米什人和简微主义者不一样，每年进入都市的数千万新移民会发明工具，为他人释放选择。如果他们做不到，这项工作就落在他们的孩子身上。我们的使命不只是在科技体中发现完整的自我，找到全然的满足，也要为其他人扩展可能性。更伟大的科技无私地解开束缚，让我们一展天分，也会无私地释放其他人：我们的下一代，以及后代的子子孙孙。

那就是说，在你欣然接纳新科技的时候，你也间接贡献给阿米什人的下一代和实践简微主义的农民，虽然他们对你的贡献并没有这么多。你采用的东西大多会被他们忽略。但总有可能你采用了“功能还不十分完全的东西”（希利斯对科技的定义）后，“那些东西”会进化成适当的工具，他们也能采用。或许是太阳能谷物干燥机，或许是治疗癌症的方法。发现、发明和扩展可能性的人都会间接扩展其他人的机会。

但是，阿米什人和简微主义者带给我们很重要的启示，教我们如何筛选要采纳的科技。我跟他们一样，我不想要一大堆科技装置，徒然在生活中增加维修工作，却并不会带来真正的益处。如果要花时间去熟悉一样东西的话，我一定要精挑细选。如果某些东西的成效不彰，我希望我能安然退出。我不想要损害他人权益的东西（例如致命的武器）。我真的只要最少量的科技就够了，因为我发现我的时间和注意力都有限。

阿米什人使我受教良多，因为通过他们的生活，我现在能清楚看见科技体的困境：想要得到最高程度的满足，我们就要在生活中追寻最低程度的科技。但是要尽量满足其他人，我们就必须在这个世界上利用科技。的确，如果其他人创造出足够的选择，在这最大的集合中我们就可以选择，找到自己需要的最少量的工具。而留下的难题则是我们如何从个人的角度尽量减少身旁的东西，同时从全球的角度进行扩展。

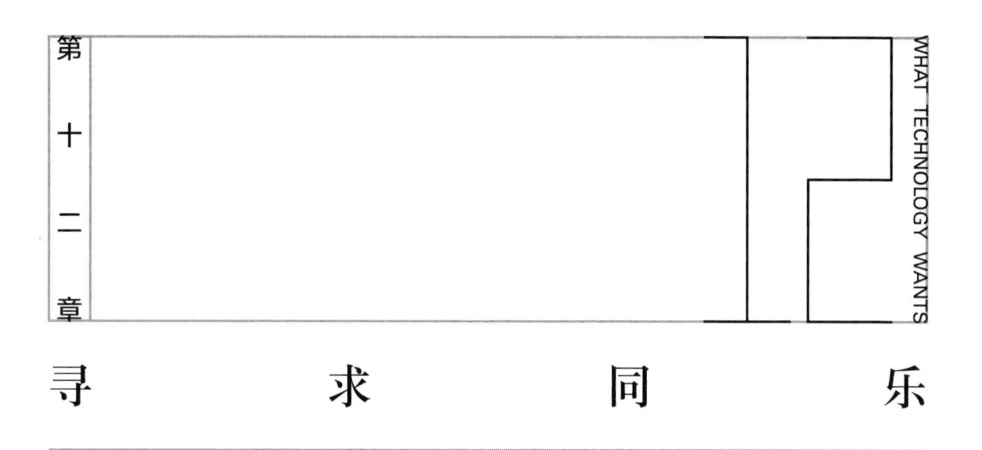

寻求同乐

“那么，整个问题一言以蔽之：人脑能否掌握人脑创造出来的东西？”根据法国诗人与哲学家保罗 · 瓦雷利的想法，这就是科技体的难题。我们的创造力如此广大又如此灵巧，它是否压倒了我们加以控制或引导的能力？数千年来的动力推着科技体往前冲，在操控进步的方向时，我们有什么选择吗？在科技体的规则中，我们真有自由吗？有没有操纵的手段？

我们有很多选择。但这些选择变得复杂了，也不再显而易见。科技的复杂度增加，同时科技体也需要更复杂的响应。举例来说，可供选择的科技数目远超过我们将之全部派上用场的能力，因此到了现在，那些我们不用的科技反而界定了人的特色，而不是我们使用的科技。按照同样的道理，好像素食者比杂食者更有个性，选择不开车或不上网的人表达出来的科技立场比一般消费者更为强烈。虽然我们没发现，但从全球规模来看，我们选择放弃的科技仍超过我们选择采用的。

不被人采纳的科技通常呈现不合乎逻辑、没有意义的模式。一开始看到阿米什人对科技的抗拒，你可能也会觉得同样古怪荒谬。他们可能会用四匹马拉动吵闹的柴油引擎收割机，因为他们抗拒机动车辆。外人认为那样的行为组合很虚伪，但我知道有位出名的科幻小说作家，他会上网但从不写电子邮件，我觉得那更虚伪。对他而言，这是个简单的选择；他从某项科技得到他想要的，但另一项就算了。问到朋友的科技选择，我发现有人会写电子邮件，但不会传真；有人会传真，但没有电话；有人有电话，但没有电视；有人有电视，但拒绝使用微波炉；有人有微波炉，但没有烘干机；有人有烘干机，却不肯装空调；有人离不开空调，可是不肯买汽车；有人爱汽车成痴，却没有CD音响（只有黑胶唱片）；有人买了CD，但拒绝使用卫星定位导航；有人非常依赖卫星定位导航，却没有信用卡；类似的例子说也说不完。局外人会觉得每个人"节制"的方法都很有特色，也有可能认为有点虚假，但他们的做法跟阿米什人的选择达成了同样的目的，也就是把琳琅满目的科技塑造成符合个人意向的样子。

阿米什人从群体的观点来选择或拒绝科技，但在世俗的现代文化中却正好相反，尤其在西方，科技的选择是从个人的角度出发，自己的决定。要是周围的人都一起抗拒广为流传的科技，比较容易保持纪律，但如果他们跟你意见不同，就比较难了。阿米什人能成功，大多是因为整个社群坚定地支持（几乎是社会的强制力）非正统的科技生活形态。事实上，这合而为一的感受非常重要，因此阿米什家族不会迁移到没有阿米什人的地方去开拓新的土地，除非有足够的家族成员加入，能组成自给自足的社群。

在现代多元化的社会里，集体选择能发挥更大的功效吗？整个国家，甚至整个星球，能否成功地集体选择某些科技，同时拒绝其他的科技呢？

过去几百年来，有许多科技被社会视为会带来危险、扰乱经济、不道德、轻率，要么就是太渺茫，对民众没有好处。察觉祸害后要加以补救，通常就会出现禁令。引起问题的创新产品或许会被课征重税、立法限制用途、只能在偏远地区使用，或干脆完全禁止。历史上曾经被大规模禁止的发明包括十字弓、枪支、采矿、核弹、电力、汽车、大型帆船、浴缸、输血、疫苗、复印机、电视、计算机和互联网。

然而，历史的经验告诉我们，要整个社会抗拒科技，其实很难持久。最近，我找出过去1000年来所有大规模禁止科技的案例，并仔细阅读。我心目中的“大规模禁止”等于官方下令，文化、宗教团体或国家不得采用某种科技产品，而不是个人或某个地方层级的决定。被忽略的科技不在我讨论的范围内，我只算那些刻意遭到撤除的。大约有40个案例符合标准。1000年来只有40个也不算多，但事实上要列出1000年来只发生了40次的其他事件也不容易！

大规模禁止科技的案例很少见。要强制执行很难。我研究之后发现，大多数案例持续的时间通常跟接纳科技后又加以废弃的一般循环差不多长。有几项禁令延续了数百年，在那个年代科技也要用好几百年的时间才会出现变化。在幕府时代的日本，有300年的时间禁止用枪，中国明朝时期禁止勘探船的时间长达300年，意大利禁止纺丝也有200年的时间。历史上还有少数几项案例延续一样长的时间。法国抄写员公会成功地延后印刷术进入巴黎的时间，但只延了20年。科技的生命周期加快速度后，发明物大受欢迎的时间可能只剩下短短几年，对科技的禁令自然也跟着缩短。

图12-1描绘出禁令持续的时间和禁令开始的年份，只包括已经结束的禁令。在科技生命周期加速时，禁令也变得越来越短。

禁令或许无法持久，但在执行期间是否有效，却是一个更难回答的问题。很多早期的禁令涉及经济上的考虑。法国禁止生产机器织造的棉布，跟英国在卢德分子造反时农村织布工禁用宽版织袜机的原因一样，因为农民的收入会受到冲击。经济禁令可以在短期内达成目标，但通常之后会促使大众接受这项科技。

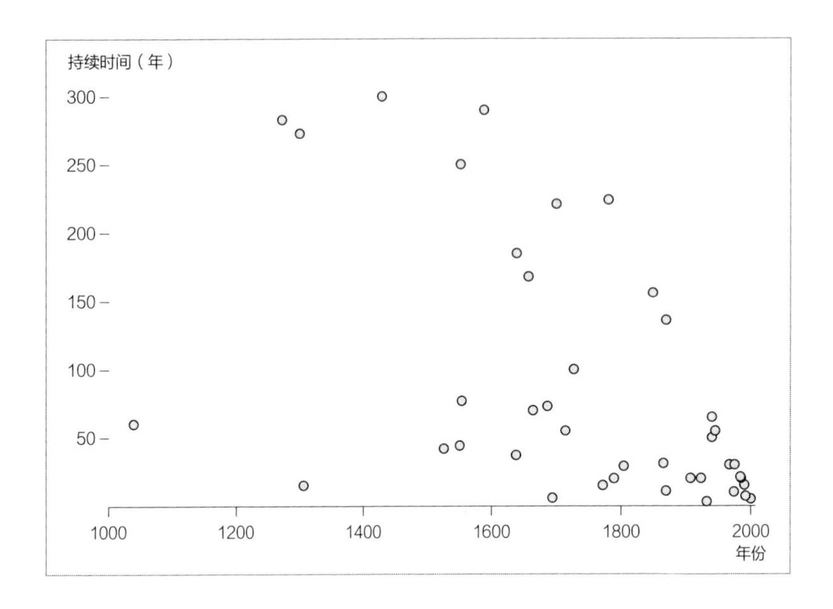

图12-1 禁令持续的时间。纵轴为历史上关于科技的禁令持续的时间（以年计），横轴为禁令开始的年份。随着时间的推移，禁令持续的时间在不断缩短。

也有禁令是为了安全。古希腊人最早开始用十字弓，称之为“肚皮射手”，因为上膛时要用肚子当撬动的支点。跟用紫杉木制作的传统长弓相比，加了弹簧的十字弓威力更强，更容易致命。十字弓就等于今日的AK-87突击步枪。1139年，教宗英诺森二世在罗马天主教第二次拉特朗大公会议上下令禁止使用十字弓，就跟现在大多数国家都立法禁止市民拥有火箭筒一样；这两种武器都能快速造成多人伤亡，要用来保护家园或打猎，都太过暴力，没有必要。虽然适合战争，却不适合和平。十字弓历史学家戴维·巴克拉区指出：“十字弓的禁令完全没有发挥效用。在中世纪中期，十字弓一直都是主要的手持投射武器，防御要塞和船只时最常用到。”十字弓被禁50年，可是没有什么用，就像现在突击步枪虽然违法，却禁止不了黑社会成员持有。

若展望全球的科技，禁令似乎都非常短暂。某样东西可能在某个地方被禁止，却在另一个地方大受欢迎。1299年，佛罗伦萨的官员禁止银行从业者在账目上使用阿拉伯数字，但意大利其他地方的人却踊跃采纳。在全球市场上，每样东西都找得到自己的位置。在某个地方禁止的科技可能会溜到其他地方，在那儿凝聚力量。

转基因食品总让人联想到不合法，确实有些国家禁止此类食品，但全球用来种植转基因作物的土地面积每年会增加9%。虽然某些国家禁止建造核电厂，但全球核电厂产生的电力每年会增加2%。唯一看到全球各国一致放弃的是核武器，其储备量减少了，在1986年的高峰期有6.5万个单位，现在则留下两万个。同时，能够制造核武器的国家却在增多。

在联系紧密的世界里，科技继承的脚步加快了，持续的升级取代了旧有的版本，却让大多数用意良好的禁令无法维持下去。事实上，禁令只能把时间往后延。有些人，比方说阿米什人，觉得往后延很好。有些人则希望在延缓的时间内，能发现更值得拥有的替代科技。确实有可能。但是一味禁止就是无法消除可能造成破坏或不道德的科技。科技可以延后，但无法被遏止。

到处都能看到禁令，却很少有效，很有可能是因为当新发明刚出现时，我们一般都不了解有什么用。每个新想法都充满不确定性。不论原创者多么确定他的新想法会改变世界，终结战争，能够赶走贫穷，为大众带来喜乐，事实上，没有人知道新发明有什么效用。就连短期内所扮演的角色也不明确。历史上有很多例子，发明家对自己的发明也有错误的期待。爱迪生相信他的留声机主要会用来记录人死前的遗言。早期的赞助人相信，要对乡间的农民布道，收音机就是最理想的装置。在临床测试时，伟哥还只是治疗心脏病的药物。互联网最初发明的目的是在发生战争时提供沟通的渠道。伟大的想法总会出现，但最后能达成的很少。所以我们几乎不可能在某项科技“实现”前就能推断出会带来什么伤害。

你小时候是否知道长大以后要做什么？很少人知道，而科技也一样。发明出来的东西在一开始要有很多人采用，和其他发明不断碰撞抵触，才能定义自身在科技体中的角色。萌芽中的科技跟人一样，做第一份工作通常会失败，之后才能找到比较好的营生。原始的角色从一开始到后来都能保持不变，这样的科技少之又少。比较常见的情况是，发明家到处兜售新发明的产物，预期能有某种用途（而且可以赚钱！），但马上就证明他们错了，然后再宣传这些东西有其他用途（利润比较低），少数几个说法可能奏效，最后在现实的带领下，这项科技被赋予预料之外、盈利不高的用途。有时候那盈利不高的用途反而开花结果，变成破坏性特别强的案例，倒成了规范。成功的结果出现时，之前的失败就为人遗忘了。

爱迪生造出第一台留声机后过了一年，还没想出来他的发明该怎么用。跟其他人比起来，爱迪生最懂自己的发明，但他的推测却有很多不同的方向。他认为他的想法或许能衍生出听写机或有声书，或者报时时钟、八音盒、拼字课程、记录临终遗言的装置、录音机。爱迪生列出了留声机可能有哪些用途，最后又加上了一条：播放录好的音乐，感觉是后来才想到的。

激光研发之时，本来要用来击落飞弹，但进入量产后，主要拿来读取条形码和电影光盘。房间大小的计算机里面放了真空电子管，原本要用晶体管取代，但现在的晶体管也装进了照相机、电话和通信设备中。手机一开始……嗯，就是移动电话，问世后的几十年来也一直发挥电话的用途。但手机科技成熟后，就变成了平板电脑、电子书和影音播放机的运行平台。一直转换职业跑道，变成了科技的基准。

世界上存在的想法和科技数目日渐增多，也更有可能在引进新科技时看到科技的结合及后续的升级。在科技体中，每年都有数百万个新想法出现，要在其中预测结果，是很棘手的数学难题。

由于我们一看到新东西就会想到这个东西如何能改善旧有的工作，所以更难预测其他的用途。这就是为什么汽车一出现的时候被称为“无马座车”。最早的电影只是把剧场里的表演一成不变地记录下来。过了一段时间，大家才明白电影摄制这种新媒体有多么重要，能够达成新的目标、揭露新的观点、成就新的工作。我们也陷在同样的盲目中。我们把今日的电子书想成出现在电子纸上的一般书籍，而不是充满活力的数字化形式，置入全世界共享的图书馆。我们认为基因测试跟验血一样，一辈子验一次，得到不变的数字，但是基因定序或许会变成每小时需要进行一次，因为我们的基因不断突变、替换、与环境互动。

大多数新事物都很难预料未来会变成什么样。发明火药的中国人很有可能根本没想到以后会有枪支。威廉·斯特金发现了电磁铁，却未预见电动马达。菲洛·法恩斯沃思并没有想象到电视文化会从他的阴极射线管爆发出来。20世纪开始时的广告想说服犹豫不决的消费者购买最新式的电话，强调电话可以传送信息，比方说邀请、订购商品或确认商品已经安全抵达。广告商把电话当成更方便的电报，竭力推销，却没有人建议消费者用电话跟别人通话。

高速公路、免下车餐厅、安全带、导航工具和超级节油的数字仪表板组成了基础，今日的汽车深陷其中，已经和百年前福特的“T型车”大不一样了。大多数的差异出自后续的发明，而不是历久弥新的“永动机”。同样，今日的阿司匹林也不是以前的阿司匹林。考虑到人体内其他的药物、人类的寿命变长和爱吞药丸的习惯（每天一颗！）、便宜程度等，现在的阿司匹林跟从柳树皮精华衍生的民间用药，或拜耳在100年前首次推出的合成产品不一样，虽然里面都用上了同样的化学物：乙酰水杨酸。科技成功了，也会出现变化。派上用场的同时，制造的方法也变了。在传播的同时，也让第二级第三级的结果浮现出来。变得越来越普遍的时候，科技几乎一定会带来之前无法预料的效果。

一开始很伟大的科技想法最后几乎都烟消云散。不幸的少数变成严重的问题，虽然也可能惊天动地，但绝对不符合发明家当初的目的。孕妇服用沙利窦迈这种镇静剂后，或许能助她们安眠，但对未出生的胎儿却是梦魇。内燃机让人类自由行动，却破坏呼吸系统。制冷剂是很便宜的冷却剂，但会破坏地球的大气层，使之无法过滤紫外线。在某些案例中，这种效果的转变只是未预料到的副作用，在很多案例中却会改变事件的走向。

用公正的态度检验科技，每种科技都有好有坏。没有一种科技完美无缺，也没有一种科技完全中立。科技造成的结果会跟着科技造成的破坏一起扩展。强大的科技在好坏两个方向都有强劲的力量。具有强大积极力量的科技在另一个方向一定也有强大的破坏力，同样地，再好的想法也有可能反常到了极点，带来严重的祸害。毕竟，连最美好的人脑都能想到残忍的念头。当然，发明或想法除非遭到严重的滥用，实际上不算什么。跟科技有关的期望应该一开始就要遵守这条定律：新科技的承诺越重大，能造成伤害的潜力也越强。互联网搜索引擎、超文本和网络等受人喜爱的新科技也是如此。这些强大到无与伦比的发明释放了自文艺复兴时代以来首见的创造力，但当发明遭到滥用（并不是万一遭到滥用）时，能够追踪和预料个人行为的能力就变得很可怕。如果新科技可能带来前所未见的益处，也有可能带来前所未见的问题。

要补救这个难题，最显而易见的做法就是，期望最坏的情况发生。这个做法源自大众用来对待新科技的方法，叫作“预防原则”。

1992年地球高峰会议拟定里约宣言时，首度提出预防原则。最早的版本建议："缺乏全然的科学确定性不应该被当成理由来延后符合成本效益、防止环境恶化的措施。"换句话说，即使无法用科学方法证实伤害的确会发生，这种不确定性仍不应该妨碍人们去阻止可能造成的伤害。从1992年以来，这项预防原则修改过很多次，有了不少版本，禁止范围越来越广。最近的版本陈述："可能造成严重损害且可能性不确定的活动应当被禁止，除非提倡人能证明活动不会带来可观的损害。"

另一个版本的预防原则应用于欧盟的法规（包含在《马斯特里赫条约》中），并且也出现在《联合国气候变化框架公约》内。美国的环境保护局和《清洁空气法》所仰赖的是制定污染控制等级的方法。预防原则也写入了波特兰、俄勒冈和旧金山等城市的市政法规。对生物伦理学家和批评社会快速采纳新科技的人来说，这个标准也是他们的最爱。

预防原则所有的版本都绕着同样的原理：科技必须先证明无害，才能广为适用。在其传播前必须先证明非常安全，如果无法证明科技的安全性，就应该加以禁止、缩减、修改、忽略或抛弃。也就是说，看到新的想法，第一个反应应该是不为所动，直到能证明这个想法很安全。创新的事物出现时，我们应该先停下脚步，只有用科学确认新科技没问题以后，我们才应该运用到生活上。

表面上看，这个方法很合理，也很审慎。一定要预料有什么伤害，预先采取行动。可惜的是，预防原则是很好的理论，实用性却不足。哲学家兼顾问迈克斯·摩尔说："预防原则有一个很好、极好的优点，就是停止了科技的进步。"卡斯·R·桑思坦为了揭穿预防原则而写了一本书，他说："我们必须挑战预防原则，并不是因为它的方向对人有害，而是因为反复研读后，根本看不到这个原则有什么方向。"

所有的益处都会在某处造成祸害，因此按照专制的预防原则严格的逻辑，所有的科技都应该被禁止。就连最开明的版本也不允许新科技及时派上用场。不论理论为何，从实用的角度来说，不管风险发生的可能性有多低，我们就是无法对付所有的风险，而想要对付所有不可能的风险，更妨碍了或许能出现的益处。

举例来说，全世界有3.5～5亿人可能染上疟疾，每年有110万人因此死亡（2008年世界卫生组织数据）。侥幸存活的人却变得衰弱，无法脱离贫穷。但20世纪50年代，在室内喷洒DDT这种杀虫剂后，疟疾患者减少了70%。DDT的杀虫成效太好，农民在棉花田里喷了好几万吨的DDT，杀虫剂分子的副产品得以进入水循环，最后进入动物的脂肪细胞。生物学家认为DDT造成某些猛禽的生育率降低，喷洒区附近的鱼类和水中生物也因此相继死去。1972年，美国政府禁止DDT的使用和制造，其他国家也跟着禁止。但是，不喷洒DDT后，亚洲和非洲的疟疾病例又开始提高到20世纪50年代之前的程度。世界银行和其他援助机构拒绝提供资金，不肯资助疟疾横行的非洲重新引进DDT来喷洒屋舍。1991年，91个国家和欧盟签订了协议，同意分阶段完全淘汰DDT。他们认为：DDT可能有害，小心总比后悔好。事实上我们尚未证实DDT对人类有害，也尚未测量出在家中喷洒微量DDT会对环境有什么损害。虽然DDT的益处已经证实，但无人能证明DDT无害。

说到规避风险，我们没办法保持理性。我们会选择要全力对付的风险。我们可能会把焦点放在乘坐飞机旅行的风险上，却没想到驾驶汽车的危险。牙齿照X光的微小风险或许会引起我们的关注，但我们忽略了风险更高的蛀牙。我们或许担心接种疫苗有风险，却忽略了传染病。杀虫剂的风险或许一直困扰我们，但有机食品的风险却被忽略了。

心理学家发现了不少关于风险的道理。我们现在知道，如果出于自愿而不是强制，人类可以接受的科技或环境风险可以高出1000倍。你没法选择自来水来自何处，所以你对自来水的安全性容忍度比较低，但比较能容忍自己选购手机的安全性。如果我们已经知道某项科技有哪些益处，对相关风险的接受度也会成正比——收益越高，越值得冒险。最后，我们知道，若能很轻易地想到最糟糕的情况和最好的情况，会直接影响我们对风险的接受程度。而教育、广告、谣言和想象力会决定你能想到什么。如果很容易就能想到例子，在最糟糕的情况中风险真的发生了，那就是公众认为“值得注意”的风险。如果可能会造成死亡，就“很值得注意”。

莱特兄弟里的弟弟写信给他的发明家朋友福特，叙述他从一位住在亚洲某国的传教士那边听到的故事。莱特会告诉福特这个故事，跟我会写在这里的原因一样：这是一个有关投机性风险的警世故事。传教士看到该地的农民收割谷物的方法十分费力，想要帮忙改善。当地的农民手里拿着小剪刀剪断稻秆。传教士便从美国运来长柄大镰刀，展现更优秀的生产力，让民众看得目瞪口呆。“但是，第二天早上，村民代表来找传教士，要求立刻摧毁镰刀。他们说，要是镰刀落入盗贼手中怎么办？他们一个晚上就能割下整片田里的作物，然后全部偷走。”因此，他们放弃了镰刀，停止进步，因为不用的人虽然完全没有实据，却能想到镰刀对他们的群体可能带来什么损害。（今日为了“国家安全”而建立的战区，破坏力非常强，便建立在类似的最坏情况上，但这最坏的情况不太可能发生。）

努力做到“小心总比后悔好”，预防原则便失去了意义，其最想要放大的只有一个价值：安全。安全赢了创新。最安全的做法就是，让有成效的东西变得完美，绝对不要去尝试可能会失败的东西，因为失败基本上就不安全。创新的医学程序或许不像已经证实的标准那么安全。创新不等于审慎。但由于预防原则仅赋特权以安全，除了削弱其他的价值观，实际上也降低了安全性。

科技体中的严重意外通常一开始时并不会像机翼脱落或大规模的水管出问题。近代很严重的一次航海意外起因是，船员把厨房里的咖啡壶烧坏了。某区的电网关闭，并非因为电塔倒塌，而可能是不重要的帮浦垫片破掉了。在网络空间里，网页订购单上很少见的、微不足道的缺限（Bug）就可能会让整个网站崩溃。在以上的案例中，微小的缺限会引发或结合系统中其他未预见的结果，结果或许也不怎么严重。但是由于每个部件都紧密地互相依赖，小故障若正好按不太可能发生的顺序出现，便跟滚雪球一样，最后变得不可收拾，扩展到灾难般的规模。社会学家查尔斯·佩罗称之为“正常的意外”，因为它们“自然地”从大型系统的动态中浮现出来。系统才是“罪魁祸首”，不能怪操作的人。佩罗详尽研究过50次大规模科技意外（比方说三里岛核泄漏事故、印度博帕尔毒气泄漏事件、阿波罗13号任务失败、爱克森瓦拉迪兹号油轮漏油事件、“千年虫问题”等）的每一分每一秒，他得出结论：“我们产生的设计复杂到无法预料必然会失败的情况有哪些可能的互动，我们加入安全装置，却被系统中隐藏的路径蒙蔽、撤销或打败了。”事实上，佩罗的结论是，安全装置和安全程序本身就常创造出新的意外。安全组件更有可能引发安全问题。比方说，在机场增加安全人员，可能会让能进入重要区域的人数变多，反而降低了安全性。多余的系统一般用于安全备份，却很容易产生新型的错误。

这些叫作替代风险，本意上本来想要降低风险，却直接引入了潜在的新风险。防火的石棉有毒，但大多数替代品也一样有毒，甚至毒性更强。此外，要移出建筑物里的石棉，只会更加危险，还不如保持原状。预防原则忽略了某些替代风险。

一般来说，预防原则相当偏颇地反对新事物。很多现有的科技和“自然的过程”也有未经检验的缺陷，这与新科技很相似。但预防原则为新科技制定的门槛太高了。实际上，预防原则无法限制旧事物的风险，也可说是“自然的”风险。举几个例子来说：没有杀虫剂屏障时，种出来的作物会产生更多“天然杀虫剂”来对抗昆虫，但这些生来就有的毒素不受预防原则的限制，因为不是“新的”。新的塑料水管会带来的风险不用跟旧塑料水管的风险比较。DDT的风险并未和死于疟疾的旧风险相互对应。

要解决不确定性，最可靠的方法就是更快更好的科学研究。在科学测试过程中，绝对不会完全消除不确定性，对特定问题的共识也会随着时间变化。但实证科学的共识比其他的东西都可靠，也比预防原则的预感可靠。抱持怀疑态度和充满热诚的人会公开做更多科学研究，让我们得到结论：“这可以用”或“这不可以用”。一旦达成共识，我们就可以合理地制定规则，就跟含铅汽油、烟草、安全带，以及社会上其他许多法定的改善措施一样。

但是，同时我们也该依靠不确定性。就算我们懂得，对每一项创新都要想到出乎意料的结果，通常没有人看得见某些不在计划中的结果。兰登·温纳在他的书中提道：“科技的效能总超过我们的期望；我们深知这一点，事实上也期望得到惊喜。假设在这个世界上，科技只能达成你心目中事先想到的目的，别无他物，那么这个世界一定极度受限，跟我们现在居住的世界完全不一样。”我们知道科技会产生问题，只是不知道会产生什么样的问题。

由于所有的模型、实验室、仿真或测试原本就充满着不确定性，要测试新科技，唯一可靠的方法就是实地运作。人们的想法应充分地适应和习惯新形式，才能逐步揭示出其他层面的效果和问题。科技诞生后立刻开始测试，只会显现出主要的效果。但在大多数情况下，在科技之中，不在计划之列的其他层面（例如次级）的效果与问题才是应关注的重点。

通常会压倒社会舆论的就是次级效果，其很难靠预测、实验室测试或白皮书找到。科幻小说大师阿西莫夫的观察非常入微，在靠马匹拉车的时代，一般人很想要也很容易想象没有马的“马车”。预期汽车出现自然不言而喻，因为马车主要的功能延伸出去就是汽车——一辆会向前走的车子。马车有什么功能，汽车就有什么功能，但是不需要马匹。但是阿西莫夫更进一步发现，要想象无马马车有哪些次级效果却很困难，这些次级效果包括汽车电影院、交通堵塞和超车纠纷。

次级效果通常需要某种程度的稠密，近乎无所不在，才能被大众看见。汽车一出现时，最重要的安全考虑是车上人员的安全，担忧汽油引擎会爆炸或刹车会失灵。但汽车真正的挑战在数目增加后才出现，路上有几十万辆车子在跑，次级效果就出现了——我们长期暴露在微小的污染物中，高速驾驶时可能造成死伤，郊区和长途通勤的不便就更别提了。

科技无法预测的效果有个共同的源头，衍生自科技和其他科技互动的方式。2005年，在分析现已撤销的美国技术评估局（1972年设立，1995年撤销）为何在评估新科技时无法发挥更大的影响力时，研究人员在简报中做出结论：

> 虽然可以针对特定和发展良好的科技（例如超音速传输、核反应堆、某种药品）提出看似可信（但一直无法确定）的预测，科技根本的转化能力并非来自个别的制品，而是已经渗入社会的科技分支互动的结果。

简单地说，在小规模的精确实验和新科技的真实模拟中，通常看不到重要的次级效果，所以新兴的科技必须测试，并实时进行评估。亦即某项科技的风险必须用真实生活中的实验和错误来决定。

对新想法要有恰当的响应，提早尝试。在想法的生命周期内，不断尝试和测试。事实上，和预防原则相反，绝不可能宣称某项科技“被证实非常安全”。必须持续测试，不可掉以轻心，因为使用者会一直改变科技，科技所在的科技体也会跟着进化，亦会带来改变。

温纳说，科技系统“需要持续关注、重新建造和修复。人类创造出复杂科技的代价就是得永远保持警觉”。斯图尔特·布兰德写了一本有关生态现实主义的书——《地球新规》，把持续评估提升到警觉原则的层次：“警觉原则的重点在于自由，自由尝试新事物。新问题的修正一直受到最精密的监督。”然后他建议把试用的科技指派到三个类别内：1.在证实安全前暂时视为不安全；2.在证实安全前暂时视为安全；3.在证实有益前暂时视为有益。“暂时”是这里的关键词。布兰德的方法还有另一个说法：永恒的暂时！

爱德华·特纳的著作《科技反扑——万物对人类展开报复》(*Why Things Bite Back*)讨论到科技不在计划中的结果，他详细说明了保持警觉的本质：

> 科技乐观主义实际的意思是，能够及早察觉令人不悦的意外，以便采取行动……国界越来越模糊，问题很快就蔓延到世界各地，因此也需要第二种警觉程度。但警觉没有界限，应该无所不在。火车司机已经停用“紧急制动手柄”，因为他们随时都可能碰到警觉测试，所以会随时保持警觉。计算机备份的仪式、法律规定所有物品的测试(从电梯到家用烟雾警报器)、定期X光筛检、保护和更新新的计算机病毒库，都是保持警觉的措施。还有检查入境旅客是否携带可能藏匿有害生物的物品。快捷穿过街道现在已经是都市居民

的第二天性，但在18世纪前一般来说没有必要。有时候警觉不是实际的预防措施，而是提供安慰的仪式，但幸运的话就能看到成效。

阿米什人的做法非常类似。他们对待科技体的手法是，以最基本的宗教信仰为基础；他们的神学驱动他们的科技。但矛盾的是，对他们采用的科技，阿米什人比现在大多数的专业人士更具科学精神。没有信仰的典型消费者容易按照媒体的说法，“靠着信念接纳科技”，完全不做测试。相反，对于可能采用的科技，阿米什人会进行四个层级的经验进行测试。阿米什人不依赖假设最糟糕情况的预防原则，而是采用有实证的科技评估。

第一，他们会先讨论（有时是在长老会议中），希望创新的物品给社群带来什么结果。要是农夫米勒开始用太阳能板产生的电力来汲水，会有什么结果？装了太阳能板后，他会不会很想把电力接到冰箱上？然后呢？太阳能板要从哪里来？一言以蔽之，阿米什人先假设科技会带来哪些冲击。第二，他们密切关注一小群抢先使用的人，看看有什么实际效果，决定观察结果是否可以证实假设。开始用新产品后，米勒一家人跟邻居的互动有变化吗？第三，如果根据观察到的结果，新科技似乎令人不悦，长老会不会决定要放弃，然后再评估放弃后的影响是否进一步确认他们的假设？整个团体不用这项科技是否过得更好？他们会一直重新评估。今天，花了一百年的时间辩论和观察后，阿米什人仍在讨论汽车、电力和电话的长处。没有量化的数据，结果都压缩成奇闻轶事。用这种跟那种科技后，产生了这个或那个结果，相关的故事变成了邻里间的八卦，或印在小册子里，变成经验和测试的通用方法。

科技几乎等于生物。跟有生命的物体一样，必须用实际行动来测试。要能睿智地评估科技产物，唯一方法就是从原型开始尝试，然后打造成试验性方案。与科技共存，我们可以调整期望，改变、测试，重新发布。在行动中细心观察变化，然后重新定义目标。最后，和我们的创造物一起生活。不喜欢科技的成果时，我们可以改变方向，让它做新的工作。我们与科技一起前行，不会彼此抵触。

持续参与的原则叫作“占先原则”。由于重点在于暂时的评估和持续的修正，并且是精心设计的，所以它和预防原则完全相反。激进的“超人类主义”者迈克斯·摩尔于2004年首次发表这个架构。迈克斯·摩尔一开始时有10条指导方针，我把他的10条方针简化成5个积极的做法。每个积极的做法都有启发性，在评估新科技时给我们引导。

下面说明5个积极的做法：

预测

预测是件好事。所有的预测工具都有根据。用的技术越多越好，因为不同的技术适合不同的科技。情境、预报和纯粹的科幻小说提供了局部的写照，也是我们能期待的最好的情况。衡量模型、仿真和对照实验的客观科学方法应该占更高的比重，但也只提供局部的写照。实际的早期数据应该胜过推测。预测的过程应该尽量想象出可怕和可夸耀的情况，两者要同等看重，可能的话也要预测普遍的情况，要是每个人都能免费取得，会是什么情况？预测不应该带有判断的成分。预测的目的并非正确地预测科技会带来什么结果，因为所有确切的预言都错了，但我们要通过预测为下面4个步骤奠定基础，用来预演未来的行动。

持续评估

或称保持警觉。我们有越来越多的方法，随时可以量化测试日常生活使用的东西，不是只测试一次而已。靠着植入的科技，每日使用科技，同时也能进行大规模的实验。不论新科技一开始时接受了多少测试，仍应该持续进行实时测试。科技提供更精确的方法，让我们能够测试利基在哪里。使用通信科技、便宜的基因测试和自我追踪的工具，我们可以把注意力放在创新产品在特定的街坊、次文化、基因集合、群组或使用者模式中的表现。测试可以持续不断，一天24小时、每周7天进行，而不光是在第一次发布前测试。此外，社交媒体（今日的脸书）等新兴科技让民众可以组织自己的评估，进行自己的社会调查。测试变得积极，再也不被动。持续评估已经和系统结合。

排出风险的优先级，将自然风险也考虑在内

风险确实存在，而且无穷无尽。并非所有的风险都有相同的地位，必须权衡轻重，排出优先级。已经知道、经过证实、危害人类和环境健康的威险优先级应该高过假设的风险。此外，不行动的风险和自然系统的风险必须对称。迈克斯 · 摩尔说："处理科技风险时的基础应该跟自然风险一样；避免低估自然风险，也不要高估人类科技的风险。"

快速修正损害

万一出了问题（问题一定会出现），就应该快速进行补救，按照真实损害的比例加以弥补。假设所有的科技都会造成问题，在创造这项科技时就应该想到了。软件产业或许能提供快速修正的模型：程序错误难免会出现，模型是用来提升科技的工具。想想看其他的科技出现了预料之外的结果，就算非常严重，也跟程序错误一样需要修正。科技知觉越高，越容易修正。应将造成的伤害快速复原（不过软件产业不会这么做），也能间接辅助未来科技的采纳过程。但复原的过程要公平，避免用其损害甚至有可能发生的损害来处罚创造者，否则会贬低正义，也会削弱科技系统，降低人们诚实的程度，甚至是打击真诚的人。

不要禁止，但要转向

禁止和废除可疑的科技无法行得通，不如寻找新的用途。科技在社会上可以扮演不同的角色。表达的方法不止一个，也可以用不同的基准来设定。既然无法禁止，不妨把科技转到更适合的形式。

回到本章一开始时的问题：科技体必然会进步，在操控进步的方向时，我们有什么选择？

我们可以选择如何对待我们创造出来的科技，给它们什么样的地位，如何赋予我们的价值观。要了解科技，最恰当的比喻或许是，把人类当成父母，把科技当成子女。就跟对待亲生子女一样，我们可以（也应该）持续寻觅科技的“良师益友”，调教出科技最好的一面。没办法改变科技的本质，但可以引导他们走向最符合天赋的工作和职务。

拿摄影举个例子。假设彩色照片的显影要由专人处理（柯达就集中处理了50年），摄影术因此有了不同的趋向，不是用相机内的芯片处理显影。集中由专人处理，会让你在拍照时更谨慎选择拍摄的对象，也要等一段时间才能看到结果，学习的脚步就此慢了下来，突如其来的想法也被打断了。要能拍摄彩色照片并立即看到结果，且不要花太多钱——光学镜头和快门虽然没变，性质却改变了。再举一个例子。要检查马达内的零件并不难，一罐油漆里的东西就不易检查了。但化学产品可用额外的信息揭露内含的成分，就跟马达的零件一样；贴标后即可追踪生产过程，一路回到最初矿物质或化学制品的色素，变得更容易控制和互动。油漆科技更公开的信息可能会改变，也可能更有用。最后一个例子：无线电通信，这种科技很古老，其原理也很简单，目前在大多数国家都列入管制最严格的科技领域。在各国政府的严格管制下，目前的发展是在所有带宽中，只有少数带宽可供民用，大多数带宽被保留或国家占用。在非主流系统中，无线电频谱可用风格迥异的方法来分配，很有可能我们用手机就能直接跟别人的手机沟通，不需要通过附近的基地台。随之出现的点对点通信系统就是把无线电应用在非常不一样的地方。

通常，我们给科技成果的第一份工作一点也不合适。比方说，把DDT当成从空中喷洒到棉花田里的杀虫剂，就造成了生态灾难。但限定成在家中对抗疟疾的方法，就变成了“公共健康的英雄”。同样的科技，可以很好地工作。或许要经过很多次尝试、不同的用途、繁多的错误，然后我们才能为特定的科技找到最好的角色。

孩子越能自主（科技跟亲生的孩子都算在内），越有犯错的自由。孩子创造灾难（或杰作）的能力可能比我们还强，这就是为什么教育孩子一方面是全世界最令人感到挫折的事，另一方面报酬却也最丰厚。照这个基准，最令我们恐慌的后代，应该是已经拥有强大自主潜质的自我复制的科技类型。在人类创造出来的东西里，这一类会不断测试我们的耐心和爱心，远超过其他的创造物。在未来，我们影响、操控和引导科技体的能力也会接受这些科技产品的测试，其他的科技都无法赶上。

自我复制在生物学上不算新闻。这神奇的力量已经延续了40亿年，让大自然得以自行补充，比方说鸡生的蛋孵出小鸡，然后再生出鸡蛋，绵延不绝。但在科技体中，自我复制是极端的新力量。透过机械能力，完美复制出自己，有时在复制前还能稍做改善，人类很难控制从中诞生的独立力量。无穷无尽、不断加快再生、变种和自行发展的过程可能会让科技系统加速过度，人类反而跟不上脚步。人类拼命往前冲的时候，科技产品可能会产生新的错误。无法预见的成果或许会让我们惊愕，或许会让我们害怕。

自我复制的力量目前出现在高科技的4个领域中：基因工程、机器人、信息技术和纳米技术。基因工程包括基因治疗、基因改造生物、人工生命以及人类谱系极端的基因工程。有了基因工程，我们可以发明和推出新的小动物或新的染色体；理论上还能永远繁殖下去。

机器人当然跟机器有关。机器人已经在工厂里工作，制造其他的机器人，至少有一间大学实验室已经造出能自行组装的机器。给这台机器一堆定制的零件，它就能组装出跟自己一样的机器。

信息技术当然会自我复制，例如计算机病毒、人工智能以及透过数据累积而建造出来的虚拟人物。大家都知道计算机病毒已经精通自我复制的方法。数千种病毒感染了数亿台计算机。研究机器学习和人工智能最神圣的目标当然是制造出人工大脑，聪明到能制造出另一个更聪明的人工大脑。

纳米技术指小得不得了的机器（跟细菌一样小），被设计用来消除油渍、进行循环或清理人类的动脉。由于纳米机器这么小，可以发挥类似计算机电路的作用，理论上，纳米机器能像其他的计算机程序一样，自行组装和繁殖。它或许有点像不需要水的生物，不过还要等很多年才会出现。

在这4个领域中，自我复制的自我强化循环把这些科技的结果快速推向未来。机器人造出能够制造机器人的机器人！创造周期加快后，很快就远远超越了我们的目的，不禁令人担心。机器人的后代由谁控制？

再来看基因工程，假设我们在基因谱系中加入人工干预的变化，这些变化就会永远流传给下一代了，而且不仅限于同一家族。基因可以在物种间水平移动。所以新基因的副本不论好坏，都可能在时空中传播。在数字时代中我们看见，一旦副本传播出去，就很难收回。如果我们能设计出不断延续的人工智能，让它们发明出比它们更聪明（也比我们更聪明）的头脑，我们对创造物的道德判断力能控制到什么程度？要是它们一开始就带有偏见该怎么办？

信息技术也有同样复制效应，难于掌控。计算机安全专家声称，到目前为止，黑客发明的蠕虫病毒能够自我复制的已经有数千种，产生了很大的影响。它们不会消失，只要世界上还有两台可以互相感染的机器。

最后，纳米技术为我们带来奇妙的超级小玩意，精细的程度就跟一颗原子一样。这些纳米生物也会带来威胁，会无限繁殖，直到把所有东西盖满，也就是所谓的“古格瑞”（灰黏物质）。我觉得古格瑞没有科学基础，但是某几种自我复制的纳米玩意一定会出现。但也很有可能，至少有少数几种脆弱的纳米科技（非灰黏物质）若有精密、受保护的地位，就能在野外繁殖。一旦“纳米虫”变成野生动物，便很难消灭。

随着科技体越来越复杂，自治程度也越来越高。自我复制的GRIN（基因工程、机器人、信息技术和纳米技术的首字母）科技目前的成果显露出这种不断上升的自治性需要我们注意，也需要尊敬。新科技常见的难处有，功能改变、角色出乎意料、结果难以察觉。除此之外，自我复制的科技带来另外两个难题：扩大和加速。微弱的影响快速升级成严重的剧变，一代比一代更扩大，就像对着麦克风轻声说话，原本无害的回音也能爆发成震耳欲聋的刺耳声音。采取和自然生殖同样的周期，复制的科技冲击科技体的速度不断加快，造成的影响势头又猛又快，我们要想马上测试和实验科技，很难抢得先机。

这是老调重弹。生命本身令人感到惊奇和振奋的力量便在于，能够利用自我繁殖，但这股力量却诞生自科技之中。世界上最强大的力量增加了自行生殖的能力后，会变得更强大，但想要加以管理，却面对艰巨的挑战，因为力量潜在的性质非常不稳定。

看到基因工程、机器人、信息技术和纳米技术等科技即将失控，一般的反应就是要求暂停发展，颁布禁令。计算机科学家乔伊引导潮流，发明了好几种互联网执行所需的重要程序语言。在2000年，他要求研究基因工程、机器人、信息技术和纳米技术这些领域的科学家弃绝可能会用于武器制造的GRIN科技，就跟我们放弃生物武器一样。根据预防原则的指导，加拿大的监察团体ETC要求停止所有跟纳米科技相关的研究。德国的环保局也要求禁止制造含有银纳米粒子（用在抗菌涂层上）的产品。也有人要求禁止自动驾驶的车辆在公共道路上行驶，要求规定基因工程疫苗不得使用在孩童身上，或停止人类基因疗法，直到这些发明都能证实对人类无害为止。

要真的禁止，那就大错特错了。这些科技必然会出现，也一定会导致某种程度的伤害。毕竟，只看上面的一个例子，人类驾驶的车辆也造成严重的伤害，每年在全世界造成数百万人死亡。如果机器人控制的车辆每年“仅仅”造成50万人死亡，也算进步了！

但这些科技产物最重要的结果不论是正面还是负面，都要等好几代才能看到。我们无法选择世界上是否会有基因改造的作物。一定会有。我们无法选择基因食品系统的性质，也无法选择创新发明是否会公开上市、由政府还是产业管理、用途遍及整个世代还是只延续下一个业务季度。昂贵的通信系统环绕全球，同时织出了一件材料结实的斗篷，包覆整个地球，导致某种电子“世界脑”一定得出现。但在这个世界脑还没开始运作前，全盘的坏处与好处都无法估计。不过人类可以选择，我们要从这些东西生出来什么样的世界脑？要不要参与是否可以按照自己的意愿？修改程序以便分享是否很简单，还是修改起来很困难、很费力呢？控制的方法有没有专利？容易避开吗？这个网络的细节可以有好几百种不同的说法，但科技本身却容易引领我们选择某些方向。在要无可避免地陈述全球网络时，我们显然有所选择。与科技接合，用双臂揽着科技的脖子骑乘其上，才能左右科技的表达方法。

要做到这一点意味着，我们现在必须拥抱科技。创造、打开开关、尝试。跟暂停活动正好相反，这比较像是提早开始。然后，我们必须和新兴的科技对话，深思熟虑地采纳。科技冲向未来的速度越快，我们越要及早加以驾驭。

复制、纳米技术、机器人和人工智能（几个GRIN的例子）需要在我们的欢迎下问世。然后我们才能加以操控。更恰当的比喻是我们要训练科技。就跟最佳的动物和幼童训练一样，利用资源加强正面的质素，尽量消除反面的地方直到其完全消失。

在某种意义上，自我扩大的GRIN科技是恶霸流氓。我们要竭尽心力，训练这些科技做好事。我们需要发明适当的长期训练科技，引导科技度过世世代代。最糟糕的结果就是排除或隔离它们。我们应该要想办法救助有问题的恶霸小孩。高危险的科技需要让我们有更多机会发现它们真正的长处。我们需要投资更多，提供更多实验机会。禁止这些科技只会迫使它地下化，显现出最可怕的特质。

已经有几项实验把引导启发教学嵌入人工智能系统，以便制造出“有道德的人工智能”，也有其他实验把长程控制系统嵌入基因和纳米系统。现在有证据证明，这种嵌入的原则有效，在我们身上就可以看到。我们的孩子也可能成为渴望权力、自治、有繁殖能力的“恶棍”，如果我们能训练他们变得比我们更好，那我们也能训练GRIN科技。

就跟抚养孩子一样，真正的问题和争论都来自我们想要传下去的价值观。这一点很值得讨论，我猜就跟在真实生活中一样，双方不会有一致的解答。

科技体告诉我们，有选择总比没选择好。因此即使科技产生了这么多问题，总会稍微倾向好的那一端。假设我们发明了一种新科技，可以让100个人长生不老，但要付出的代价是让另一个人提早结束生命。我们可以争论要“平衡”的话实际该取什么数字（或许一个人死了，可以让1000个人或100万个人长生不老），但在记账的时候我们忽略了重要的事实：由于现在有了这项延续生命的科技，出现了新的选择，一个人死掉可以让100个人长生不老。在永生与死亡之间出现了这种新的可能性（另一种自由或选择），本质为善。因此，即使这独特的道德选择（100个人长生不老，一个人付出生命）带来的结果需要洗刷罪恶，选择本身仍会让平衡朝着好的那边移动几个百分比。把小小的向善趋势乘以每年100万、1000万或1亿个科技发明物，就能看出科技体为何宁可要弃恶扬善，即使只扩大了一点点。世上的善增加了，因为科技体的弧形除了直接行善，还增加了世界上的选择、可能性、自由和自由意愿，那就是伟大的善。

最后一点，科技是一种思维；科技便是表达出来的思绪。并非所有的思绪或科技都占有平等的地位。当然，一定有无聊的理论、错误的答案或愚笨的想法。军队的激光武器和甘地的“不合作主义”都是人类想出来很有效的成品，虽然两者都属科技，却大不相同。有些可能性会限制未来的选择，有些可能性则能孕育其他的可能性。

然而，碰到讨厌的想法时，最好的反应就是，不要停止思考，才能生出更好的想法。的确，坏想法也比没有想法更好，因为不好的想法至少还能改革，没有想法就没有希望。

科技体也一样。碰到糟糕的科技，不要停下科技的脚步，不要放弃科技，才是恰当的反应。如此才能发展出更好、更具“同乐性”的科技。

同乐是一个很好的词汇，原文的词根表示“与生命兼容”。教育家、哲学家伊万·伊利奇在著作《同乐工具》（*Tools for Conviviality*）中将同乐工具定义为“放大有资助能力的个人和初级团体的贡献……”的工具。伊利奇相信有些科技本质上就具同乐性，而有些科技则像“多线道高速公路和义务教育”，不论谁来执行都具有破坏性。因此，对人类来说，只有好工具与坏工具的分别。但研究科技体的规则后，我相信同乐性不仅出于某种科技的本质，也在使用的方法、背景信息以及我们为科技建构的表达方式里。工具的同乐性反复无常。

科技表现出同乐性时，我们会看到：

◎ 合作。促进人类和机构之间的合作。

◎ 透明度。起源和所有权都很清楚。不是专家也看得懂运作的方法。并不会有某些使用者因为知识的优势而占了上风。

◎ 反集中化。所有权、生产和控制权分散四处。不会由专业精英分子独占。

◎ 有弹性。使用者可以轻松修改、适应、改善或检验其核心。个人可以自由选择要使用还是要放弃。

◎ 冗余。不是唯一的解答，不是垄断，但提供好几种选择。

◎ 效率。尽量降低对生态系统的冲击。能源和材料能有效利用，要重复使用也不难。

有生命的生物和生态系统的特色便是高度的间接合作、功能透明、权力分散、灵活度和顺应性、重复的角色和自然的效率；这些特质正是生物学有用的地方，也是为什么生命可以无限期地供养自身的进化原因。所以若能训练科技变得更像生物，就能提升同乐性，就长期而言，科技体也变得更容易维护。科技的同乐性越高，越能配合自己作为第7个生物界的本质。

没错，某些科技确实有一些比其他科技更明显的特质。有些科技很容易分散，有些却倾向集中。有些天生就很透明，有些却晦涩难懂，或许需要更强的专业知识才能使用。但所有的科技不论源自何处，都可以加以引导，变得更透明、更能促进合作、更有弹性、更加开放。

这就是我们能做选择的地方。新科技一定会进化，我们无法停下科技的脚步。但科技的特质则能由我们决定。

PART 4

第四部

方向

第十三章

WHAT TECHNOLOGY WANTS

科技的轨道

所以科技想要什么？科技想要的东西跟我们一样——那一长串人类渴望的优点。科技发现了自身在世界上最理想的角色后，就变成活性剂，为其他的科技提供更多的选择和可能性。我们的工作就是要鼓励新发明物朝着这与生俱来的优点发展，和世界上所有的生物朝着同一个方向前进。我们在科技体中的选择很真实、很重要，就是要引导我们创造出来的东西以正向的形式展现，尽量放大科技的益处，防止科技自我阻挠。

起码在当下这个时刻，我们身为人类的目标就是要耐心引领科技走向原本就该走的方向。

但我们怎么知道科技要往哪里去？如果科技体的某些层面早已命定，某些层面则取决于我们的选择，我们怎么分辨这些层面呢？系统理论家约翰·斯玛特建议，我们需要科技版的《宁静祷文》(*Serenity Prayer*)。参与12步打破成瘾方案的人常念诵这篇据说于20世纪30年代由神学家霍尔德·尼布尔写成的祷文，内文如下：

主啊！求你赐我宁静的心，去接纳我不能改变的事物；
赐我无限勇气，去改变我有能力改变的东西；
并赐我智慧去认清两者的差异。

那么，我们怎么得到智慧去分辨科技发展必然的阶段与取决于人类意志的形式两者之间的差异呢？要用什么技巧才能凸显必然的结果？

我认为能察觉到科技体的长期宇宙轨道，就有了恰当的工具。科技体想要进化创造的成果。不论哪个方向，科技都会延伸进化走了40亿年的路。从进化来看科技，我们可以看见这些宏观的规则如何在眼前展现出来。也就是说，科技必然的形式会联合所有十几种外熵系统（包括生命在内）共有的动力。

我认为，在科技的某种形式中观察到越多外熵特质，必然性和同乐性就越高。举例来说，比较使用蔬菜油蒸汽动力的汽车，和使用稀有地球金属的太阳能电动车，可以检验两种机械表现形式对这些趋势的支持程度有多高，亦即不仅止于跟随趋势，还要加以延伸。科技和外熵力量的轨道贴近的程度即变成《宁静祷文》的筛选条件。

照我推论，科技想要的跟生命一样：

◎ 更有效率

◎ 更多机会

◎ 更高的曝光率

◎ 更高的复杂度

◎ 更多样化

◎ 更特化

◎ 更加无所不在

◎ 更高的自由度

◎ 更强的共生主义

◎ 更美好

◎ 更有知觉能力

◎ 更有结构

◎ 更强的进化能力

这串外熵趋势可以作为检查清单，帮我们评估新科技和预测它们的未来发展。我们可以用这份清单引导我们来引领科技。比方说，迈入21世纪时，科技体进入独特的阶段，我们建造了很多精细复杂的通信系统。要在全球连线有好几种方法，但我的预测很谨慎，最能持续下去的科技做法是倾向能最大幅度增加多样性、知觉能力、机会、共生主义、普及程度的表现方法。我们可以比较两种互相竞争的科技，看哪一种有利于比较多的外熵特质。会开启多样性，还是加以关闭？指望能增加机会，还是假设机会越来越少？是否能增加内在的知觉能力，或完全忽略？普及度会成为助力，还是毁灭的力量？

从这个观点出发，我们或许可以问：大规模使用石油的农业必然会出现吗？拖拉机、肥料、育种、种子生产商和食品加工商组成高度机械化的系统，提供丰富的便宜食物，奠定根基让我们有闲暇去发明其他的东西。人类因此越来越长寿，更有时间来发明，最后食物系统也增加了人口，进而产生了更多新的想法。这个系统对科技体轨道的支持程度是否超越了之前的食品生产体制，也就是生存农业和畜力混合农业达到高峰的时候？我们或许会发明另类的食品系统，相较之下又如何？一开始粗略地说，机械化农业一定会出现，因为能够增加不少优点，例如能源效率、复杂度、机会、结构、知觉能力和专业化。然而，多样性和美感却没有增加。

根据许多食品专家的说法，目前的食品生产系统高度仰赖少数几种主要农作物（全世界只有5种）的单种栽培技术（不够多样化），因此需要用病理方式加以干预，使用药物、杀虫剂和除草剂，还有土壤翻动（减少机会），也会过度依赖便宜的石油燃料来提供能源和营养物（降低自由度）。

其他规模扩张及全球化的情境则很难想象，但从一些蛛丝马迹可以看出，比较没那么仰赖政府津贴、石油或单种栽培技术的分散型农业或许能行得通。进化出来的超本地化专业农场系统或许会雇用真正在全球各地移动的移民劳工或机警灵巧的机器人劳工。也就是说，我们不会在高科技的量产农场中看到科技体，而是在高科技的个人或地区农场上。和爱荷华州种植玉米那一带的工厂化农场相比，这种先进的园艺能带来更多多样性、更多的机会、更高的复杂度、更具结构性、更加专业、更多选择和更强的知觉能力。

同乐程度更高的新农业会“领先”工业农业，就跟工业农业超越自给式农业一样，后者仍是目前大多数农夫的生产模式（大多数农夫住在发展中国家）。利用石油的农业在接下来的几十年内，必然还是全球最大的食物制造来源。科技体的轨道指向更有感情、更多样化的农业，巧妙地把科技体包覆起来，就像大脑内负责语言技能的一小块区域控制了我们的一大块动物脑。如此一来，农业一定会变得更多元化、更分散。

但如果科技体的轨道是由一长串必然性组成，为何我们需要费神去激发这些必然性？不会自发展现出来吗？事实上，如果这些趋势必然会出现，我们费尽全力也无法遏止，不是吗？

我们的选择可以减缓必然性的速度，想办法拖延，想办法阻挡，也有几个不错的原因要我们加快必然性的脚步。想一想，要是一千年前的人接受了地方自治、大规模都市化、女性受教育或自动化的必然性，现在的世界会变得多不一样？提早接纳这些轨道，很有可能就会加快启蒙运动和科学的到来，让数百万人脱离贫穷，人们在几个世纪前就能得享长寿。反之，在世界各地不同的时期，这些运动受到抗拒、延后或积极镇压。而抗拒、镇压的结果，成功创造出缺乏这些“必然性”的社会。从身在系统内部的人的角度来看，这些趋势似乎并非必然。但从后来的时空往前回顾，我们同意，它们显然是长期的趋势。

长期的趋势当然不等于必然性。有些人认为，这些特殊的趋势到了未来仍不是“必然的”，黑暗时代随时可能出现，扭转这些趋势。这也有可能发生的。

能够历久不衰，才会变成必然。这些倾向并非注定在某个时刻出现，而应该说这些轨道就像重力对水的引力。水“想要”从水坝底部漏出来。水分子一直在想办法流下去跟漏出去，仿佛着了魔般无法自拔。就某种意义来说，即使被水坝阻挡了数个世纪，总有一天一定会漏出来。

科技的规则并非暴君，不会要求我们古板守旧。必然发生的事也不是排好时间表的预言，而比较像是墙后面的水，郁积了一股无比强大的冲力，等待被释放的时刻。

或许读者会觉得我描绘的超自然力量，类似在宇宙中漫步的神灵，但事实上几乎相反。这股超自然力量跟重力一样，融入了物质和能量的构造。跟随物理学的走向，遵守熵的终极定律。这股力量等着爆发到科技体的科技产物中，最早的动力来自外熵，借由自我组织慢慢累积，逐渐从无生命的世界投射到生命中，再从生命投射到心智，再从心智投射到心智的创造。在信息、物质和能量交错之际，就能看到这股力量，虽然最近才有人考察，仍可以重现和测量。

记入本章的趋势是这股冲力的13个方面。上面列出的并不算全面，而其他人或许会用不同的方法描绘。我也期待，在接下来的几个世纪中科技体会扩张，我们也越来越了解宇宙，然后将在更多方面加入这股外熵的推力。

在前面的章节中，我粗略描述了其中三个趋势，说明它们在生物进化中展现出来的方法，现在则延伸到不断成长的科技体中。在第4章，我追溯能量密度的长期成长，从天体到目前的能源效率冠军，也就是个人计算机的芯片。在第6章，我描述了科技体扩张可能性和机会的方式。在第7章，我重新诉说生命兴起的故事，告诉读者“较高”等级的组织如何从“较低”的地方结晶而成。在接下来的小节，我会简短描述另外10种推动我们前进的普遍倾向。

复杂度

进化展现出好几种倾向，但其中最明显的趋势就是长期以来万事万物皆走向复杂。如果要用简单的语言描述宇宙的历史，大多数现代人都能扼要描述这个伟大的故事：在大爆炸之后，创造从最基本的，变成在几个热门地点慢慢累积分子，直到最初的微小生命火花出现，然后更复杂的生物越来越多，从单细胞生物到猴子，然后从简单的大脑迅速发展成复杂的科技。

从旁观察的人大多数都觉得生命、心智和科技日渐提升的复杂度符合直觉。事实上，不需要论据就能让现代公民相信，过了140亿年，万事万物都变得越来越复杂。在一生中，他们清楚看到了复杂度持续增加，感觉跟上面的趋势方向相同，所以很容易相信之前的情况就是这样。

但我们对复杂度的概念不够明确，基本上也不符合科学。波音747客机跟小黄瓜，哪个比较复杂？当下我们只能回答不知道。根据直觉，鹦鹉的构造应该比细菌复杂得多，但复杂程度是10倍还是100万倍？我们没有可试验的方法来测量两样生物之间的构造差异，也没有恰当的方法来定义复杂度，帮我们表达问题。

目前最有希望胜出的数学理论认为复杂度跟“精简”主题信息内容的难易程度有关。在不磨灭本质的前提下，越能浓缩，复杂度就越低；越无法精简，就越加复杂。这个定义也有争论：橡实和巨大的百年老橡树含有相同的DNA，表示两者都能精简或浓缩成同样一串最简单的信息符号；因此，橡实和橡树的复杂度一样深。但我们觉得那叶片呈独特细齿状、枝干弯曲的茂密大树比橡实复杂多了，所以想要更好的定义。物理学家赛思·劳埃德算出复杂度还有42个理论定义，但在现实生活中都一样的不恰当。

等到复杂度出现实用的数学定义时，已经有很多事实证据可以证明人类直觉感受到的“复杂度”确实存在，同时正在不断提高。有些最为杰出的进化生物学家不相信进化中原本就有倾向复杂度的长期趋势，他们也不相信进化有任何方向。但一群相对来说还算初出茅庐的生物学家和进化学家却变节了，他们集拢出来的案例令人相信在每一个进化时期中都能看到复杂度明显上扬。

劳埃德和一些人认为，有效复杂度并非始于生物，而是跟大爆炸同时开始的。我在前面的章节也提过同样的论点。劳埃德的看法提供了丰富的信息，宇宙一开始的几个飞秒内，量子能量的波动导致物质和能量凝结在一起。随着时间过去，这些群聚被重力放大了，形成大规模的银河结构，银河的组织便展现出有效复杂度。

换句话说，复杂度出现后，生物才出现。复杂度理论家詹姆斯·加德纳称之为“生物的宇宙论起源”。生物复杂度缓慢的成长来自之前出现的结构，例如银河和恒星。这些自组织的外熵系统就跟生物一样，隐约显现出持久的失衡，不像混乱的火焰或爆炸（具有持久性）一样会燃烧殆尽，而能长期维持流动（失衡），不会堕入可预期的模式或平衡。这些系统的次序也没有周期性，却像DNA分子一样是半规则的。这种长久延续、非随机、不会重复的复杂度有可能出现在行星稳定的大气层中，让生命酝酿出长久延续、非随机、不会重复的顺序。在外熵的组织形式中，或许是恒星，或许是基因，有效复杂度会随着时间增加。系统的复杂度在一系列的步骤中持续增加，每上一层便凝聚出新的整体。想象银河中的一群恒星一起打转，或一大群细胞变成多细胞生物。外熵系统就像有棘轮，鲜少倒退、退化或变得更简单。

复杂度和自治度不断上升，无法逆转，可在史密斯和绍特马里的8次重大进化变迁中看见（第3章讨论过）。“自我复制的分子”转变成“染色体”能够自给自足的更复杂的结构后，进化就开始了。然后，细胞“从原核生物变成真核生物”，进化过程变得更加复杂。经过更多阶段后，最后的正向自组织让生命从无语言的社会进步到有语言的社会。

每一次变迁都改变了复制的单元（也影响了物竞天择的作用）。一开始的时候，核酸的分子自行复制，一旦自组织成一组互相联结的分子，就像个染色体般开始复制。然后进化同时处理整体的核酸和染色体。接下来，这些放在原始原核细胞（如细菌）里的染色体结合起来，形成更大的自主细胞（胜任细胞变成新细胞的细胞器），现在它们的信息透过复杂的真核共生细胞（例如变形虫）建立构造并复制。进化开始处理三个层次的组织：基因、染色体、细胞。这些最早的真核细胞靠着自行分裂来繁殖，最后某些（例如梨型鞭毛虫这种原虫）开始有性生殖，所以现在生物需要类似细胞多种多样的有性族群才能进化。

有效的复杂性新增了一个层次：物竞天择也开始影响族群。早期的单细胞生物族群能够自给自足，但很多谱系自行组成多细胞生物，然后整个复制，就像蘑菇或海藻。除了所有较低层次的生物，物竞天择也会影响多细胞生物。其中某些多细胞生物（例如蚂蚁、蜜蜂和白蚁）集合成超个体，只能在集群或群栖中繁殖；在这里，进化也出现在群栖的层级。之后，人类社会中的语言把个人的想法和文化聚集成全球的科技体，因此人类和人类的科技只能同荣同衍，表现出另一个进化和有效复杂度的自主层级，也就是社会。

每往上爬一步，产生的组织就更有逻辑、信息和热力学深度。要压缩结构变得更困难，同时随机程度跟可预期的顺序也降低了；每一步都无法逆转。一般来说，多细胞家族不会重新进化成单细胞生物；有性生殖的生物鲜少进化成孤雌生殖；社会性昆虫不太可能去除社会化；而就我们所知，有DNA的复制分子从未抛弃基因。自然有时候会简化，但很少退化到下一个层级。

在这里必须澄清：在组织的一个层级内，趋势不会稳定。在某个生物家族内，可能只有少许物种过了一段时间后体型变大、寿命变长，或代谢率提高。而变化的方向在同类中也可能不尽相同。举例来说，在哺乳类动物里，马儿的体型随着时间演进变得越来越大，而啮齿目动物却变小了。要经过很长的时间，组织累积了新的层级，才能看见有效复杂度不断上升的趋势。所以，或许在蕨类植物上看不到复杂化，但在蕨类和开花植物之间就能看见（从孢子繁殖到有性生殖）。

并非所有的进化物种谱系都会变得越来越复杂（为什么一定要变得越来越复杂？），不断提高复杂度的物种虽然无心，却会得到新的影响力，可以大大改变将来的环境。仿佛有棘轮装置，生物分支一旦往上移动一个层级，就不会移回来。因此有种不可逆的倾向，朝着更高的有效复杂度前进。

这道复杂度的弧形于宇宙的开端成形，又继续流过生物，现在自行向前延伸。在自然世界中决定复杂度的因素也在科技体中发挥着影响。

跟在自然界中一样，简单的商品数目持续增加。砖头、石材和水泥算是最早最简单的科技，按质量而言更是地球上最普遍的科技。这三样东西构成了地球上最大的人工制品：城市和摩天大楼。最简单的科技填满了科技体，有如细菌填满了生物圈。今日的铁锤产量比以前更多。人眼能看到的科技体核心其实都是不复杂的科技。

但是，如同自然进化，信息和物质越来越复杂的排列留下了长长的尾巴，让我们不得不全神贯注，不过这些复杂的发明物质量都很小（的确，去量产化就是复杂化的一个途径）。复杂的发明物堆栈的是信息，而不是原子。我们制造出来最复杂的科技也是最轻巧、材料用得最少的。举例来说，软件原则上没有重量，也没有实体，复杂化的速度却十分迅速。微软的Windows操作系统是一项基本工具，13年来其中的程序代码行数增加了10倍。如图13-1所示，在1993年，Windows包含400万～500万行程序代码。2003年，Windows的Vista版本已经含有5000万行程序代码。每一行程序代码就等于时钟里的一个齿轮。Windows操作系统如果是机器，就纳入了5000万个会动的部件。

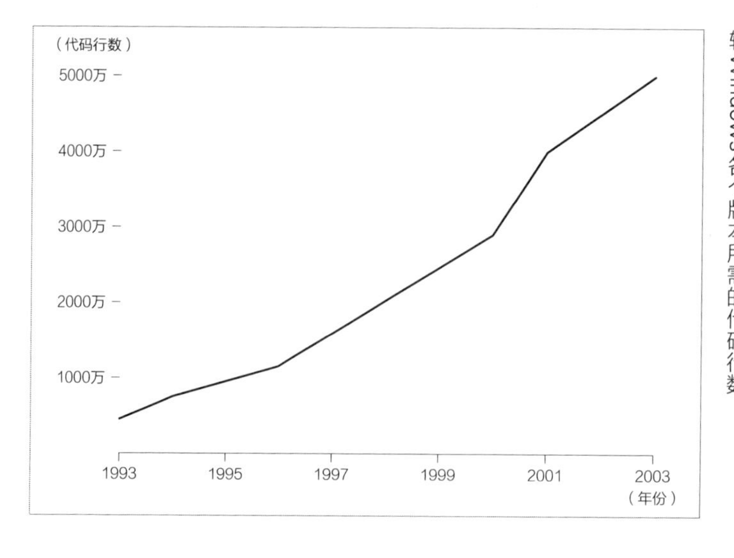

图13-1 软件的复杂性。图示为1993-2003年间微软Windows各个版本所需的代码行数。

在科技体中，到处都能看到科技世系经过重建后，加入更多信息，产生更复杂的制品。至少在过去两百年来，在最复杂的机器中，零件的数目不断增加。图13-2显示了机器装置复杂度的趋势。第一架原型涡轮式喷射机有几百个零件，而现代涡轮式喷射机内的零件超过2.2万个。航天飞机则有数千万个实质的零件，但最复杂的地方则是软件，不在我们的评估范围内。

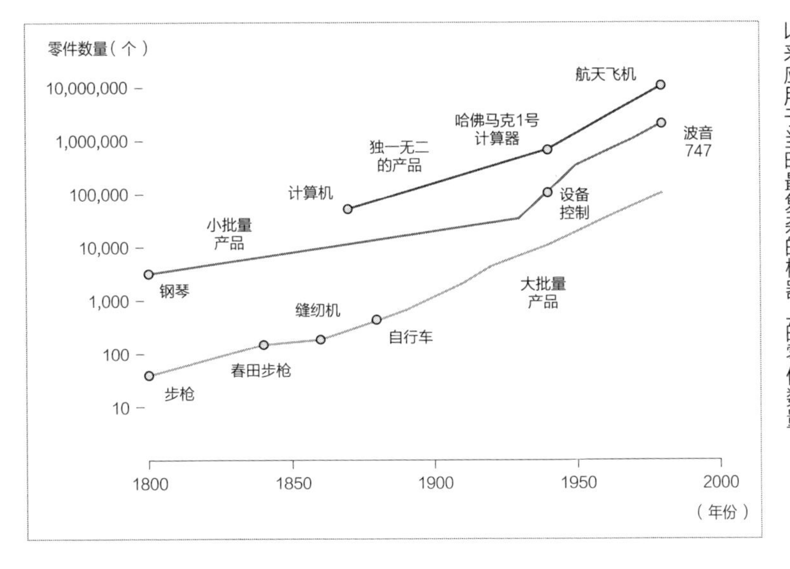

图13-2 人造机器的复杂性。图中为过去的两个多世纪以来应用于当时最复杂的机器上的零件数量。

我们的冰箱、汽车或甚至门窗都比20年前更加复杂。科技体中的复杂化趋势锐不可当，让我们不禁要问：能有多复杂？复杂度长弧的终点在哪里？140亿年来，复杂度不断提升的推动力不可能在今天停下来。但想象未来100万年的科技体如果还按着现在的速度累积复杂度，结果真是令人不寒而栗。

科技的复杂度可以有好几个不同的方向。

第一种情况

就跟自然界一样，科技大体上保持简单、基本、原始，因为能行得通。原始的做法行得通，便为构筑在其上的薄薄一层复杂科技提供了基础。由于科技体是科技的生态系统，所以绝大部分仍留在等同细菌的阶段上：砖头、木头、铁锤、铜线、电动马达，等等。我们可以设计出会自行繁殖的纳米级键盘，但对人的指头来说太小了。大体上来说，人类能应付简单的事物（现在便是如此），只有偶尔会和复杂到令人昏头的东西互动，就跟我们现在一样（一天下来，我们的双手只会碰到相对来说很粗糙的制品）。城市和房屋的样子大同小异，所有的平面上都放了一层进化快速的器具和许许多多的屏幕。

第二种情况

在不断成长的系统中，复杂度就跟所有其他的要素一样，到了某一点就进入稳定时期，还有一些我们之前没注意到的特质（比如量子纠结）出现后变成最基本最显著的趋势。也就是说，此时此刻正是整个时代的缩影，我们或许是透过复杂度这个透镜看世界，此刻的复杂度实际上更像是我们对自身的反省，而非进化的资产。

第三种情况

万事万物的复杂度都没有上限。随着时间过去，一切都变得越来越复杂，朝着终极复杂度的终点前进。建筑物内的砖头变得更聪明；手里的汤匙会适应我们的握法；汽车会变得跟现在的喷射机一样复杂。在一天内，所用到最复杂的东西会超越个人能够理解的范围。

如有必要，我会下注在第一种情况上，不考虑第二种情况，因为不太可能发生。科技的主体仍会保持简单或近乎简单，但有比较小的一部分继续大幅度复杂化。我期望过了1000年后，城市和房屋仍能让人认得出来，不要变得无法辨认。只要人类的体型跟现在差不多（一米多高和50多公斤重），围绕我们的科技主体就不需要复杂化到发狂的程度。虽然经过高度基因改造，我们最好还是保持同样的体型。很奇怪，人类的体型几乎正好是宇宙中尺寸的中间值。人类所知最小的东西大约是我们的10^{-30}，宇宙间最大的结构则是我们的10^{30}倍。我们的尺寸是中间值，正好能配合宇宙目前物理机制所能维持的灵活度。体型变大，可能会比较僵硬；体型变小，寿命可能变短。只要肉体不灭（快乐的生物都要有肉体吧？），现有的基础建设科技就会继续发挥效用（一般来说）：石头铺成的路，改造后的植物材料建成的建筑物，还有地球，这些元素从两千年前就出现在我们的城市和住家中。打个比方，一些幻想家或许会想象未来的人住在很复杂的建筑物中，其中有些建筑物或许会出现，但一般的建筑物大多数不太可能用上比之前更复杂的材料，也就是我们现在用的植物建材，不需要更复杂。我觉得有种“够复杂了”的限制。科技不需要为了在将来更有用而复杂化。发明计算机的丹尼·希利斯曾透露，他相信就算过了一千年，计算机仍有可能运行今日的程序代码，例如UNIX系统的核心。计算机应该仍是二进制数字式。就跟细菌或蟑螂一样，这些简单的科技保持简化，也保持实用，因为能派得上用场；不需要变得更复杂。

另一方面，科技体的速度加快，也会加速复杂度，因此科技界中细菌的对等物也会进化。这就是第三种情况，整个科技生态圈的复杂度一飞冲天。更奇怪的事也发生了。

在以上三种情况中，我们制造出来的复杂物品多半没有限度。出现在许多方向的新复杂度令我们头昏眼花。我们的生命因此变得更复杂，但我们会适应，没有回头路。我们会用美丽的“简单”接口掩盖这样的复杂度，就跟柳橙浑圆的外形一样高雅。但在这层膜下，一切都变得比柳橙的细胞和生物化学更加复杂。为了追上这样的复杂化，我们的语言、税法、政府官僚、新闻媒体和日常生活也都会变得更复杂。

这个趋势在所难免。复杂度的长弧始于进化前，历经40亿年的进化，现在继续穿过科技体。

多样性

自有时间以来，宇宙的多样性不断提升。在一开始的几秒内，宇宙中只有夸克，在不到几分钟的时间内，夸克开始组成形形色色的次原子粒子。在第一个小时结束前，宇宙已经包含几十种粒子，但只有氢和氦两种元素。接下来的3亿年间，漂浮的氢和氦组成了不断成长的星云团块，最后崩溃变成炙热的恒星。恒星融合后发展出几十种更重的新元素，因此化学宇宙变得越来越多样化。最后，有些“金属”恒星爆炸变成超新星，把重元素喷到太空中，过了几百万年又堆在一起形成新的恒星。这些第二轮和第三轮的恒星炉一抽一吸，把更多中子加入金属元素，创造出更多种类的重金属，最后创造出100多种稳定的元素。元素和粒子越来越多样化，也创造出更多种类的恒星、银河和行星。在板块地壳活跃的行星上，随着时间过去，地质力量反复作用，把元素重新排列成新的水晶和岩石，因此新种类的矿物质也变多了。比方说，病毒生物出现后，地球上结晶矿物质的种类增加了三倍。有些地质学家相信目前的4300多种矿物质大多来自生物化学的过程，不光是地质作用。

生命出现后，大幅加快了宇宙间的多样性（见图13-3）。40亿年前的物种非常稀少，随着地质时代的演进，地球上生物种类的数目和多样性以惊人的速度倍增到目前已经有的3000多万种。物种增加的过程有很多的崎岖坎坷。在地球历史的某些时期，大规模的宇宙崩溃（例如小行星撞击）摧毁了多样性的增益。在特定的生物分支中，多样性有时候的进展不怎么顺利，甚至还会暂时后退。但整体而言，随着地质时代过去，多样性也扩大了。事实上，从距今仅仅两百万年前的恐龙时代以来，生物的分类形式多样性已经翻了一倍。生物差异整体的成长呈指数级上升，脊椎动物、植物和昆虫都展现出迅速上升的趋势。

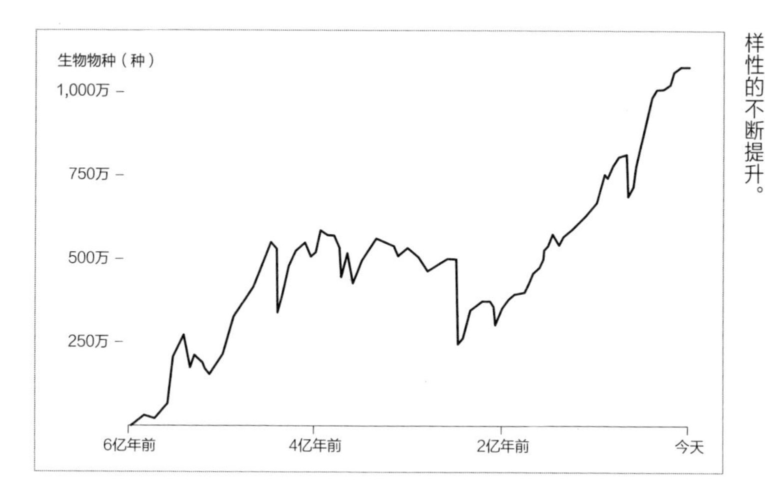

图13-3 生物的总体多样性。图中为过去6亿年来地球生物分类物种的数量，显示了物种多样性的不断提升。

朝着多样性前进的趋势又进一步被科技体加快了速度。每年发明的科技物种数目不断增加，速率也不断增加。很难确切数出科技发明有多少种类，因为创新不像大多数生物，具备明确的繁殖界线。我们或许算得出有多少个想法，因为想法就是发明的基础。每篇科学文章至少代表一个新想法。过去50年来，期刊文章的数目呈现爆炸性成长（见图13-4）。每个专利也是一种想法。最后一次计算时，光在美国就发出了700万个专利，总数仍呈指数级成长。

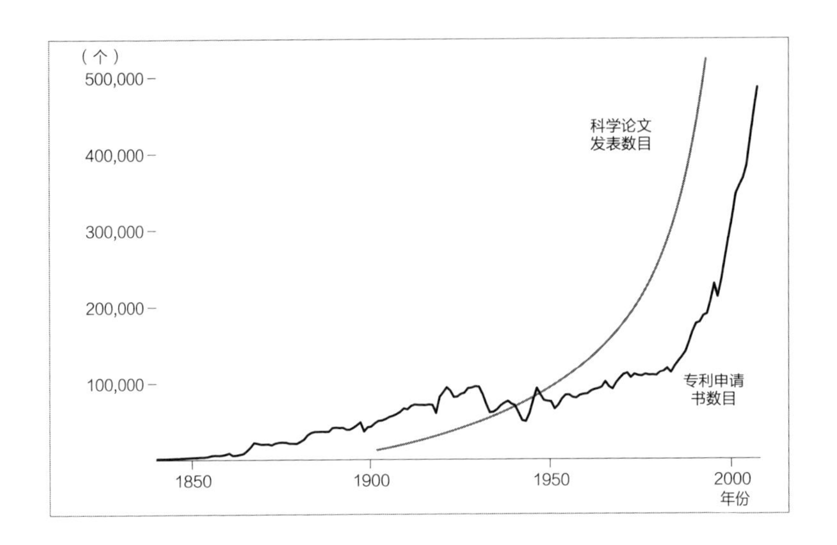

图13-4 专利申请书与科学论文的总数。图示为美国专利局的专利申请书数目与世界范围内发表的科学论文数目。两者大体呈相同的增长曲线。

在科技体中放眼看去，到处可见多样性。水中的人造生物，例如21米长的潜水艇，有如真正的生物（比方说蓝鲸）。飞机模仿鸟儿。人住的房子不过是比较舒适的巢穴。但科技体勘探到人类从未踏上的利基市场。我们所知的生物都不会使用无线电波，但科技体产生出数百种使用无线电沟通的物种。鼹鼠已经在地球上挖洞挖了数百万年，而两层楼高的挖隧道机械却更大更快，面对坚硬的岩石也不像其他生物会感到气馁，我们确实可以说，这些人造鼹鼠在地球上占了新的利基市场。世上的生物都没有跟X光机一样的视力。举几个例子，神奇画板、夜光数位手表或航天飞机，在生物界都没有对等的生物。科技体的多样性在生物进化中找不到对等物的例子越来越多，所以科技体的多样性的确越来越丰富。

科技体的多样性已经超越我们的认知技能。东西种类多到没有人能认得出所有的东西。认知研究人员发现，现代生活中能轻松认出来的名字类别大约有3000种。这个总数涵盖人工制品和生物，比方说大象、飞机、棕榈树、电话、椅子。这些东西一眼就能辨别，不需要思考。研究人员根据数个线索算出3000种的估计值：字典中列出的名词数目、一般6岁孩童词汇中的物品数目、原始的人工学习机器认得出来的物品数目。他们估计，一般来说，每个名词类别中有10个已经命名的种类。平常人或许能描述出10种椅子、10种鱼、10种电话、10种床。粗略估算，大多数人生活中就有三万种物品，或至少能认得出三万种。甚至当我们为某个形状命名时，生活和科技体中大多数掠过眼前的种类都没有特定的名字。看到鸟儿时或许知道是只鸟，但不知道是什么鸟。认得出草，但不知道是哪一种草。看到手机时认得出来，却不知道型号。要被逼急了，或许能从刀片的形状分辨主厨刀和瑞士军刀，但不一定能顺利辨认燃油泵和水泵。

在科技体的一些分支中，科技物种的多样性逐渐降低；现在，新型的灭火花器、汽车天线、手摇纺织机和牛车越来越少。我想过去50年内，应该没有人发明了新的手摇搅乳器（不过还是有很多人想发明“更好的”捕鼠器）。手摇纺织机不会消失，仍有艺术用途。牛车尚未灭种，或许在世界各地，只要有牛出生，牛车就不会消失。但是，由于没有新的需求，要注意到牛车已经变成很稳定的发明物，经过很长的时间也不会再改变，就跟鲎这种活化石一样。大多数近乎过时的人工制品也展现出类似的恒久不变。但此类的落后科技产物面对不断扩展的科技体中排山倒海而来、令人心慌意乱的创新物、想法和制品时便一败涂地。

网络零售商Zappos有9万种不同的鞋子。美国的一家五金批发商McMaster-Carr目录上的产品超过48万种；里面光是木头用的螺丝钉就有

2432种（没错，我亲自算了一遍）。Amazon网站上有8.5万种不同的手机和相关产品。到目前为止，人类创造出50万部电影，大约100万部电视影集。录制的歌曲至少有1100万首。化学家编目的化学物有5000万种。历史学家戴维·奈说："2004年，福特出品的F-150皮卡小货车有78种配置，驾驶座、基座、引擎、传动系统和内装都可以选择，座椅颜色和外部烤漆也包括在内。车主下单后，还能将它改造成可说是独一无二的模样。"如果创造力维持当前的速度持续不变，到了2060年就有11亿首独特的歌曲和120亿种不同的产品。

少数特立独行的人认为多样性多到过分了，会让人类中毒。在《只想买条牛仔裤：选择的悖论》（*The Paradox of Choice*）一书中，心理学家巴里·施瓦茨指出，今日典型的超市里可以找到285种甜饼干、175种色拉酱和85个牌子的薄脆饼干，让消费者麻痹了。想买薄脆饼干的人走进店里，看到薄脆饼干堆了整面墙，不禁感到迷惑，想要精挑细选却无所适从，最后离开店门，什么也没买。施瓦茨说："在杂货店里挑果酱，跟大学生选论文题目一样，选择越多，越不可能做出选择。"同样地，选择医疗保险计划时要看数百个选项，很多消费者干脆放弃，因为选择复杂到令人困惑，便撤销了计划，但已经预设选择（不需要做决定）的计划，登记的人反而比较多。施瓦茨下结论说："选择不断增加，负面的观点跟着上升，直到我们无法承受。此时，选择无法给人自由，反而令人疲惫不堪。甚至是一种压迫。"

的确，太多选择或许会带来懊悔，但"没有选择"又糟糕得多。朝着和"没有选择"相反的方向稳定移动，文明便出现了。科技带来问题，比方说选择多到令人无所适从，正如以往，解决的方法就是更好的科技。要解决超多样性，就要利用"帮忙选择"的科技。这些改良后的工具可以帮助人类在眼花缭乱的选项中做出选择，这就是搜索引擎、推荐系统、卷标和许许多多社交媒体最主要的目的。事实上，多样性的选择会产生处理多样性的工具（根据目前的速率，到了2060年，送到美国专利局申请的专利将高达8.21亿件，更提高了多样性，而驾驭多样性的工具就在其中！）。我们已经发现要如何使用计算机，利用信息和网页来扩大我们的选择（谷歌就是这样的工具），但还需要额外的学习和科技，搭配有形体的东西和与众不同的媒体来达成目的。网络初现时，几位非常聪颖的计算机科学家宣布，要从数十亿个网页中使用关键词搜寻来做出选择，几乎不可能，但我们今天随时都要从上千亿个网页中搜寻目标。没有人希望网页变得越少越好。

不久以前，科技未来的典型形象包含标准化产品、全球无变化和不可动摇的一致性。但矛盾的是，有种一致性可以释放多样性。标准书写系统（例如字母或文字）一致后，解放了文学超乎预期的多样性。在订定一致规则前，每个词都要独立创造，沟通仅限于某个地区，没有效率且造成阻挠。但有了一致的语言后，有更多人可以充分沟通，新的词汇、说法或想法得到激赏，能为人了解，传播出去。字母虽然死板，能激发出的创意却超越了没有定见的脑力激荡练习。

英文中标准的26个字母生出了1600万本英文书籍。词汇和语言当然会继续进化，但进化的过程要有永恒且为众人共享的基本原则当作基础；（短期内）不变的文字、拼写和文法规则让人创造出更多想法。科技体渐渐会合在少数通用的标准上，比方说基本的英文、现代音符、公制系统（除了美国以外！）和数学符号，还有普遍采用的科技协议，从公制系统到ASCII码和Unicode编码。今日世界的基础架构建立在共享的系统上，由上面多种标准交织而成。这就是为什么你能在中国订购机械零件，送到南非的工厂使用，或在印度研究药物，然后在巴西上市。基本协议的趋同也是为什么今日的年轻人能够直接彼此对话的原因，在十年前这根本不可能。他们用手机和执行一般操作系统的笔记型计算机，也用标准的缩写，因为看同样的电影、听同样的音乐、在学校研读相同的课程和教科书，以及承受同样的科技，共同的文化标准也日渐增加。奇怪的是，共有的普遍现象性质越来越相近，它们便能传达文化的多样性。

在全球标准逐渐趋同的世界中，小众文化的恐惧不断重现，担忧失去差异后也失去利基。他们不需要恐慌。事实上，全球沟通有越来越多的共同业者，更能提升小众差异的价值。以亚马孙流域的亚诺马诺人或非洲的布什曼人为例，他们具有特色的食物、医药知识和养育下一代的做法在以前是只限于当地的秘传知识。他们这种多样性构成的差异在部落外并无法凸显，因为他们的知识不会和其他的人类文化产生关联。但是，有了标准的道路、电力和沟通后，他们的差异就变得更重要了。即使他们的知识只适用于当地的环境，当有更多人知道他们具备知识后，差别就出现了。富人们想去哪里旅游？保留当地风味的地方。什么样的餐厅能吸引顾客？有特色的餐厅。什么样的产品能全球畅销？想法不同的产品。

如果这种本土化的多样性可以和相关的一切保持截然不同（这个假设非常难以达成），那么在全球的基础上，那样的差异就变得越来越有价值。要维护“和而不同”的平衡，当然是项挑战，因为这种文化差异和多样性多半源自孤立，混入新的元素后，孤立的局面也打破了。在非孤立局面下更加繁盛的文化差异（即使最初也源自孤立），在世界更加标准化时，价值也会增加。印度尼西亚的巴厘岛就是一个例子。虽然和现代世界关系越来越密切，巴厘岛丰富卓越的文化却似乎更深刻了。就跟其他融合新旧的居民一样，巴厘岛人使用英语作为通用的第二语言，在家还是说母语。

早晨他们会举行供花的仪式，下午则在学校上科学课程。他们既玩木琴，也会用谷歌搜寻。

多样性放宽后，如何符合我之前提过的、同样普遍的趋势呢，也就是科技必然的顺序，以及科技体趋同成某些形式。乍看之下，我们似乎可以引导科技体的方向，不让科技体向外传播到新的方向。如果科技趋同到全球的创新都只有一个顺序，科技多样性要从何得到助力？

科技体的顺序就像生物发展，按着既定的顺序经过不同的成长阶段。举个例子，所有的脑子都会经历从幼年到成年的成长模式。但在成长过程中，大脑可能会产生的想法则层出不穷。

大体上来说，科技会趋同到全球各地都有一致的用法，但偶尔某个团体或子团体会设计和改善出新型的科技或技术，仅能吸引到极端团体，只有边际价值。在很少见的情况下，这种极端的多样性会在主流中取得胜利，压倒现有的范例，因此科技体促进多样性的过程便得到了回报。

人类学家皮埃尔 · 彼得勒坎发现巴布亚新几内亚的杜布雷族和伊奥族用钢斧和钢珠几十年了，但“仅距离一天路程”的瓦诺族却未采用，目前仍是如此。在日本，手机的使用显然比在美国更广、更深、变化更快。但两国使用的手机来自同样的工厂。同样地，在美国，汽车的使用比在日本更广泛、影响更深、变化也更快。

这个模式并不是第一次出现。自从工具诞生以后，不知怎的，人类对某些科技形式的喜爱会超越其他形式。他们也会避开某个版本或某样发明，即使那东西似乎更有效率或更有生产力，或许只是为了身份认同：“我们的家族习惯不是那样”或者“我们的传统习惯这么做”。有人或许会漠视明显的技术改进，因为新的方法虽然更实用，却感觉不对或令人不自在。科技人类学家皮埃尔 · 勒莫尼耶审查过历史上此类不协调的情况后，他说：“一次又一次，人类展现出的技术行为不符合材料效率或进步的逻辑。”

巴布亚新几内亚的安加族猎捕野猪已有数千年的历史。要杀死跟人差不多重的野猪，安加人造了陷阱，主要元素包括棍棒、藤蔓、石头和重力。随着时间过去，安加人不断改良陷阱的技术，以符合地势变化。他们发明了三种普遍的形式。一种是装了尖头木棍的壕沟，用树叶和树枝掩蔽；第二种则是在保护诱饵的矮墙后插了一排削尖的木棍；第三种陷阱则是把重物悬空挂在路上，等野猪路过踩到就会掉下来。

此类技术知识在西巴布亚高原地区很容易从一个村子传到另一个村子。某个小区知道的事情，大家都知道（至少几十年后就可以传遍，不需要几个世纪）。要感受到大家的知识出现变动，需要走好几天的路。安加人大多数的团体有需要的时候，就可以从上面三种陷阱选一种来设置。然而，名叫蓝吉玛的群体却从来不用第三种陷阱。勒莫尼耶指出：“这个群体的成员可以轻松说出构成重物陷阱的十个部件，也能描述功能，甚至能画出草图，但他们就是不用这种装置。”过了河，就能看到对岸门叶族的房屋，他们会用重物陷阱，是很不错的科技。走两个小时的路到了卡抛族的地盘，他们也用重物陷阱，但是蓝吉玛族选择不用。正如勒莫尼耶所述，有时候人类“自动忽略完全了解的科技”。

蓝吉玛族并不落后。从蓝吉玛族向北走，有些安加人的部落不在木制箭头上装倒钩，刻意忽略蓝吉玛族用高度杀伤力倒钩的重要科技，即使安加人“常有机会注意到敌人对他们射出来的倒钩箭更具威力”。他们并非受限于可取得的木头种类，或是捕猎的动物类型，但就是无法解释整个种族对某些科技的刻意忽视。

科技除了单纯的机械表现，还有社会的层次。我们采纳新科技，主要为了利己的功能，但也会为了科技对我们的意义。我们拒绝新科技，也常常是为了同样的原因：因为避开某项科技，能够强化或塑造我们的身份。

研究人员只要细看科技传播的模式，不论新旧，都能看到种族采纳的模式。目前有两种驯鹿套索，社会学家注意到萨米人有个群体拒绝使用其中一种，而其他的拉普兰人两种都用。摩洛哥各处都有人使用一种效率特别低的水平式水车，但在世界其他地方看不到，即使水车的物理学永远不变。

我们应该期盼人类继续表现出种族和社会的偏好。群体或个人会拒绝各种科技上非常先进的创新产品，只是因为他们可以拒绝；或者因为其他人都欣然接受；或者因为这些产品抵触他们对自我的概念；或者因为他们宁可花更多精力去做事。我们为了区别出自己的特色，选择避开或放弃特殊的全球科技标准。因此，全球文化虽然朝着科技趋同前进，数十亿科技使用者个人的选择却彼此分离，在可以选择的范围内缓缓朝着更小、更特立独行的选项前进。

多样性为世界带来力量。在生态系统中，多样性提升，是健康的象征。科技体的动力也来自多样性。自创造之初，多样性的趋势便已经上扬，在能看得见的未来，也会继续分枝散叶，不会终止。

特化

进化的趋势从一般走向具体。最初的细胞没有特定目的，只是生存的机器。随着时间过去，进化从均一性打磨出多种特质。一开始的时候，生命的领地仅限于温暖的池塘；但地球上大多数地区都有火山和冰河这么极端的样貌。进化发明出专门住在沸腾热水或冷冻冰块里的细胞，也有能够噬油或捕捉重金属的特化细胞。特化让生物能够移居到这些主要且多变的极端栖息地里，数百万个合适的环境也充满了生物，例如其他生物的体内，或空气中尘埃粒子凹陷下去的地方。很快，地球上所有可能的环境都萌发出特化的生物种类，在该处生存下来。目前除了在医院这样的场所中可能有少数暂时无菌的环境，地球各处都能找到细菌。生物细胞特化的速度持续不断。

多细胞生物也遵循特化的趋势。生物体内的细胞会特化。人体有210种不同种类的细胞，包括肝脏和肾脏内的特化细胞。人体也有特殊的心肌细胞，和普通的骨骼肌肉细胞不一样。原本的卵子细胞无所不能，用更具体的方式把每一种动物划分成细胞，在不超过50次的细胞有丝分裂后，你我最后便有一致的组合：骨骼细胞、皮肤细胞和脑细胞。

在进化的过程中，最复杂生物里的细胞类型数目大幅增加（见图13-4）。事实上，这些生物由于包含更多特化的部位，因此比其他生物更复杂。因此，特化跟在复杂度的长弧线后面。

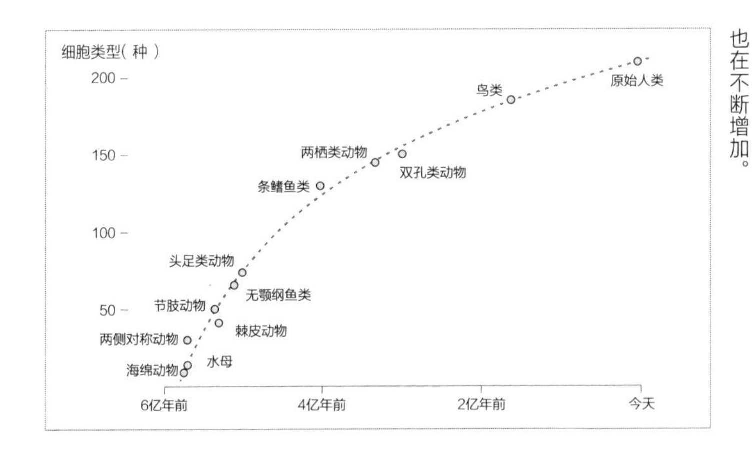

图13-4 细胞类型细分图。随着生物的进化，单个生物体所含的细胞类型最大数目也在不断增加。

生物本身也倾向更高度的特化。比方说，随着时间推移，甲壳类动物藤壶（由50种特化细胞组成）进化成特殊的藤壶。有6片壳板的藤壶专门住在一个月只淹水（会带来食物）数次的极端满潮地点。蟹奴属藤壶只会在活螃蟹的卵囊中生长。专门吃某些种子的鸟儿会生出特化的喙：喙小的吃小种子，喙肥大的吃坚硬的种子。有几种植物（所谓的野草）投机取巧，专门长在扰动过的土壤上，但大多数植物的生存技能只放在一个恰当的地方：深色的热带沼泽或干燥多风的高山山顶。大家都知道，无尾熊只吃尤加利树的叶子，大熊猫专门吃竹子。

生物界特化趋势的动力来自一场军备竞赛。更特化的生物（例如生活在深海火山口的蛤蜊，能利用火山喷发的硫化物茁壮成长）表示竞争者和猎物（例如以硫化蛤蜊为食的螃蟹）都有更特化的环境，进而引起更特化的策略（例如螃蟹身上的寄生虫）和解决方案，最后则带来更加特化的生物。

想要特化的迫切需求也延伸到科技体中。猿人最早使用的工具是块有点圆的石头，带有崩开的边缘，可以刮，可以切，也可以敲，什么功能都有。被现代智人继承后，就转化为特化的工具：刮刀、切割工具和槌子。形形色色的工具种类随着时间增加，专门的工作也一起增加。缝纫需要针；缝兽皮需要专门的针，缝织品又要另一种针。简单的工具结合成复合工具后（弦+棍=弓），特化更上一层楼。今日的制品多到令人瞠目结舌，主要是因为复杂的装置需要专门的零件。

同时，跟生物一样，工具一开始通常可用于很多东西，然后也进化成有专门的用途。第一台有照相胶卷的相机于1885年发明。有了形体后，相机的概念就开始特化。问世后没几年，发明家就设计出微小的间谍相机、超大的全景相机、组合镜头相机、高速闪光灯相机。今日有数百种特制相机，包括能在深水中使用、特别为太空环境设计，以及能捕捉红外线或紫外线的。虽然仍能购买（或制造）最初的一般用途相机，但在相机王国中占的比例越来越小了。

从一般到专门的次序适用于大多数的科技产品。汽车一开始的诉求也很广泛，过了一段时间后进化出特殊的样式，一般用途的型号慢慢淡出。你可以选择小型车、货车、跑车、轿车、皮卡、油电混合车，等等。还有，头发、纸张、地毯、网线或花朵都有专用的剪刀。

展望未来，特化会继续成长。最早的基因定序仪可用于所有的基因。下一步则是专门的人类DNA定序仪，只为研究人员处理人类或另一种特定物种（比方说老鼠）的DNA。然后也会出现专门处理种族基因体（比方说非裔美籍或华裔）的定序仪，或许方便携带，或许速度很快能实时定序，让使用者知道当下是否有污染物损害他们的基因。最早的市售虚拟实境操控台提供各种虚拟实境，但过了一段时间后，虚拟实境游戏将进化出特殊的版本，比方说游戏或军事演习用的特殊配备，或用于电影排演或购物。

现在，计算机似乎朝着相反的方向走，容纳越来越多的功能，要变成用途更广泛的机器。所有的职业和工作人员似乎都纳入了计算机和网络的新玩意。计算机已经整合了计算器、电子表格、打字机、影片、电报、电话、对讲机、罗盘和六分仪、电视、收音机、唱机、绘图桌、混音台、战争游戏、录音室、铸字行、飞行仿真器，以及其他许多职业设备。看看某人的工作空间，你可能看不出他的职业，因为大家的办公桌看起来都一样：一台个人计算机；有90%的雇员使用同样的工具。那张办公桌后面坐的是CEO、会计、设计师还是接待人员？云端计算出现后，更加强了这种趋同，实际的工作在整体的网络上进行，手边的工具只是进入工作的门户。所有的门户都变成最简单的窗口：某个尺寸的平板屏幕。

这样的趋同不会持久。我们仍在计算机化的初期阶段，或者该说是智能化的初期。目前我们会用到个人智力的所有地方（也就是说我们工作和玩耍的所有地方），我们也都会快速套用人工和集体的智能，立即翻新我们的工具和期望。已经智能化的工作包括记账、摄影、财务交易、金属加工和飞机导航等数千种。我们将要计算机化汽车驾驶、医学诊断和语音辨认。在飞快进行大规模智能化的同时，先安装了用途广泛的个人计算机，搭配了大量生产的小小处理器、中等大小的屏幕和网络信道；因此所有的劳务都有同样的工具。可能要再等十年，才能让智能化完全进入所有的行业中。现在听起来或许很蠢，我们会把人工智能放入槌子、牙签、堆高机、听诊器和炒菜锅里。这些工具分享了网络上通用的智能后，得到全新的力量。但新增加的角色变得更清楚，工具就会特化。iPhone、Kindle、Wii、平板计算机和小型笔记本电脑就是很好的例子。显示器和电源科技追上芯片后，无所不在的智能化接口开始分叉和特化。士兵和其他会用到全身的运动员想要环场大屏幕，行动商务人士则想要小屏幕。游戏玩家想要尽量减少延迟，读者想要最高的清晰度，登山客想要防水，小孩子想要摔不坏。计算机构成了网络，进入网络的门户要特化到非凡的程度。以键盘为例，将会失去独占权。语音和手势输入会变成主角。眼镜和眼球屏幕则会补强墙面和可折弯的表面。

快速制造的时代来临（机器能够快速按需求制造出物品，数量只有一个），特化会向前跃进，任何工具都可以为个人的特殊需求或渴望量身打造。高利基功能或许需要组合装置来完成某项任务，事后又打散。超级特化的人工制品可能就像蜉蝣般只有一天的寿命。利基和个人化的“长尾”再也不专属于媒体，而变成科技进化的特色。

我们可以预测，想象今日有用的发明在未来进化发展成数十种功能有限的东西。科技会从一般走向专门。

普遍存在

在生物界及科技体中，自我繁殖带来的结果酝酿出内在的动力，朝着无所不在前进。只要有机会，蒲公英、浣熊、火蚁就会繁殖，直到覆盖地球表面。进化配备的复制体有招数能够突破所有的限制，尽量扩大散布的范围。但由于实质资源有限，还要面对无情的竞争，没有物种能够真的无所不在。不过所有的生物都以此为目标。科技也一样，想要遍布各地。

人类是科技的繁殖器官。我们让制品成倍增加，散播想法和思想基因。由于人口有限（目前只有60亿人），要散播的科技物种或文化基因则有数千万，只有少数器具能够百分之百遍及全球，不过有几项也快要达到这个目标。

另一方面，我们也不真的希望所有的科技都能无所不在。我们希望最好能透过遗传学、药物或饮食，让世界上没有人需要换人工心脏。同样地，碳吸存（去除空气中的碳）这样的整治科技最好永远不要普及各地。最好一开始全世界都有低碳能量来源，利用光子（太阳）、融合（核子）、风力或氢的科技。整治科技有个问题，一旦满足了相关的利基，就没有其他可发挥的余地。如果疫苗在各处都成功了，便没有未来。从长期来看，能够启发其他科技的同乐性科技通常最快升级到无所不在。

从我们的生物圈来看，农业是地球上最普遍存在的科技。农业稳定提供过剩的物资，丰富得似乎没有尽头，因为这样的富足，文明得以兴起，孕育数百万种科技。农业的散播是地球上最大规模的工程计划。地球陆地面积有三分之一由人脑和人手改变了外貌。原生植物被取代了，泥土翻开，人类培育的作物取而代之。地球表面有大面积的绵延土地已经被半驯化成牧地。从太空中也能看到地球上最剧烈的变化，例如巨大农场无边无际的广阔土地。以平方公里为测量单位，地球上最普及的科技为五大已经驯化的作物：玉米、小麦、稻米、蔗糖和大麦。

地球上第二项最充足的科技则是道路和建筑。在占了绝大多数陆地面积的空地上，泥土路把如同树根般的触角延伸到几乎所有的流域中，交叉穿越山谷，迂回地翻山越岭。人工建造的路网形成网状的外衣，覆盖全球的陆地。树状的道路出现后，也盖起了一行行建筑。这些人工制品由木料纤维（木头、茅草、竹子）或塑土（泥砖、砖头、石头、水泥）做成。在道路的中心，可以看到用石头和硅土构成的宏伟大都市，物质的流动路线被大都市改变了，因此科技体大多要绕着大都市循环。食物和原料源源不绝流入，垃圾不断流出。已开发都会区的居民每人每年要移动20吨的物质。

有一种技术，也许不易察觉，但却覆盖全球，那就是火的使用。含碳燃料（尤其是煤炭和石油）的燃烧改变了地球的大气层。从整体质量和融合性方面看，燃烧装置（最常见的是公路上的汽车发动机）无法与公路相提并论。虽然规模不及公路和住宅、工厂，但这些小型的、可控的燃烧装置可以改变大气层的成分。也许，人类集体使用的燃烧设备虽然占用的空间不大，但对地球的影响却是最大的。

接下来则是你我周遭都有的东西。在人类一天的生活中，近乎无所不在的科技产品包括棉布、铁制刀片、塑料瓶、纸张和无线电讯号。这五项科技物种在今天几乎每个人都唾手可得，不论是在都市，还是在最遥远的乡村。这五项科技开展了无限的可能：纸张给我们便宜的书写、印刷和纸钞；金属刀片带来艺术、工艺、园艺和屠宰业；塑料带来烹饪、水和药物；无线电带来连接、新闻和社群。跟在这五项科技后面的则是几乎到处都有的金属罐、火柴和手机。

全面普及是所有科技产品的目标，却一直无法达成。不过，当实际采用率接近饱和，就足以让技术跃升至另一个层级。在全球各地的城区，新科技散播到饱和点的速度越来越快（见图13-5）。

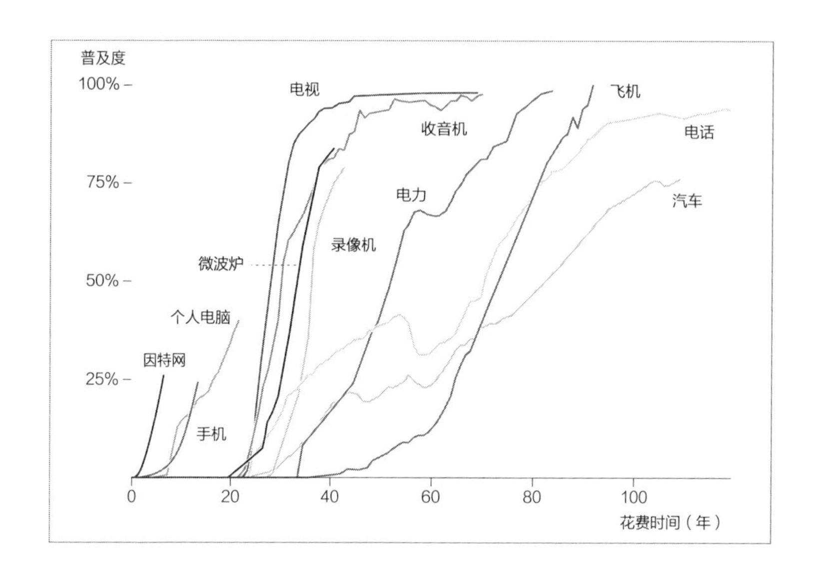

图 13-5 科技的普及度呈加速上升趋势。图中为各种科技产品自诞生之日起在美国消费者中的普及率变化曲线。

电气化花了75年的时间才遍及90%的美国居民，而手机只花了20年就达到同样的穿透度。散播的速度不断加快。

还有更多的东西变得不一样了。科技普及之后发生了很奇怪的事。在少数几条路上奔驰的几辆汽车和每个人都有几部车的情况彻底不同；不只是因为噪音和污染增加了，数十亿辆上路的车子更孕育出意外的系统，产生了自身的动态。大多数发明物也一样。最早的几台相机很新奇，主要带来的冲击是让负责记录时代的画家失去了工作。但摄影术的使用越来越简单，常见的相机促成了热烈的新闻摄影，最后孵化出电影和好莱坞的另类实境。相机普及到够便宜后，家家户户都有自己的相机，进而带来旅游业、全球化和跨国旅行。相机继续普及，出现在手机和数字装置上，全世界的人都能分享影像，“有图有真相 ”的说法出现了，也让人觉得离开了相机的视野，就等于失去了重要性。相机仍继续传播，变成建筑物的一部分，从每个街角、每个房间的天花板四处观看，让社会不得不变得更透明。最后，在我们建造出来的世界中，所有的平面都会放上屏幕，所有的屏幕都兼备眼睛的功能。相机无所不在，不论何时，一切都会被记录下来。人类会出现群体的察觉和记忆。普及所带来的这些影响并不只是取代了绘画而已。

无所不在，一切也跟着改变。

一千部汽车让行动变得更容易，创造隐私，提供冒险。十亿部汽车创造出郊区，消灭了冒险，破除狭隘的想法，造成停车问题，引发交通堵塞，改变了建筑物的人性尺度。

一千台永不停止运作的相机让扒手无法在市中心作案，抓到闯红灯的人，记录警察不当的行为。十亿台永不停止运作的相机变成社群的监视器和记忆，业余人士也能作为证人，自我的概念也重新接受塑造，当局的权威因此降低。

一千个远距传输站为假期旅游赋予全新的活力。十亿个远距传输站颠覆了通勤，重新塑造全球化，带来远距时差，重新引入大观景象，扼杀国家观念，终结个人隐私。

一千个人类基因定序加速个人化药物问世。每小时十亿个基因定序让我们能实时监看基因损伤，造成化学产业的混乱，重新定义疾病，让系谱学变成流行话题，并推出“超清洁”的生活形态，连有机生活都相形见绌。

一千个建筑物大小的屏幕赋予好莱坞动力。十亿个散落各地的屏幕变成新的艺术，创造出新的广告媒体，让夜间的城市再度恢复生气，加快定位计算，公共用地也重拾活力。

一千个人型机器人改写了奥运的历史，娱乐产业得到助力。十亿个人型机器人大幅改变就业形态，蓄奴制度和反对蓄奴的人再次出现，推翻根深蒂固的宗教。

在进化的过程中，所有的科技都要面对这个问题：如果它变得无所不在，会是什么情况？每个人都拥有科技，会怎么样？

通常，无所不在的科技最后都会消失。1873年，人类发明出现代的电动马达，过了不久就遍及制造业。每家工厂都配置了又大又昂贵的马达，用以取代之前的蒸汽机。从此光靠一个引擎，就能推动车轴和输送带构成的复杂网络，进而推动工厂各处的数百台小机器。建筑物内流转的能量只有一个源头（见图13-6）。

图13-6 无所不在的汽车。图片拍摄于1915年，图中为福特汽车公司用以磨削曲轴的机械装置。

20世纪前10年，电动马达开始必然的旅程，普及到家庭中。电动马达被驯化了，不像蒸汽机会冒烟滴水和喷气。一块重量两公斤多的东西，发出简洁稳定的呼呼声。和在工厂里一样，这些单机“家用马达”被设计成要为家中所有的机器提供动力。美国咸美顿公司1916年出品的“家用马达”有6速变阻器，使用110伏特的电力。设计师唐纳德·诺曼指出，西尔斯罗巴克公司1918年的目录中有家用马达的广告（见图13-7），售价是8.75美元（约等于今日的100美元）。这具方便的马达会运转你的缝纫机。你也可以插上随附的搅拌装置（“适合多种用途”）以及缓冲器和研磨器（“在家中的用途非常广泛”）。电扇装置“可以快速接上家用马达”，还有可以搅打奶油和鸡蛋的打蛋器。

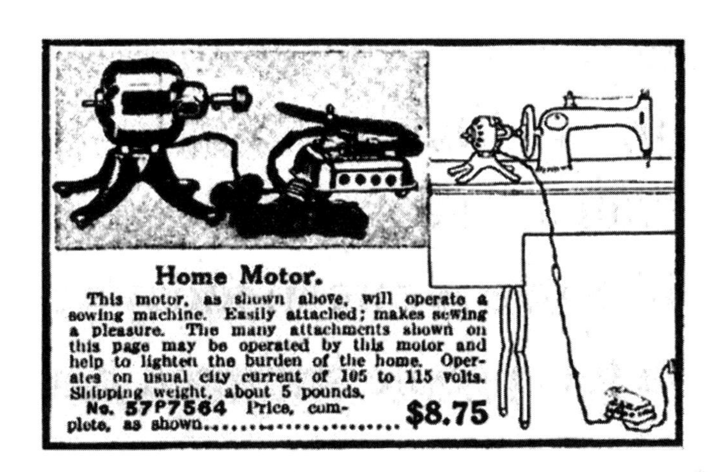

图13-7 家用电动机广告。这是1918年一份杂志上的希尔斯家用电动机广告。

一百年后，电动马达普及各地，也失去了可见度。并非每家都有家用马达；现在有几十种马达，但我们几乎看不到。电动马达再也不是独立的装置，现在已经融入许多器械中。马达带动我们的器具，变成人造工具的肌肉。马达无所不在。在我写作的时候，我很随意地算了一下这个房间里可以找到多少台看不见的马达：

五个正在运转的硬盘

三部模拟卡带录音机

三台相机（负责伸缩镜头）

一台摄影机

一块手表

一座钟

一台打印机

一台扫描仪（移动扫描头）

一台复印机

一台传真机（移动纸张）

一台CD播放机

一个地板辐射暖气的泵

在我家的一个房间里，有20具家用马达，现代的工厂或办公大楼则有上千具。我们不会想到马达；即使要仰赖马达的工作，也察觉不到马达的存在。马达很少失灵，却改变了我们的生活。我们察觉不到道路和电力，因为它们无所不在，通常也不会失效。我们不会想到纸张和棉质衣物也是科技，因为它们很可靠，到处都看得见。

除了深层嵌入，无所不在也孕育出确定性。新科技的优势一定会带来分裂。创新产品的第一个版本挺笨拙，也过分讲究。我们可以再度引用希利斯对科技的定义："尚无法发挥效用的东西。"新奇的犁、水车、鞍、灯具、电话或汽车只能提供不明确的优势，且会带来某些问题。即使某项发明物在某地已经达到完美，首次引进到新地区或文化时，仍需要重新训练旧有的习惯。新型的水车或许不需要那么多水就能转起来，但也需要不同类型的磨石，或许很难找到，或许会制造出质量不一样的面粉。新型的犁或许能加快耕种的速度，但必须延后播种的时间，扰乱旧有的传统。新型的汽车或许有更高的行程，但比较容易出故障；或者效率提高了但行程变短了，需要改变驾驶和燃油的模式。第一个版本和这个版本想要取代的事物相比，几乎总是只有那么一点点好处。这就是为什么只有少数几名热心的先锋想要第一个采用新产品，因为新产品只会带来麻烦和未知的问题。创新产品臻于完美后，大家都知道有什么好处，也学会如何使用，不确定性就降低了，科技也开始传播。传播绝对不会立刻开始，也不会到处都一样。

在所有科技产品的寿命中，总有一段“有”和“没有”的时期。个人或群体率先冒险采用未经证明的枪支、字母、电气化、眼部激光手术后，或许能明白这些东西的益处，不敢尝试的人就不知道了。财富、权势或幸运的地理位置以及欲望，都会影响这些优势的分布。20世纪即将结束之时，互联网开始盛行，给了我们一个最近、最明显的例子来说明“有”和“没有”之间的分水岭。

互联网于20世纪70年代发明，一开始并没有什么好处。主要的使用者是发明的人，一小群娴熟程序语言的专业人士，他们想用互联网来改善互联网。在刚开始的时候，互联网的建构是为了更有效地讨论互联网的想法。同样，最早的业余无线电玩家主要在广播无线电的讨论内容；无线电早期的市民波段都在讨论市民波段无线电；最早的博客都和写博客有关；推特出现后的几年，使用者都在讨论推特。到了20世纪80年代早期，为了找到志同道合者一起来讨论这项工具，精通网络协议晦涩指令的早期使用者转移到初期的互联网上，并告知自己的宅男朋友。但其他人都对互联网没兴趣，只把它归类成少数青少年的兴趣。联接费用昂贵，要有耐心和打字能力，也要愿意面对含糊不清的技术语言，除了着迷的人，没有几个人上线。大多数人就是不感兴趣。

但是，早期使用的人加以修改后，加上图片和点选接口（网络），互联网变得更完美，大家就看到它的优势了，接着也想要使用。数字科技的优点变得显而易见后，众人便开始争辩该怎么处理“没有”。科技产品价格依然高昂，需要个人计算机、电话线和月租费，但是使用的人却因为知识而得到了力量。专业人士和小型企业对其潜能趋之若骛。这项科技产品给人力量，全球各地最早使用的人也是资产丰富的人，他们可能有车、生活安宁、受过教育、有工作、有机会。

有越来越多证据显示互联网具备提升的力量后，数字“有”和“没有”之间的分水岭也愈加明显。一项社会学研究做出结论，“两个美国”出现了。一个美国的居民很穷困，买不起计算机，另一个美国则住着配备了计算机的有钱人，所有的好处都被他们占走了。在20世纪90年代，像我这样大力推动科技的人也努力促进互联网的出现，常有人问我们：那道数字分水岭该如何处理？我的回答很简单：不需要处理。什么也不用做，因为互联网这种科技的自然历史会自我应验。“没有”只是暂时的不均衡，科技的力量会加以疗愈（而且不光是治疗而已）。和全世界连线的利益说也说不完，还没连线的人也急着要加入，和“有”的人相比他们已经付了更昂贵的电信费用（等到服务就位以后）。此外，计算机和连线的成本皆逐月降低。那时候美国大多数的穷人都有了电视，也要付有线电视的月费。拥有计算机和网络联机不比电视贵，很快就会变得更便宜了。十年内，必要的花费变成只要一百美元就可以买到笔记型计算机。过去十年内出生的人在他们的一生结束前，应该可以看到某种类型的计算机（事实上就是用来上网的计算机）只需要5美元。

正如计算机科学家明斯基的说法，这只是“有”和“比较晚有”的问题。“有”的人（早期采用者）付出过于昂贵的价格购买科技产品低劣的初期版本，几乎不能用。他们买了新产品古里古怪的第一版，提供资金给更便宜更好的版本，让“比较晚有”的人可以使用，不久之后新产品就便宜得要命，而且运作优良。本质上，“有”的人为“比较晚有”的人提供科技发展的资金。不就该这样吗？有钱人为穷人提供科技便宜发展所需的资金。

手机出现后，我们更清楚看到这种“比较晚有”的循环。最早的手机比砖头还大，非常昂贵，而且效果不好。我记得一位计算机通朋友最早花了2000美元买最早出现的手机；他把手机装在专属的皮箱里，到处带着走。我真不敢相信，会有人花那么多钱买个看起来跟玩具一样、不像工具的东西。那时候要是知道20年内，2000美金的装置会变得便宜到可以用完就丢，小到可以放在衬衫口袋里，普及到就连印度的清洁工都随身携带，似乎也一样滑稽。虽然加尔各答的游民还不可能享有互联网，科技固有的长期趋势目标却要达成无所不在。事实上，从很多方面而言，这些“比较晚有”的国家手机覆盖率已经追上了美国旧有系统的质量，所以手机变成“有”和“比较早有”的案例，因为后来使用的人更快享受到手机的好处。

最残酷的科技批评家仍把焦点放在“有”和“没有”的短暂分水岭上，但那脆弱的界线只会带来困惑。科技发展最明显的起点出现在普通和无所不在的界线，以及“比较晚有”和“什么都有”的界线上。批评家问我们这些率先使用互联网的人要怎么处理数字分水岭，我说“不需要处理”，也加了一项挑战：“要是你心存忧虑，别担心那些现在还没上网的人。他们蜂拥向前的速度超乎你的想象。你反而该担心要是大家都上网后我们要怎么办。互联网上有60亿人，大家同时送出电子邮件，没有人下线，大家都日夜连着网络，一切都是数字，没有东西不在线，互联网普及每个角落。那才会带来未曾料想到的后果，值得我们担忧。”

今日，同样的道理也适用于DNA定序、卫星定位追踪、便宜得要命的太阳能板、电动车，或甚至营养品。光纤网络还没有通到某些学校，不用担心；等到处都有光纤网络时，才需要忧虑。我们太过注意那些粮食不够的人，反而不在乎大家都有足够的食物时会发生什么事。科技产品少少几次与世隔绝的展现便能够显露出一级的效果。但等到科技渗透进文化，二级和三级的结果才会爆发出来。科技带来人类不想要的结果，让我们无比恐惧，但大多数结果通常会蔓延到所有的地方。

大多数好东西也会变得无所不在。嵌入的普及性是现在的趋势，在共荣同乐程度没有限制的科技上最为突出：讯息、计算机化、社会化和数字化。可能性似乎无穷无尽；可以塞进物质和材料中的计算机化和讯息似乎没有上限。到目前为止，人类所发明的东西似乎还没有一样会让我们说："够聪明了。"因此，这种类型的科技就算已经无所不在，也无法令人满足。这些科技产品的普遍程度持续提高，所遵循的轨道会让一切的科技走向无所不在。

自由

自由意志跟其他的东西一样，并非人类独有。原始动物就已经拥有无意识的自由意志选择。所有的动物都有原始的欲望，会通过选择来满足。但自由意志甚至比生物更早出现。包括弗里曼·戴森在内的一些理论物理学家认为，自由意志出现在原子的粒子中，因此自由意志诞生于大爆炸引起的巨焰，从那时候开始便不断扩展。

举个例子，戴森注意到，次原子粒子衰变或改变旋转方向的确切时刻一定要描述成自由意志的行动。怎么可能？好，该宇宙粒子所有其他微小的行动都绝对预先取决于粒子之前的位置或状态。如果你知道粒子的位置以及其能量和方向，就一定能确切预料它下一刻的位置，不会失误。完全遵守之前的状态预先决定的路径，奠定了“物理学定律”的基础。但粒子自行分解成次粒子和能量射线无法预测，也无法由物理学定律预先决定。我们会把这种衰变成宇宙射线的现象称为“随机”事件。数学家约翰·康威提出证据，指出随机性的数学或决定论的逻辑皆无法恰当解释宇宙粒子突然（为什么在此时？）衰变或改变旋转方向。唯一剩下的数学或逻辑选择只有自由意志。粒子只是做出选择，而选择的方法却跟自由意志难分轩轾。

理论生物学家斯图尔特·考夫曼认为，这个“自由意志”出自宇宙神秘的量子本质，按照这个本质，量子粒子可以同时出现在两个地方，或者同时是波和粒子。考夫曼指出，当物理学家把光子（同时是波和粒子）射过两条狭小的平行隙缝时（很出名的实验），光子只能以波或粒子的形式穿过，不能同时有两个状态。光子粒子必须“选择”要表现的形式。这个实验进行过很多次，波和粒子穿过隙缝，在另一侧接受测量之后，只会“选择”一个形态（不是波就是粒子），这很奇怪，但也告诉我们一些道理。根据考夫曼的说法，粒子从未决的状态（所谓的量子去相干）到决定的状态（量子相干）是一种选择，因此我们的脑子里出现了自由意志，因为这些量子影响出现在所有的物质中。

约翰·康威写道：

> 有些读者或许会反对我们用“自由意志”的说法来描述粒子反应的非决定论。我们刻意将之归为自由意志而引起反弹，因为我们的原理断言，如果实验人员有某种程度的自由，那么粒子也有同样的自由。没错，大家自然都会认为粒子的自由是我们最终的解释。

生命激发出大幅度的组织增加，也利用到粒子中固有的微小量子选择。宇宙粒子自行“有意志的”衰变或许会通过细胞，在途中触发DNA分子高度有秩序的结构，造成突变。假设会从胞嘧啶基敲出氢原子，那么间接选择（生物学家用来称呼随机突变的说法）有可能生出创新的蛋白质序列。当然，大多数粒子选择只会让细胞的生命更早结束，但幸运的话，突变后整个生物会得到生存优势。由于DNA系统会留存和累积有用的特质，自由意志的正面影响就能积聚下来。有意志的宇宙射线也会触发神经元内的突触放电，让新的讯号（想法）进入神经和脑部细胞，其中有些细胞会间接刺激生物做一些事情。按着进化复杂的机械装置，这些从远方引起的“选择”也会被抓住、留存和加强。粒子自由意志触发的突变聚集起来，过了几十亿年，进化出有更多感官、肢体、自由度的生物。一如往常，这是个符合道德观的自我强化循环。

在进化过程中，“选择性”不断增加。细菌的选择很少，或许要朝着食物滑过去，或许需要分裂。浮游生物比较复杂，细胞机制更多，选择也更多。海星可以摆动管足、逃走（快快地或慢慢地？）或对抗天敌，选择要吃东西还是要交配。老鼠一生中有数百万个选择。可以移动的部位更多（胡须、眼球、眼皮、尾巴、脚趾），可以运用选择的环境更大，也有更长的寿命可以做决定。复杂度越高，可能的选择就越多。

大脑当然是选择的工厂，一直发明出新的方法供自己选择。哈佛大学的科技哲学家伊曼纽尔·梅塞纳宣称：“有更多选择，就有更多机会。有了更多机会，就会更自由，有了更多自由，我们就更有人性。”

创造出便宜、无所不在的人工大脑后，主要的结果就是在人造的环境中注入更高层次的自由意志。当然，我们为机器人装上大脑，但汽车、座椅、门、鞋子和书本也植入了做选择的人工智能，这些东西扩大自由选择的领域，能做选择的事物越来越多，虽然这些选择只有粒子那么大。

有了自由意志，就会犯错。当我们释放无生命的物品，脱去它们天生动弹不得的桎梏，给它们选择的粒子，也就给了它们犯错的自由。我们可以想象，新出现的人造知觉就代表新的犯错方法、做蠢事、犯错。也就是说，科技教我们如何犯下创新性的错误，而我们之前没办法做到。事实上，问问自己，人性如何能够犯下全新的错误或许就是最好的制度，以此来发现选择和自由有哪些新的可能性。改造我们的基因体，是为了准备创造出新型的错误，因此象征着新层次的自由意志。改造地球的气候也表示会犯下新的错误，因此带来选择。透过手机或电线实时连接世界上所有的人，也会释放出选择的新力量，和惊人的犯错潜能。

所有的发明物都扩大了可能性的范围，延伸了做选择的因素。但同样重要的是，科技体创造出新的机制，可以运用无意识的自由意志。每次送出电子邮件时，数据服务器上看不见的精巧算法决定讯息在全球网络中要经过的路径，以便避开堵塞，用最快速度送到目的地。在这些选择中，量子选择或许无关紧要，但数十亿个互动的决定因素则会发挥影响力。由于解析这些因素是个棘手的难题，所以这些选择事实上就是由网络中的自由意志决定的，互联网每天都要做出数十亿个选择。

带有模糊逻辑的装置会做出真正的决定。微小的芯片脑袋权衡互相竞争的因素，然后模糊逻辑电路以不确定的方式来决定何时要关闭烘衣机或用什么问题来加热米饭。许多复杂、适应力强的新玩意产生人类或其他生物无法触及的新行为，扩展了自由意志的领地，比方说你前几天搭的747客机，或许就由精密的计算机化自动驾驶仪操作。麻省理工学院的实验性机器人可以用脑子和手臂抓住网球，比人类大脑和手臂合作的时间快了一千倍。机器人决定要把手放在哪里的动作太快了，甚至连肉眼都看不到。在这里，自由意志扩展到新的速度领域。

将关键词输入谷歌时，谷歌会考虑大概一兆个文件，然后选择（“选择”是很恰当的说法）你应该会想要的页面。没有人能涵盖那遍及全球的资料量。因此，搜索引擎带来的自由选择规模远超过人类。一旦机器释放可能性的速度快到跟我们思索的速度一样，就不用等我们了，可以直接迎接新的可能性。

在明日世界中，会自动停车的高科技汽车会做出的自由意志选择，就跟我们在停车时会做出的选择一样多。和今日比起来，科技或多或少都会提高自由意志的程度。

首先，科技体带来更多可能的选择，然后又扩展了能做选择的媒介范围。新科技越强大，就能开启越高的自由度。选择成倍增加，表示自由也成倍增加。在这个世界上，有很多经济选择、大量的通信选择和高等教育机会的国家通常提供的自由度也最高。但在扩展的同时，也可能出现滥用。新科技一定有可能让人犯下新的错误。在科技体成长时，各方面的选择自由也增加了。

共生主义

在地球上，有一半以上的生物都属寄生生物。也就是说，在生命中至少有一个阶段要靠其他物种才能生存。同时，生物学家相信每种现存的生物（包括寄生虫在内）也是至少一种生物的宿主。因此自然世界也是共同经验的温床。

在连续的共生主义中，寄生状态只是其中一个程度。在连续体的一端，所有的生物都要靠其他生物（直接依赖父代，间接依赖其他物种）才能生存，在另一端，藻类和菌类两个截然不同的物种共栖共生，组成地衣这种共生体。在两端之间则有不同类型的寄生状态，有些完全不会伤害宿主，有些寄生生物则会协助宿主（例如牛角刺槐上的蚂蚁）。

进化（或许说共同进化比较恰当）过程中织入了三股越来越强的共生主义：

1. 生物在进化过程中越来越依赖其他生物。最古老的细菌靠着没有生命的岩石、水和火山烟来维持生活；只会接触到不会动的物质。之后，如大肠杆菌般更复杂的微生物一生都住在我们的肠子里，周围是人的活细胞，吃我们的食物。它们只接触到其他的生物。过了一段时间后，生物发源的环境比较有可能充满生气，不会死气沉沉。整个动物王国就是一个很好的例子，可以说明这个趋势。要是可以从其他生物身上偷来食物，何苦要从元素中自行制造呢？以这个角度来看，动物的共生主义高过植物。

2. 在生物进化时，大自然创造出更多机会让物种之间彼此依赖。每个为自己创造出成功利基的生物也会为其他物种创造出有潜能的利基（都有可能进入寄生状态！）。假设高山草原过了一段时间后，有新品种的蜜蜂为番红花授粉，增加了当地的物种数目。新增加的物种有可能让草原上所有的生物建立更多种关系。

3. 在生物进化时，同一物种的成员彼此合作的机会提高了。蚁群或蜂窝的超级生物就是物种间合作和共生的极端例子。生物间的群居性提高，为进化提供稳定的机制。一旦社会化出现，就不太可能走回头路。

人类生活浸润在所有三种共生主义中。第一，我们的生存极度仰赖其他的生物。我们吃植物和其他的动物。第二，地球上没有其他物种像人类这样大量运用其他种类的生物来保持健康和繁盛。第三，人类是出名的社交动物，需要其他人来抚养我们长大、告诉我们如何生存和保持清楚的头脑。因此，我们的生活共生程度极高，深入其他的生物。科技体把这三种共生主义又向前推了一步。

今日大多数的机器不会碰到地面，或不碰到水，甚至不接触空气。在我写下这些字的时候，个人计算机核心中跳动的微电路心脏与元素隔绝，周围全是其他的人工制品。这微小的人造物靠着巨大涡轮（天气好的时候，则是屋顶上的太阳能板）产生的能量生存，把输出送到另一台机器（我的计算机屏幕），要是幸运的话，等它的寿命结束，珍贵的元素还可以由其他机器吸收。

有很多机械零件从来不接触我们的双手。由机器人制造，塞入装置，然后放入更大的科技发明物里。不久以前，我跟儿子拆解了一台很老的CD播放机。当我们打开激光盒时，我相信我们是首先看到那精细内部零件的非技术人士。之前播放机的内部只被机器碰过。

科技体朝着人类和机器共生程度越来越高的方向移动。这个主题很适合拍成令人热血沸腾的好莱坞科幻巨作，但在真实生活中也能在上百万个小地方见证。大家都看得到，现在我们正用网络和谷歌一类的科技创造共同的回忆。当谷歌（或其他衍生物）能够了解口语的问题，寄居在人类的衣物上，我们就能把这项工具快速吸收到脑海里。我们会依赖这样的工具，工具也依赖我们，生存下去并变得更聪明，因为用的人越多，工具的聪明程度越高。

有些人觉得这种科技共生很可怕，甚至到了骇人的地步，但它跟使用纸张和铅笔来做长除法并没有什么两样。对大多数普通人来说，没有科技，就无法做较大数字的除法。我们的大脑天生无法成就这项工作。我们用书写和算数技法来乘除或处理很大或很多的数字。我们可以在脑子里计算，把问题用虚拟方法写在脑海里的虚拟纸张上。我妻子小时候会用算盘来算数。算盘是4000年前发明的模拟式计算器，这种科技辅助工具计算的速度比纸笔还快。要是没有算盘，她会用同样的方法，用手指拨弄虚拟的算珠来找出答案。有时候，完全仰赖科技来加减数字并不会让我们觉得恐惧，但要仰赖网络来记得事情有时候就会让我们觉得很糟糕。

科技体也提高了机器间的共生主义。世界上的电信流量大多不是人类彼此传递的讯息，而是机器之间的通信。世界上的非太阳能（也就是透过科技方法创造的能量，在科技体的管线间流动）几乎有75%用于移动、储藏和维护机器。大多数卡车、火车和飞机用于货运而不是客运。大多数冷暖空调不是给人类使用，而是给其他东西。科技体只有四分之一的能量用在人类的衣食住行上，其余由科技创造的能量则用于科技。

科技体与人类之间共生程度增加的旅程才刚开始。就跟用纸笔做加法一样，要熟悉这种共生状态，需要通过教育。外熵趋势朝着共生主义前进，最明显的地方就是科技体提高了人与人之间的社交性。我想加以描绘，因为这条轨道马上就要出现了。在接下来的10—20年，科技体的社会面向会变成最主要的特质，也是人类文化的重大事件。

人与人越来越紧密，也是自然的进展。一群人一开始的时候只是分享想法、工具、创作，然后进步到合作、协力，最后达到集体主义。每走一步，协调度便跟着增加。

在今天，网络上的群众分享意愿非常高。脸书和MySpace上张贴的个人照片已经到达天文数字。可以说用数字相机拍摄的照片几乎都会用某种方法分享。维基百科也很值得注意，它是个共生科技的好例子；而且不只维基百科，其他的维基网站也一样。现在其他的维基网络多达145种，每种都驱动无数的网站，让使用者可以共同写作和编辑。网络上也能发表状态更新、地图位置和不完整的想法。此外，每个月光在美国发表在

YouTube上的影片就高达60亿个，有相同兴趣的人发表在同人小说网站上的故事则有数百万个。分享组织的名单长到无法胜数：Yelp的评论、Loopt的位置和Delicious的书签。

共享奠定了基础，接下来就能晋升到社群参与的下一个层次：合作。当众人一起朝着大规模的目标努力，群体的力量就会产生群体的结果。业余人士在Flickr上分享的照片超过30亿张，此外大家还协力标注了类别、卷标和关键词。社群里的其他人把照片拣选成集。创用CC授权条款大受欢迎，表示在社群上你的照片就是我的照片。大家都可以使用照片，就像公社成员可以使用社里的手推车。我不需要再去拍一张埃菲尔铁塔的照片，因为社群可以提供拍得更好的照片。

进化把共生主义设计到生物学中，因为共生主义的好处带来双赢的结果。个人得益，团体也得益。今日的数字科技也在数个层次上出现了同样的效应。首先，在脸书和Flickr等聚合网站中的社交媒体工具直接带给使用者好处，他们可以设卷标、书签等，把自己的数据归档以方便取用。他们花时间分类自己的照片，就能更方便地找到旧照片；这是个人得益。其次，个人的卷标、书签和其他东西或许能方便其他使用者；一人的努力让其他人使用影像时更不费力。最后，个人得益时，整个群体同时得益。有了更先进的科技，群体共同的努力就会出现额外的价值。比方说，许多游客在同一个旅游场景从不同的角度拍照，把所有的相片标记下来，或许能组合成令人赞叹的立体成像。光靠一个人或许是做不到的。

贡献给社群新闻网站的认真业余作家带来的价值远超过个人的获益，但他们会继续贡献，一个理由是这些合作工具散发出来的文化力量。投稿人的影响远远超过个人的投票，社群的集体影响力并非按着投稿人的数目成比例增加。那就是社会组织的重点，总和的表现比组成部分更好。科技酝酿的力量就在这里，即将浮现。

额外的技术创新可以让为了特定目的而合作的过程增长为一种慎重的协力合作。看看那数百种自由软件计划，例如维基百科。在努力的过程中，经过微调的社群工具协调了成千上万成员的工作，带来高质量的产品。一项研究估计，Fedora Linux 9软件发行前，总共耗费了一个人6万年的工作时间。全球各地约有46万人目前参与了43万项自由软件计划，数字非常惊人。这个人数几乎是通用汽车公司员工数目的两倍，但没有主管。协作科技的成效非常好，许多合作的人从未碰面，或许来自彼此相距遥远的国家。

科技体中的共生主义趋势让我们朝着古老的梦想迈进：尽量抬升个人自主和群体工作的力量。谁会相信贫困的农夫能从地球另一端的陌生人处借到一百美元的贷款，然后还钱？这就是Kiva网站的用途，利用互联网社群网站的共生主义科技，陌生人可以互相借款。每个公共健康照护专家都很有自信地宣称，分享照片没问题，但没有人肯分享病历。但在PatientsLikeMe这个网站上，病人们把治疗结果聚合在一起，以提升自己的照护质量，证明集体行动可以战胜医生和个人的恐惧。越来越多人习惯分享想法（推特）、在读什么书（StumbleUpon推荐引擎）、财务（Wesabe记账网站）和所有一切（网络），已经变成科技体的基础。

协调不是新的概念，但一度很难让全体一起执行。合作不是新的概念，但很难到达数百万人的规模。有了人类之后就有分享，但陌生人很难彼此分享。共生主义不断提高，从生物学延伸到科技体，指出另一波社交性以及社会主义即将现身。现在我们用科技来协力打造百科全书、通讯社、影片档案和软件，参与者遍布五大洲。桥梁、大学和特设城市也能用同样的方法建造吗？

在上一个世纪，每天都有人问，自由市场有什么做不到？我们列下长长一串问题，似乎需要理性规划或父权政府来解决，而不是运用市场逻辑惊人有力的发明。在大多数情况下，市场解决方案的效果显然更好。把市场力量释放到科技体中，造就了近几十年来的繁荣。

现在我们想用同样的方法来运用近来浮现的共生技术，用这些技术来满足越来越多的愿望，或许也能处理自由市场无法解决的问题，好看看这些科技是否有效。我们问自己，科技共生主义有什么做不到？到目前为止，结果令人吃惊。几乎在每个转折点，社交化的力量（共享、合作、协调、开放性和透明度）都证明了实用度超过大家的想象。每一次的尝试，都让我们发现共生主义的力量比我们想象的更强大。每次重新发明某样东西，就会提高其共生程度。

美

大多数进化出来的事物都很美，进化到了顶点的最美。今日每种生物都从40亿年的进化中获益，从球状硅藻到水母，又到美洲豹，呈现出来我们视为美的深度。因此我们会受到自然生物和材质的吸引，也正因如此，很难创造出带有类似光泽的合成物品（人类面孔的美丽则是完全不同的现象，脸孔越接近标准的中等容貌，越会让我们觉得有吸引力）。生物的复杂历史赋予一种神态，不论靠多近，都经得起考验。

我在好莱坞做特效的朋友为《阿凡达》和《星球大战》等系列电影创造出栩栩如生的虚拟生物，他们也有同样的想法。一开始时他们会按着物理学的逻辑来设计虚构的生物，然后做旧以平添美感。在2009年的电影《星际迷航》中，冰冻星球上的怪兽一度是白色的（在虚拟进化的过程中），但之后在雪白世界里变成顶级的掠食者后，再也不需要掩护色，因此身上有的地方就变成了亮红色，展现优越的地位。同样的生物一度有几千只眼睛，在电影里看不到，但这些器官会影响它的外形和行为。在银幕上观赏时，这奇幻进化的结果在我们心目中被“解读”成可靠的、美丽的。有时候导演甚至会把生物的发展从某个设计师转给另一个，风格就不会那么单一，而能给人更深刻、更错综复杂、进化更久的感觉。

创造世界的法师用同样的方法创造出美好的事物。他们叠上“小插件”（greeblies），让道具有种仿真的重量或复杂的表面细节，以反映出虚构的历史。在最近一部电影中为了造出令人咋舌的电影城市，他们依据故事背后的故事，描述过去的灾难和重生，用腐朽的底特律建筑物照片搭配现代的结构。细节的分辨率和具有历史意义的层次比起来，后者比较重要。

真实的城市也会展现出同样的原则，进化带来美感。在历史上，人类都觉得新的城市很丑陋。多年来，许多人对拉斯韦加斯望而却步。几百年前，新风貌的伦敦在大家眼中还难看到可憎的地步。但过了数代，伦敦的每个都会街区每天都要接受考验。能发挥效用的公园和街道留下来，无用的则被拆除。建筑物的高度、广场的大小、悬挑物的斜度都经过改变调整，符合当前的需要。但并非所有不完美的地方都移掉了，也不可能全部移掉，因为城市的许多面向要改变其实不容易，比方说街道的宽度。因此都会里逐步改变的过程和建筑的补整会经过好几代，以让城市的复杂度提高。在大多数真实的城市中，例如伦敦、罗马或上海，最窄的巷道被抢占，然后改成公共空间使用，最隐蔽的地方变成商店，桥下最潮湿的拱门也住了人家。几个世纪后，这不断填满、替换、更新和复杂化的过程（也就是进化），创造出令人非常满意的美学。威尼斯、京都、伊斯法罕等以美出名的地方也会揭露出复杂交错的悠久历史。城市的久远历史藏匿在每个角落，宛若立体浮现的影像，经过时或许能瞥见。

进化并不只是复杂化。一把剪刀或许经过高度进化，非常美丽，而另一把剪刀却不美。两把剪刀都需要两块可以摇摆的金属片，中间接合在一起。但高度进化的剪刀（见图13-8），剪了数千年而累积下来的知识留存在剪刀经过锻造精炼的外形上。金属中细微的扭转蕴含了相关的知识。我们庸俗的心智无法解读为什么，但那古老的学问在我们心目中很美。主因并不是平滑的线条，而是经验的顺利传承。吸引人的剪刀、漂亮的槌子、豪华的汽车，外形中都含有祖先留下来的智慧。

图13-8 符合人体工程学的剪刀。这是一把放在桌子上的、用来裁剪布料的剪刀，也是一把经过高度进化的剪刀。

进化之美对我们施了魔咒。根据心理学家埃里希·佛洛姆和知名的生物学家E·O·威尔逊指出，人类天生就有亲生命性，一生下来就深受生物吸引。这固有遗传对生命和生命过程的喜好培育人类更熟悉自然，因此前人能存活下来，学习到荒野中的秘密，让我们充满喜悦。人类祖先世世代代在林中行走，寻找梦寐以求的药草，或追踪少见的绿色青蛙，感到满心欢喜；问问采集狩猎的人在野外消磨的时光吧。怀着满腔热爱，我们发现每种生物都慷慨付出，还有生物教导我们的伟大课程。爱意仍弥漫在我们的细胞中。这就是为什么我们会在都市里养动物伴侣和种盆栽，即使超市的食物比较便宜仍要自己种菜，喜欢在擎天大树下静坐沉思。

但同样地，我们天生也有亲科技性，受到科技吸引。从聪明的智人转变成现代智人，中间的促成因素就是人类的工具，在人类的核心，我们天生就喜爱人造物品，就某种程度来说是因为人也是造出来的。也因为所有的科技都是我们的下一代，所以我们爱自己的孩子，每个都爱。我们不好意思承认，但至少在某些时刻我们对科技充满热爱。

工匠一定很爱自己的工具，启用时有特定的仪式，不让没有经验的人乱碰。工具是很私人的物品。当科技的规模超越人手，机器就变成共同的体验。到了工业时代，一般人也有不少机会接触到越来越复杂的科技，比他们看过的自然生物更大，让他们屈服于机器的影响下。1900年，历史学家亨利 · 亚当斯到巴黎参观万国工业博览会，而且进场不止一次，因为有个大厅展示出惊人的新电动发电机（马达），令他流连忘返。他以第三人称写信给自己，重述启蒙的经过：

> （给亨利·亚当斯）发电机变成了无限的象征。越来越习惯展示机器的长廊后，他开始感受到40英尺高的发电机是一股道德力量，宛若早期的基督徒对十字架的感受。地球本身的自转和公转很守旧、很从容，和这巨大轮子比起来，似乎没能留下那么深刻的印象，轮子旋转的范围在我们触手可及的距离内，速度快到令人眼花，而且几乎没有噪音，鲜少会哼出一声听得见的警告，要人站远一点，尊重它的力量，却不会惊醒躺在骨架旁的婴孩。在结束前，祷告也开始了。

将近70年后，加州来的作家琼·狄迪恩前往胡佛大坝朝圣，这次旅途被她写入《白色相簿》（*The White Album*）散文集。她也感受到了发电机的心跳。

> 1967年的那个下午，我第一次看到胡佛大坝，从那时候起，大坝的影子从未全然离开我内心的眼睛。假设我在洛杉矶（或说是纽约）跟别人谈话，突然之间，大坝的形象浮现，那纯朴的凹面闪耀着白色的光泽，对照着几百几千英里外我眼前岩石峡谷上粗糙的铁锈色、褐灰色和淡紫色。
>
> ……再次去大坝参观，我和垦务局的人一起走完全程。几乎没看到其他人。头上的起重机似乎有自由意志，任意移动。发电机轰鸣。变压器嗡嗡作响。脚下的格栅不断振动。我们看着重达百吨的钢轴俯冲到水面上。最后我们下到靠近水面的地方，从米德湖吸进来的水怒吼着穿过30英尺高的水门，然后进入13英尺高的水门，最后进入水轮机。垦务局的人说："摸摸看。"我伸手摸了，然后傻站着，手留在水轮机里。很特别的时刻，但是仅止于此，别无他想。
>
> ……走过大理石星图，上面描绘出春秋分点和方位的恒星运转轨道，涵盖从古至今，只要看得懂星图的人就能看懂，垦务局的人也告诉我水坝落成的日期。他说过，当我们全都离开人世，而水坝依然留存，那时星图就能派上用场。他说的时候我没想太多，但后来回想起来，记忆中有呜咽的风声，太阳落到台地后方，那是宇宙间最后一次日落。当然那就是我一直看到的影像，看得到却不明白自己看到了什么，原来是脱离人手操作的发电机，最终孑然孤立，光辉灿烂，把动力和水源传送到一个没有人的世界里。

当然，水坝令人畏惧和厌恶，同时也引发敬畏和赞美。飞腾暴涨、令人屏息的水坝让一心一意想回家的鲑鱼和其他要产卵的鱼类找不到路，同时不加选择地淹没所有人的家园。在科技体中，强烈的反感和敬畏常常齐头并进。我们最庞大的科技创造在那方面跟人类一样；它们引发出最深刻的爱与恨。另一方面，红杉木盖成的教堂却不会让人觉得讨厌。在现实中，包含胡佛大坝在内，没有一座水坝能在恒星下永存不朽，因为河流有自己的想法；河流把泥沙堆积在水坝的地基旁，最后河水就能攀过水坝。但人造的事物依然耸立时，总能赢得我们的赞叹。我们认同永久运转的发电机，因为这认同应该发自内心。

对人造事物的热情如野火般蔓延。几乎所有人造物品都有爱慕者。汽车、枪支、饼干罐、卷线器、餐具，能想到的都算。时钟“难以驾驭的精巧、热情和实用性”抓住了某些人。有些人则觉得吊桥或者高速飞机（SR71 黑鸟式侦察机或接下来的新版本）是人造物的极致。

有人很崇敬科技产品的特殊样本，麻省理工学院的社会学家谢里·特尔克称之为“启发情感的物品”。科技体的这些小东西等于图腾形象，被当成身份、抒发或想法的开端。医生或许很爱自己的听诊器，是身份识别，也是工具；作家或许会特别珍爱某支笔，感受到那顺手的重量自动写出字来；快递员或许很爱自己的无线电，喜爱它得之不易的细微差别，宛若通往其他领土的神奇门户，只为他一个人敞开；程序设计师很容易爱上计算机最基本的操作程序代码，因为它充满了基本的逻辑之美。特尔克说：“喜爱的物品变成思绪的源头，我们也爱有助于思绪的物品。”她猜想，大多数人都有某种科技可以当成自己的试金石。

我就是这种人。我会承认我热爱互联网，再也不觉得尴尬。或许我爱的是网络，反正就是我们上线后去的那个地方，我觉得美极了。爱上某个地方，会爱到牺牲生命来保护它，人类可悲的战争历史就证实了这一点。第一次上网的经验让我们看见互联网是分布范围广泛的电动发电机（可以接通的东西），事实也果真如此。但互联网成熟后，它就比较像一个科技性的场所；或像地图上未标明的野生领域，你真有可能在里面迷路。有时候我上网只是为了迷失在里面，臣服的感觉很愉快，网络吞噬我的确信，带来未知的结果。虽然人类创造者费了不少心思去设计，网络仍是一片荒原。没有已知的界限，神秘之处数也数不完。纠缠不清的想法、联结、文件和影像宛若荆棘，形成的异物如丛林般难以穿越。网络散发出生物的气息，博学多闻，联结的藤蔓迂回渗入一切，到处都是。网络现在比我宽阔得多，也比我能想象的宽阔得多；因此，虽然我身陷其中，我也跟着放大了。离开了网络，仿佛失去了肢体。

网络惠我良多。网络是固定不变的捐助人，永不离开。我用颤抖的手指抚摸它，它像爱人一样服从我的欲望。机密？找得到。预言？找得到。神秘地点的地图？找得到。网络很少让我们失望，更不可思议的是，似乎一天比一天更好。我想要继续沉浸在其深不可测的富足中，留下来，被包围在如梦幻般的拥抱中。臣服于网络，就像参与原始的徒步旅行。梦境令人欣慰的不合逻辑成了主宰，在梦中你从某一页某个想法跳到另一个。一开始在屏幕上，你在墓园里，眼前有台用磐石雕刻出来的汽车；下一刻则有个人用粉笔把新闻写在黑板上，然后你在监狱里，旁边有个哇哇大哭的婴儿；接下来戴着面纱的女人长篇大论地演讲告解的好处；接着城市里的大厦楼顶碎裂成无数的碎片，慢动作随风而逝。今天早上才上网几分钟，我就看到了这些如梦境般的时刻。网络的白日梦影响了我的梦，触动了我的心。猫咪没办法告诉你到陌生人的家要怎么走，你却真的很爱猫，那么为何不能爱网络呢？

科技体固有的美驱动了我们的亲科技性。无可否认地，之前在开发的最原始阶段，这种美还不够美，被隐藏起来了。工业化始于生物学，但和母体相比，很肮脏、很丑陋、很愚笨。科技体的那个阶段仍有很多东西留了下来，继续喷散丑陋。我不知道这种丑陋是不是科技体成长必经的阶段，也不知道比我们更有智慧的文明能否更早加以驯服，但科技之弧的起源是生物的进化，现在速度加快了，表示科技体含有所有生物与生俱来的进化之美，等待发掘。

科技想要脱离功利主义，想要变成艺术，变得美好且“无用”。由于科技诞生于用途，这是一段很长的旅程。实用的科技越来越成熟，也可能变得越来越具娱乐性。帆船、敞篷车、钢笔和壁炉就是很好的例子。灯泡已经这么便宜了，谁猜得到仍有人会点蜡烛呢？但点蜡烛现在是个奢华无用的象征。今日工作最努力的科技未来会达到美好无用的境地。或许再过一百年，大家随身携带“电话”，只是因为他们喜欢带个东西，即使他们能够用身上的某个配件上网。

在未来，我们发现自己更容易爱上科技。机器在进化中继续前行，就能赢得我们的欢心。不管你喜不喜欢，像动物的机器人（一开始可能是当我们的宠物）会得到人类的喜爱，即使那些一点也不像生物的已经大受欢迎了。互联网也有可能变成我们热爱的对象。跟很多我们喜爱的事物一样，一开始时或许是吸引我们痴迷和沉溺，然后全球的互联网如生物般互相依赖，慢慢出现知觉能力，变得难以驾驭，而这无法无天的特质引发了我们的喜爱。我们深受网络之美吸引，而美的地方正在进化中。

人类是地球上最复杂、最高度进化的生物，所以我们完全以这个形式为模仿对象（很自然），但亲科技性基本上不针对人类，对象是所有高度进化的事物。

最先进的科技很快就会脱离模仿，创造出显然非人类的智慧和显然非人类的机器人，以及显然不是来自地球的生物，这些都会散发出进化上的吸引力，让我们目眩神迷。

因此，我们更容易承认自己对科技的喜好。此外，数千万的新制品到来的速度加快，会让科技体更有层次，雕琢现有的科技，增添更多历史，加深内在知识的组织层次。年复一年，科技不断进步，会变得越来越美好。我愿意断言，在不久的未来，科技体修补了某些地方后，壮丽程度可匹敌自然世界的光彩夺目。我们会吟诵科技的魅力，对其微妙之处啧啧称奇。我们会带着下一代去欣赏科技之美，或静静坐在科技的高塔下。

感知能力

岩蚁个头很小，在蚂蚁界也算小了，一只蚂蚁大概只有书页上的逗号这么大。它们的蚁巢也很小，一个巢里约莫有100只工蚁加一只蚁后，通常在崩裂的岩片间筑巢，因此叫作岩蚁。一整群岩蚁可以装进玻璃表盒里，或载玻片一英寸大的盖子上，通常在实验室里也会用载玻片的盖子培养岩蚁。岩蚁大脑内的神经元不到10万个，小到几乎看不见。但是岩蚁大脑进行计算的技艺非常惊人。为了评估某个地点是否适合筑巢，岩蚁能在黑暗中测量空间大小，然后计算（真的计算，不是打比方）此处的容积以及有利条件。岩蚁熟悉这套数学伎俩已经几百万年了，而人类到了1733年才发现。岩蚁会在空间的地面上留下一条有气味痕迹的基准线，“记录”那条线的长度，然后在地面上画出其他的对角线，数数看会跟气味的踪迹交错几次，借此估算出空间的面积，即使形状不规则也没问题。空间的面积恰好跟交叉次数与基准线长度的乘积成反比。也就是说，岩蚁在贯穿对角线时，发现了近似圆周率的值，而现在我们知道这个技巧在数学里称为布丰投针法。在可能建造蚁巢的地方，岩蚁用身体计算出净空高度，然后“乘”上计算出来的面积，算出洞穴的容积。

但这些小小的蚂蚁脑还有其他招数。它们会测量入口的宽度和数目、光线量、到邻近蚁巢的距离，以及空间的卫生程度，然后清点这些变量，用类似计算机科学中“权重加总法”的模糊逻辑公式，计算出可能建造巢穴地点的分数。而这一切，只靠10万个神经元。

动物大脑容量极大，就连相当驽钝的都能让人称奇。亚洲象会剥下树枝做成苍蝇拍，赶走在屁股上飞来飞去的讨厌苍蝇。海狸只是啮齿类动物，但我们知道它们会在建造水坝前储备建材，显示出它们能预见未来，它们甚至能想办法防止水坝泄洪到稻田里，比人类还聪明。另一种能思考的啮齿类动物是松鼠，它的智力常常胜过拥有大学学位的郊区居民，会抢走后院鸟儿喂食器的主控权（我常跟我的黑松鼠爱因斯坦作战）。肯尼亚的响蜜鸟会引人找到野蜂巢，等人取走蜂蜜，它们就可以享用剩下的蜂巢，鸟类学家说，有时候响蜜鸟会“欺骗”猎人，如果蜂巢在两公里以外的地方，它们会骗人实际距离没那么远，鼓励他们继续走。

植物也有种分散化的智慧。生物学家安东尼·特瓦斯在他卓越的论文《植物智慧面面观》（*Aspects of Plant Intelligence*）中指出，植物会展现出一种缓慢的解决问题的能力，和我们对动物智力的定义若合符节。植物对周围环境的感知非常细致，会评估威胁和竞争，然后采取行动，适应环境或补救问题，也会预测未来的状态。加快葡萄藤蔓探测邻近地区动作的间隔定时短片让我们清楚地看到，植物的行为跟动物很像，但我们的生活步调太快，所以看不到。第一个观察到的人或许是达尔文。1822年他写道：“植物的根尖动起来很像低等动物的大脑，这么说其实并不夸张。”就跟敏感的手指一样，根部拥抱土壤，寻找水分和营养物，就像草食性动物用鼻子挖土一样。叶片跟着太阳走（向日性），以尽量晒到阳光，这种能力也能复制到机器上，只是要用非常精细的计算机芯片，跟大脑一样。植物思考时不用脑，而是透过能把分子信号转变形态的巨大网络传输和处理信息，不使用电子神经。

植物能展现出智慧的所有特质，但是植物没有集中的大脑，而且一切都是慢动作。分散或缓慢的脑事实上在自然界相当常见，也出现在六大生物界的许多层级。用软泥塑出巢穴，就可以在迷宫中用最短的距离找到食物，老鼠就是这样。动物免疫系统的主要目的在于分辨敌我，记下曾在过去碰到的外来抗原。在达尔文定义的过程中，免疫系统会学习，就某种意义而言，也会预料未来的抗原变种。在动物界，集体智力的表现方式有数百种，包括社会性昆虫知名的虫巢意志。

信息的操纵、储存和处理是生活的重要主题。在进化历史中，学习风潮一波一波出现，宛若等待释放的力量。我们常认为人猿和猩猩的机灵程度几乎跟人一样，这种引人注意的智力不仅出现在灵长类动物身上，也至少出现在另外两种没有关联的动物上：鲸和鸟类。

海豚很聪明的故事大家都听过。海豚和鲸鱼除了展现出智慧，偶尔也让人发觉它们和无毛的灵长类（也就是人类）具备相同的智慧风格。比方说，我们知道被驯养的海豚会训练其他新来的海豚。但灵长类、鲸鱼和海豚的共同始祖离现在最近的也出现在2.5亿年前。灵长类和海豚之间的许多动物分科都没有这一类的思维。我们只能臆测，这种智慧风格是独立进化出来的。

鸟类也一样。按智慧来衡量，乌鸦、渡鸦和鹦鹉是鸟类中的“灵长类”。它们的前脑跟非人类的人猿猩猩一样，相对来说比较大，而且脑部和身体的重量比例也跟灵长类差不多。跟灵长类一样，乌鸦可以活很久，住在复杂的社会团体里。新喀里多尼亚乌鸦跟黑猩猩一样，会打造小矛来挖隙缝里的蛆。有时候它们会留下制好的矛，带到别的地方去。用鸦科的灌丛鲣鸟做实验时，研究人员发现，如果第一次藏食物的时候，有别的鸟在看，鲣鸟会把食物藏到新的地方，但只有被抢过的鲣鸟会这么做。博物学家奎曼认为，乌鸦和渡鸦的行为很聪明很特别，评估它们的工作应该“由心理学家来进行，而不是鸟类学家”。

因此，吸引人的智慧独立进化了三次：有翅膀的鸟儿、回到大海里的哺乳类，以及灵长类。

但是，能散发魅力的智慧相对而言很稀少。可是不论到哪里，智慧都是竞争优势。我们看到智慧在各处重复出现、重新发明，因为在有生命的宇宙中，学习会带来不同。在六大动物界的每一个地方，智慧都进化了很多次。事实上，多到似乎智力必然会出现。然而，虽然自然喜爱智力的程度超乎寻常，科技体却超越了自然。科技体用投机取巧的方法孕育智力。所有我们造出来的发明物都是为了协助我们的大脑，比方说许许多多的储存装置、信号处理、信息流动和分散的通信网络，也是制造新智力的必备原料。因此，新的智力在科技体中以非凡的程度迅速萌发。科技想要正念。

渴望越来越强的知觉，在科技体中可以看到三种显露的方法：

1.智力尽可能渗透所有的物质。

2.外熵继续组织成更复杂的智能类型。

3.知觉尽可能变成更多种类的智力。

科技体已经准备好拦截物质，重新安排原子，让知觉渗入。头脑似乎随处都能诞生，随处都能插入。心智的后代一开始时很小很不明显，也不聪明，但微小的脑变得更好，更充足。2009年，刻在硅上的电子“脑”高达10亿个。这些微小的脑中有很多光一个就包含10亿个晶体管，而全球半导体产业的制造速度则是每秒300亿个。最小的硅脑含有至少10万个晶体管，就跟岩蚁脑内的神经元一样多。这些小小的脑子也能成就惊人的功绩。微小的人造脑不比蚂蚁脑大，它们知道自己身在何处，如何走回你家（全球定位系统）；它们记得你朋友的名字，会翻译外国的语言。这些看不见的脑渗透了所有的东西：鞋子、门铃、书本、灯具、宠物、床铺、衣服、汽车、电灯开关、厨房器具和玩具。科技体若继续盛行，某种程度的知觉便会进入所有创造出来的物品。再小的螺栓或塑料旋钮都会跟虫子一样，含有许多做决定的电路，因此从无生命变成有生命。这些科技脑（集合体）当中最厉害的一年比一年聪明，跟荒野中的数10亿个脑不一样。

我们看不见科技体中爆发出如此大量的智慧，因为人类对于跟我们不完全一样的智慧总抱着嗤之以鼻的态度。除非人造脑的行为能跟人脑完全一样，否则就不算聪明。有时候我们称之为“机器学习”，不放在心上。因此，当我们没注意的时候，数10亿个如昆虫般的微小人造脑已经进入科技体的深处，负责看不见的低调杂务，例如可靠地侦测信用卡盗用、过滤垃圾电子邮件、从文件读取文字。这些不断激增的微型脑在电话上执行语音辨识、辅助重要的医学诊断、协助股市分析、为模糊逻辑设备提供动力、引导汽车内的自动排档和刹车。少数实验性的脑子甚至能自行开车走上100多公里。

乍看之下，科技体的未来趋势似乎是更大的脑子。但体积大的计算机不一定更聪明更敏锐。即使生物脑的智力确实更优越，脑子里有多少个细胞并不是主因。在自然界中，动物脑大大小小的都有。蚂蚁的脑很小，重0.01克；抹香鲸的脑重达8公斤，比蚂蚁脑大10万倍以上。但我们不清楚，把纯粹的细胞数目当成比较规则，鲸鱼是否比蚂蚁聪明10万倍，或人类是否比黑猩猩聪明三倍。我们巨大的人脑尽管装满了无穷无尽的想法，却只有抹香鲸脑的1/6大，甚至比一般尼安德特人的脑更小。此外，最近在印度尼西亚佛罗勒斯岛发现的矮小人类脑部只有我们的1/3大，或许智力也跟我们差不多。纯粹的脑部规模和聪明程度之间的关联并不明显。

人类大脑的构造指出，或许能够在不同类型的大脑里面能找到人工智能的未来。一直到最近，传统的看法认为特制的大脑袋超级计算机会先变成人工智能的家，或许我们在家会用小计算机，也会把小计算机装进私用机器人的头部。小计算机跟机器人密不可分。我们将知道，人类思维跟机器思维的交界在哪里。

然而，过去10年来，谷歌之类的搜索引擎大大成功，表示人工智能很有可能不仅限于独立的超级计算机，还会从数10亿个中央处理器（我们所知的网络）构成的超级生物中诞生。执行的平台是全球的超大型计算机，涵盖了互联网、所有的服务、所有的周边芯片和相关装置（扫描仪、卫星等）以及纠缠在全球网络中的几十亿人脑。能碰到这套网络人工智能的装置就可以分享智力，同时也做出贡献。

这座庞大的机器目前已经出现了原始的形态。想想看全球已经上线的计算机构成的虚拟超级计算机。上线的个人计算机有10亿台，就跟一台计算机中英特尔芯片里的晶体管数目一样。所有联机的计算机中的晶体管加起来，有10万兆个晶体管。这套全球虚拟网络有很多地方就像一台庞大无比的计算机，运作速度跟早期个人计算机的每秒周转次数差不多。

这台超级计算机每秒要处理300万封电子邮件，基本上表示网络电子邮件的速度是三兆赫。实时传讯的速度是162千赫，手机短信则是30千赫。在一秒内，10兆位的信息就能流过超级计算机的枢链，每年会产生将近2000万兆字节的数据。

遍及全球的超级计算机不仅容纳笔记型计算机，时至今日也含有大约27亿支手机、13亿台室内电话、2700万台数据服务器和8000万台无线掌上型计算机。每台装置都是形状不同的屏幕，让我们管窥这座全球计算机。要有10亿个窗口，才能模糊看见它在想什么。

网络上有数以兆计的网页。人脑则有1000亿个神经元。每个生物神经元都会冒出突触联结，连到其他几千个神经元上，而每个网页平均也会连到其他60个网页。加起来，网络上的静态页面间就有了上兆个“突触”。人脑的联结大概是一百兆个，但人脑不会每过几年就大小加倍，而全球超级计算机却会不断成长。

谁负责写出软件，让这新奇的玩意有用又有生产力呢？正是我们每一个人，每天都在写。在社群相簿Flickr上贴相片和加入相片标签时，我们教会机器帮影像取名字。说明和图片之间的联结越来越稠密，形成有学习能力的神经网络。想象一下，每天人类在网页上点击的次数高达1000亿次，告诉网络我们认为哪些东西很重要。每次在字词之间打造联结后，就教会网络新的想法。我们以为不费心思地逛网络或写博客只是浪费时间，但每次按一个联结，就强化了超级计算机中的某个节点，连上超级计算机的机器也因此被改写了程序。

不论这种大规模知觉的本质是什么，一开始在人类眼中甚至不算是智力。因为无所不在，本质遭到掩盖。我们会把越来越强的聪明智慧用在所有单调无聊的杂务上：数据探勘、记忆存盘、仿真、预测、类型比对，但是，由于聪明智慧存留在程序代码的细小片段上，分散在全球各地不见天日的仓库里，缺乏联合的形体，因此没有面孔。你可以在地球上任何地方透过数字屏幕，用上百万种方法接触到这种分布式智慧，因此很难说出一个定点。此外，由于这种人工智能是人类智能（包括过去人类学习到的以及现代人类在网络上获取的）和数字记忆的组合，因此也没办法精准确定它到底是什么。是我们的记忆，还是众人同意的说法？我们搜寻人工智能，还是变成被搜寻的对象？

有一天，或许我们会在银河中遇见外来的智慧。但在那之前，我们会在人类世界中制造出数百万种新的头脑。这是进化长期轨道中的第三道航线，目标是更强的知觉。首先，让智慧渗入所有的物质。接下来，把这些嵌入的头脑聚集在一起。第三，增加智慧的多样性。智慧的种类或许会跟甲虫的种类一样多，非常有意义。

有很多理由要我们去建造出非常多种不同类型的人工智能。专门的智慧会执行专门的工作，其他的人工智能则是一般用途的智慧，用跟人类不一样的方法完成日常的工作。为什么？因为有差异，才有进步。我想，我们会大量制造的人工智能其实只有一种，就是像人类的那种。要重新构造出能发育的人脑，只能用组织和细胞，但是生育婴儿这么容易，何必绕远路呢？

有些问题需要好几种不同的脑袋才能破解，我们的工作是要发现新的思考方法，把智慧的多样性释放到宇宙中。全球规模的问题需要某种全球规模的头脑；用几兆个活动中的节点构成的复杂网络需要网络智能；例行的机器操作在计算时需要不属于人类的精确。由于说到概率，我们的大脑就一无是处，发现能轻松处理统计学的智力确实能为我们带来好处。

我们需要形形色色的思考工具。不使用电力、独立运作的人工智能跟具备虫巢意志的超级计算机比起来，简直寸步难行。前者学习的速度不够快，范围不够广泛，无法立刻接触到60亿个人脑、几百万兆个在线晶体管、几亿兆字节的真实数据，以及整个文明能自我修正的回馈循环，所以不够聪明。但消费者仍可能选择付出代价，使用比较不聪明的工具，换取在偏远地区使用独立人工智能的机动性，或者有其他私人的原因。

目前我们对机器有偏见，因为我们用过的机器都不怎么有趣；一旦机器的知觉增加，则无聊的程度也会降低。但我们不会觉得每一种人造头脑都具备同等的吸引力。我们觉得某些自然生物更具魅力，同样的道理，有些头脑就是比较有吸引力（吸引我们的思维），有些就是很乏味。事实上，许多最强大的智慧类型本质十分古怪，或许会让我们产生反感。如果什么都能记住，或许会让人感到害怕。

科技想要什么？科技想要越来越强的知觉。这并不是说进化只会让我们朝着更普及的超级脑迈进。而是说，过了一段时间后，科技体很有可能自我组织成各种不同的头脑，种类越多越好。

外熵的主要动力是为了揭开智慧的完整多样性。每种思维不论放大到什么样的规模，都只能了解有限的东西。宇宙何其大，蕴含的秘密无穷无尽，因此需要形形色色的智力才能明白宇宙。科技体的责任便是要发明数百万或十亿种的理解能力。

听起来神秘，事实上不然。将形成现实的信息片段组合起来，便是高度进化的智力该做的事。当我们说，脑子理解后会产生秩序，就是这个意思。在外熵冲过历史的同时，将物质和能量自组织到更复杂的程度和更多的可能性，要创造秩序，心智是目前最快、最有效率、最懂得探索的科技。现在，我们的行星拥有植物模糊不清的智力、常见动物脑的多种展现方式，以及人脑永不休止的自我意识。就在一秒前，从宇宙的角度来说，人脑开始发明了第二代的知觉。他们把创造性套入了世界上最强大的力量，也就是科技，想要复制自己的诀窍。大多数这些新发明的脑袋不比植物更聪明，少数跟昆虫一样机灵，有几个说不定以后会有更伟大的想法。而科技体持续组合如大脑般的网络，所形成的规模绝非一人能够独力完成。

在科技体轨道的另一头，是上百万种占据了微量物质的智力，有上百万种新的思维，和形形色色的人脑一起构成全球思维，最终的目的是为了要了解自己。

结构

现代智人用了几百万年的时间进化，脱离猿类祖先的模样。在过渡到人类的时候，我们的DNA改变了几百万个比特。因此，从信息累积的角度来看，人类生物进化的自然速率是每年约一个比特。现在，经过近40亿年一个比特一个比特的生物进化后，我们解开束缚，让进化变身，这种进化形态使用语言、书写、印刷和工具创造出大量的变种，也就是我们口中的科技。人猿时代人类一年只能改变一个比特，而现在，每年加入科技体的新信息高达4亿兆字节，因此科技进化比DNA的进化快了不知多少倍，人类只要不到一秒的时间就可以处理DNA花10亿年来处理的信息。

我们飞快累积信息，以至于信息现在是地球上数量增加最快的东西。每隔20年，美国邮政系统传送的信件数量就会加倍，这个趋势已经持续了80年。自从媒介在19世纪50年代发明以来，相片影像（密度很高的信息平台）的数目便呈指数级成长。同样地，一天内用电话通话的分钟数，一百多年来也遵循指数型曲线。信息流只有成长，没有缩减。

谷歌的经济学家哈尔·瓦里安和我做了一次计算，几十年来，全世界的信息总量以每年增加66%的速率成长。和这个爆炸性的数字相比，水泥或纸张等最普遍的制品几十年来每年只增加7%。信息的成长速率几乎比地球上其他制品的快了10倍，甚至比同样规模的生物成长还要快速。

如果根据发表的科学论文数目来测量科学知识的量，那么自1900年以来，论文数目每15年就会翻倍。如果只算出版的期刊数目，会发现自科学开始的18世纪以来，期刊的数目也呈指数级增长。我们制造出来的每样东西都会产生一个品目，以及品目相关的信息。即使我们从创造某项信息性物品开始，也会生出和其信息相关的更多信息。长期的趋势很简单：和过程相关并来自过程的信息会比过程本身增长得更快。因此，信息的增长速度会继续超越我们所制造出来的东西。

科技体基本上是个系统，从信息和知识爆发后累积下来的成果得到养分来源。同样地，生物也是系统，组织流过自身的生物信息。我们可以把科技体的进化解读为自然进化启动的信息结构变得越来越庞大。

这个不断扩大的结构在科学中最为明显。虽然也有浮夸的说法，但科学的建构并不是为了增加信息的"真实性"或总量。我们产生了和世界相关的知识以及科学的设计，是为了提高知识的次序和组织。科学创造出"工具"，包括用来操纵信息的技巧和方法，以便能测试、比较、记录、有次序地回想信息，并和其他知识建立关联。"真实"其实只是一个手段，衡量特定的事实如何能发展、延伸和互相连接。

偶尔我们会提起1492年"发现了美洲"、1856年"发现了大猩猩"或1796年"发现了疫苗"。然而，疫苗、大猩猩和美洲在"发现"前没有人知道。哥伦布到达美洲前，原住民已经在当地住了一万年，他们对美洲大陆的探索早已超越了欧洲人。有些西非部落早已熟谙大猩猩的存在，也熟悉很多尚待"发现"的灵长类动物。欧洲的酪农和非洲的牧人早就发现相关疾病给人保护的预防效果，只是他们没有起名字。同样的论证也适用于可以放满整座图书馆的知识：药草知识、传统做法、心灵洞察，原住民和老百姓早就熟知许久，却等待精英人士来"发现"。这些被信以为真的“发现”似乎发扬了帝国主义，降低当地人的身份——通常也没错。然而，有个合理的方法可以宣称哥伦布发现了美洲，法裔美籍的探险家保罗·杜·沙伊鲁发现了大猩猩，爱德华·詹纳发现了疫苗。他们“发现”了当地人之前就有的知识，但他们将其加入不断增长、有结构的全球知识库。现在我们则把那累积下来的结构化知识叫作科学。在沙伊鲁去加彭探险前，只有当地人才知道大猩猩的存在；当地部落对这些灵长类动物非常熟悉，但他们的知识并未融入科学对所有其他动物的知识中。和“大猩猩”有关的知识仍未进入结构化的已知范畴。事实上，在动物学家把沙伊鲁的大猩猩标本弄到手前，科学界认为大猩猩跟大脚雪人一样是神秘的生物，只有没受过教育、容易上当的当地人才看得到。沙伊鲁的“发现”事实上是科学的发现。动物标本含有极少的结构信息，正符合动物学检验过的系统。一旦存在变成“已知”，关于大猩猩行为的必要信息和自然历史就有可能扩张。同样地，某地的农夫知道牛痘可以预防天花，但只有当地人知道，并未和其他人的医药知识连接起来。因此治疗的方法没有外人知道。詹纳“发现”牛痘的效果时，他吸收当地的知识，把效果联结到医学理论以及科学对感染和细菌的贫乏知识。应该说他“联结”疫苗，而不是“发现”了疫苗。美洲也一样，哥伦布的遭遇让美洲出现在世界地图上，把美洲和世界已知的其余地方联结起来，将其固有的知识体融入验证过的知识慢慢累积、联合起来的主体内。哥伦布把两块知识大陆结合成继续成长的一致结构。

科学会吸收地区性的知识，但反向却行不通，因为科学是我们发明用来连接信息的机器。我们建造科学，将新知识和旧的网络整合。如果新的看法提出来时，有太多不符合已知事物的“事实”，那么要等到这些事实都有了解释，新的知识才会为人接纳（这个说法把托马斯·库恩推翻科学典范的理论过度简化了）。新理论不需要解释所有预料不到的细节（事实上也很难做到），但必须融入既有的秩序，且达到某种满意度。每一段猜测、假设、观察都受限于仔细检查、测试、怀疑和验证。

统一的知识由复制、印刷、邮政网络、图书馆、索引、目录、引用、卷标、交叉参照、书目、关键词搜寻、注释、同行评论和超级链接等科技机制构成。每一项和知识有关的发明都被网络验证，把一小段知识联结到另一段。知识因此变成网络现象，每项事实都是一个节点。我们说知识增加时，不仅是事实的数目增加，也因为事实之间的关系数目和强度增加了，第二个原因尤其重要。相关性为知识带来力量。我们对大猩猩的理解加深了，也更能发挥效用，因为它们的行为经过比较、索引和比对，和其他灵长类的行为建立了关联。知识的结构扩张了，因为大猩猩的构造和其他的动物产生关联，它们的进化被整合到生命之树内，它们的生态和其他共同进化的动物产生了连接，有很多不同的观察家注意到它们的存在，最后，和大猩猩有关的事实被纳入知识的百科全书后，便有数个相互交叉和自行校准的方向。每一次启蒙，除了强化和大猩猩有关的事实，也让整体的人类知识更有力量。这些连接的力量就是我们所谓的真实。

今日，仍有不少知识尚未建立关联。长久以来，原住民部落近距离拥抱自然环境，获得了传统智慧独有的资源，而这种资源很难（或者根本不可能）离开原生的环境。在他们的系统中，敏锐的知识紧密缠绕在一起，但和其余人的集体知识却没有关系。很多通灵的知识大同小异。在现代，科学没有方法能接纳这些属灵的信息并将其纳入目前已经融通的知识里，因此相关的真实仍“未经发掘”。某些边缘科学，例如第六感，一直停留在边缘，因为相关的发现在它们自己的架构中十分连贯，但无法融合到更大规模的已知事实中。不过，更多事实会及时进入这个信息结构。更重要的是，把信息结构化的方法本身也在演进，结构也改变了。

知识的进化一开始只是很简单的信息排列。最简单的组织就是事实的发明。事实上，事实由发明而来，并非靠着科学，而是靠着16世纪的欧洲立法系统。在法庭上，律师必须把众人同意的观察制定为之后不能改变的证据。科学采用了这项实用的创新。过了一段时间，可以用来排列知识的新奇方法增加了。把新信息和旧知识建立关联的复杂机构便是我们口中的科学。

科学方法并不是一个统一的“方法”，而是集合了已经进化好几个世纪的技巧和过程（并且还会继续进化）。每个方法都是一小步，逐渐提高社会中知识的一致性。科学方法中少数发展性较高的发明物包括：

公元前280年　将书籍编目的图书馆（位于埃及的亚历山大港），可用索引来搜寻有记录的信息

1403年　众人合力写成的百科全书，集合许多人的知识

1590年　培根使用的控制实验，改变测试中的一个变量

1665年　必要的重复性，罗伯特·玻意耳认为实验结果必须能够重复，才算有效

1752年　同行评审的期刊，为共享的知识加上一层确证和批准

1885年　盲目随机的设计，用来减少人类偏见；随机性是一种新的信息

1934年　可以否定的可检验性，卡尔·波普的概念，有效的实验都必须有种能让实验失败的方法，而且这种方法可以通过检验

1937年　受控制的安慰剂，让实验更加精细，消除参与者有偏

见的知识可能带来的影响

1946年　计算机仿真，创造理论和产生数据的新方法

1952年　双盲实验，更进一步改善、消除实验者的知识可能带来的影响

1974年　综合分析，在指定领域中，对之前所有的分析进行第二级分析

这些指标性的创新携手创造出现代的科学研究方法。（先后次序或许会有点不同，但我不在意，因为就本书目的而言，确切的日期并不重要。）今日的典型科学发现要依赖事实和可以否定的假设，在能重复、受控制的实验中接受测试，或许也有安慰剂和双盲控制，并在经过同行评审的期刊中发表，在放了相关报告的图书馆中加上索引。

科学方法跟科学本身一样，是累积而成的结构。新的设备和工具增加了组织信息的新方法。最近的方法以早期的技术为基础。科技体不断增加事实间的连接，及想法之间更复杂的关系。这短短的时间轴让我们清楚看到，在我们心目中认为“就是”科学方法的许多重大创新都是最近出现的。比方在经典的双盲实验中，受试者和测试者都不知道用了什么治疗法，这种实验方法到20世纪50年代才发明出来。20世纪30年代，才开始有人用安慰剂。很难想象今日的科学没了这些方法会变成什么样。

这些最近出现的方法让我们疑惑接下来会发明哪些“必要的”科学方法。科学的本质仍在流动；科技体正在快速发现增加知识的新方法。考虑到知识加速、信息爆炸和进步的速度，在接下来的50年内，科学过程的本质会经历的变化将会超过过去400年来的演变（几个可能出现的新方法：纳入负面结果、计算机验证、三盲实验、维基日志）。

科技位于科学自我修正的核心。新工具让我们有新方法来发现，并用不同的方法组织信息，称为组织知识。科技创新出现后，人类知识的结构也会进化。科学的成就在于发现新事物；科学的进化是为了用新方法组织发现的成果。工具的组织本身也是一种知识。目前，随着通信科技和计算机的进步，我们得到新的学习方法。科技体的轨道向前推，更进一步组织我们产生出来的大量信息和工具，让人造的世界更结构化。

进化能力

自然进化是调适系统（此处指生物）寻找新生存方式的方法。生物尝试了不同大小的细胞、圆形或长形的躯干、缓慢或快速的代谢、去掉腿或装上翅膀。许多生命形成仅存活了很短的时间。但过了无数的岁月后，生物系统选定了非常可靠的形式，比方说球形的细胞或DNA染色体，奠定了稳定的平台，能够实验更多的创新。进化会寻找能让搜寻游戏不断进行的设计。因此，进化也要进化。

进化的进化？听起来像是废话。乍看之下，这个想法有点矛盾（自我抵触）或冗赘（不必要的重复）。但再仔细看看，“进化的进化”并不比“网络的网络”冗赘，而后者正是互联网。

生物持续进化了40亿年，因为生物发现了可以提高进化能力的方法。一开始的时候，有可能出现的生物并没有多大的空间。变化的余裕很小。比方说，早期的细菌能改变基因、变化基因体的长度，以及和其他细菌交换基因。进化了几十亿年后，细胞仍能变化和交换基因，但也能重复整个分子（比方说昆虫一节一节重复的肢体），也能管理自己的基因体，关闭或打开特定的基因。进化中出现有性生殖后，细胞基因体里的整个基因

“词”能够用混搭的方法重新组合，比一次单单改变一个基因“字母”更快达成改善的目的。

在生物刚开始出现时，分子必须接受自然的选择，之后选择的对象变成整体的分子，最后则是细胞及细胞群体。到了最后，进化从总体中挑选生物，偏好适应力最强的。因此生物出现了几十亿年后，进化的焦点向上移到更复杂的结构上。也就是说，过了一段时间，进化过程变成许多不同的力量聚集在一起，在不同的层次发挥作用。进化系统的窍门慢慢累积下来，获得了形形色色适应和创造的方法。想想看，要是有种生物能自由变化形体，在变化时也改变周围的区域，谁能跟得上这样的变化？如此一来，进化从自身获得力量，从不停止自我改变。

但上述说法无法抓住这个趋势的精髓。没错，生物得到了不止一种的适应方法，但实际上改变的却是生物的进化能力，也就是创造变化的习性和灵活度。或可说是生物的易变化性。进化的聚合过程正在进化，也进化出更高的进化能力。进化能力提升，有如在电动游戏中找到升级的门户，进入更复杂、速度更快的等级，还充满了预料不到的力量。

拿鸡来打个比方好了，自然生物就是基因能繁殖出更多基因的机制。从基因自私的观点来说，能产生并存活的生物（鸡群）数目越多，这些基因就越普及。我们可以把生态系统看作进化自行传播和成长的工具。少了为数众多的多样化生物，进化就无法进化出更高的进化能力。因此进化产生了复杂度和多样性，还有数百万种生物，以便为自身提供原料和空间，进化成更强大的进化工具。

“某物要如何在这个环境中生存？”如果把每一种生物都想成这个问题的答案，进化就成了公式，提供用物质和能量来赋予形体的具体答案。我们或许会说，进化是寻找生命解答的方法；不断尝试各种可能，借此寻找出最有效的设计。

从开始到现在的40亿年间，进化用来寻找解答的诀窍没有一种能超越头脑。人类和其他生物的知觉能力给予生物极快速的方法学习和适应。听起来应该不奇怪，因为智力的发展是为了找到答案，而找到答案的关键或许是要用什么方法学得更快更好，才能生存下去。如果头脑适合用于学习和适应，那么学习如何学习，会加快你的学习速度。因此生物有了知觉，进化能力也能大大提升。

进化能力不断扩展，最近的延伸则是科技。人脑会探索可能性的空间，改变搜寻解答的方法，用的就是科技。过去一百年来科技在地球上带来的变化就跟生物在过去10亿年带来的变化一样多，这种说法早就是老生常谈了。

说到科技，我们可能会想到烟囱和闪烁的灯光。但长期而言，科技只是进化的进一步进化。科技体延续了40亿年来不断追求更高进化能力的力量。科技体在宇宙中发现了全新的形式，例如生物进化无法发明的轴承、无线电和激光。同样地，科技体也发现了全新的进化方式，是生物无法达成的。进化改变了生物，同样地，科技进化利用其多产的力量，进化得更广更快。“自私”的科技体产生出数百万种器具、技术、产品和精巧的发明，以便有足够的原料和空间来继续进化自身的进化能力。

进化的进化就是变化的二次方。现在大家都由衷感受到，科技变化如此快速，我们根本想象不到30年内会发生什么事，更不用说100年了。有时候我们觉得科技体像个黑洞，充满不确定性。但人类已经体验过好几次类似的进化变革。

我在前面说过，第一次是语言的发明。语言让人类放下进化的重担，脱离遗传特征的束缚（对其他大多数生物来说，遗传特征是唯一的进化学习路线），让语言和文化流传人类共同学习的结果。第二项发明则是书写，让想法更容易传播到不同的时空，改变人类学习的速度。解决方法可以保存在耐用的纸张上，传送到其他地方。人类进化因此大幅加速。

第三项变迁是科学，或者应该说是科学方法的结构。这项发明让更伟大的发明得以出现。不再仰赖随意的成功概率或不断尝试和接受错误，科学方法有条不紊地探索宇宙，有系统地发表新奇的想法。通过科学方法，发现的速度没快上100万倍，起码也快了1000倍。科学方法的进化让我们现在能享受到呈指数级成长的进步。毫无疑问地，科学揭开了新的可能，以及发现可能性的新方法，光靠生物或文化进化就做不到。

但在同时，科技体也加快了人类生物进化的速度。在人口密集的城市中，人口增加也造成疾病感染上升，加快了生理适应的速度。人类很聪明，到处移动，能够选择的对象也更多。新型食物也加快人体的进化。比方说，等到人类成功驯养草食性动物后，成人可以喝牛奶，而且这种能力快速地进化和传播。今日，根据人类DNA突变的研究，跟农业社会出现前比起来，我们的基因进化速度是以前的100倍。

光在过去几十年，科学又进化出另一种进化方式。我们深入人体，去调整最重要的开关。人类大胆拿自己的原始码做实验，包括让脑部发育和心智成长的代码。基因重组、基因工程和基因疗法让人类能够直接控制基因，为达尔文进化论40亿年来的霸权画下休止符。现在人类也能传承养成的与想要的特质。缓慢进化的DNA再也无法主宰科技体。这全新的共生进化带来的结果无边无际，让我们哑口无言。

同时，每一项科技创新都会为科技体创造新的机会，改变成新的模样。科技带来的每一种新问题也会创造机会，让新的解决方法出现，还有找到这些解决方法的新途径；这也是一种“文化革命”。在科技体扩张时，也会加快与生命同时出现的进化速度，因此现在会进化出自我改变的想法。这不只是世界上最强大的力量，进化的进化是宇宙间最强的力量。

越来越多的机会、乍现的事物、复杂度、多样性等等这些铺天盖地的挥击提供了一个答案，告诉我们科技往何处去。在比较小的日常规模上，不可能预测出科技的未来。我们很难过滤掉商业贸易不时发出的噪音。要推断历史的趋势，就要追溯到数十亿年前的一些例子，看看这些趋势如何穿越今日的科技，或许更有机会找到答案。这些趋势很微妙，轻推科技慢慢朝着一个方向移动，即使一下子过了一年的时间，也看不到明显的变化。

科技移动得如此之慢，是因为它的驱动力量并不是人类活动。相反地，这些趋势是科技体的系统纠结产生出来的倾向。趋势的动力宛若月球的引力，微弱却持续不懈，几乎感觉不到最后却能拉动海洋。过了数代之后，这些趋势变成人类热衷的事物、一时的风尚和财务趋势搅动的噪音，朝着某些根深蒂固的方向推拉科技。

这些科技趋势并非曲折向着既定的未来前进，可以想象成从现在向外爆发的箭头。太空正朝着所有的方向向外扩展，放大宇宙，这些越来越强的力量也一样，像是膨胀的球体，在扩展时创造出领域。科技体是剧增的知识、组织、复杂度、多样性、知觉、美和结构，在扩展的同时不断自我改变。

这种自我加速的现象令人振奋，就像神话中的衔尾蛇，咬住自己的尾巴，把自己翻开来。充满了矛盾，也充满了承诺。的确，不断扩张的科技体，包括其宇宙轨道、永不止息的重新发明、必然性、自行繁殖，从一开始就不受到任何限制，并且召唤我们参与这场无止境的游戏。

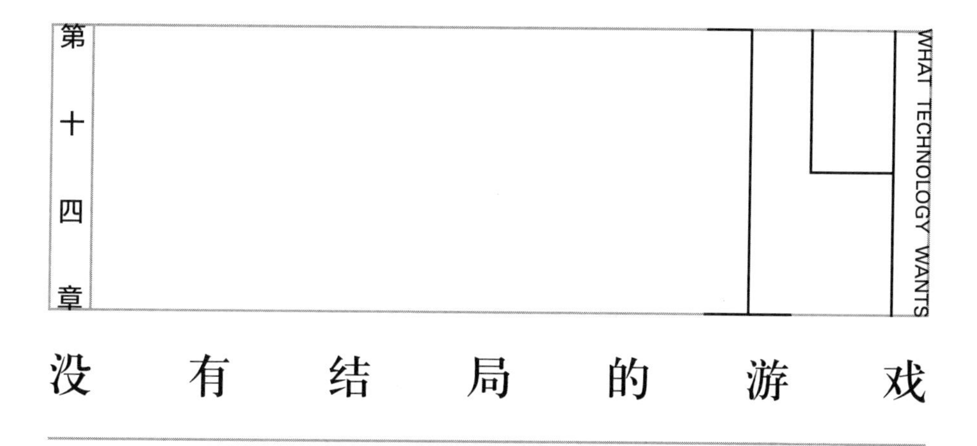

没有结局的游戏

科技召唤我们，但科技要给人类什么东西？在科技漫长的旅程中，我们能得到什么？

梭罗隐居在瓦尔登湖的时候，发现附近有工程师沿着火车轨道建造长途电报的缆线，他心想，不知道人类是否真有那么重要的事情要传达，需要工程师付出这么多精力。

从自家在肯塔基州的农场，贝瑞看到蒸汽引擎等科技接手了农夫的人力工作，他想，不知道机器要教人什么："19世纪的人认为机器是股道德力量，会让人变得更好。蒸汽引擎要怎么让人变得更好？"

很好的问题。科技体正在重新发明我们，但复杂的科技真能让人类变得更好吗？不论在何处，人类思维展现出来的样子能改变人心吗？

有一个答案或许能得到贝瑞的赞同，即法律下的科技让人变得更好了。法律系统让男男女女都要负责，促使他们走向平等，遏制令人不快的冲动并且培养信任。西方社会以详尽的法律系统为基础，和软件没什么两样。这个系统是一组复杂的代码，不在计算机上运作，而是运行在纸上，慢慢计算出公平度和制度（在理想的情况下）。这就是一项让人类变得更好的科技；但事实上，没有什么能让我们变好。我们不能被强迫去做好事，但我们可以得到机会。

我觉得贝瑞无法欣赏科技体的礼物，因为他对科技的想法太狭隘了。他只能想到冰冷、坚硬的东西，例如蒸汽引擎、化学物和硬件，这些东西尚未成熟，之后还会有更自然的版本。从更广的角度来看，蒸汽引擎只占整体的一小块，能与人同乐的科技真的会让我们变得更好。

科技如何让人变得更好？只有一个方法：提供机会给每一个人。有机会胜过个人与生俱来的独特天赋、有机会听到新的想法和新的意见、有机会变得和自己的父母不一样、有机会独力创造出作品。

我要先站出来补充一句，不论在什么样的情况下，光靠着这些可能发生的事，并不足以为人类带来快乐，更不用说变好了。有了价值观的引导，选择才能发挥最高的成效。但是，贝瑞似乎认为，有了精神上的价值观，甚至不需要科技就能感到快乐。换句话说，他的问题是，要让人类变得更好，真的需要科技吗？

因为我相信科技体和文明都扎根在同样自给自足的宇宙趋势里，我想另一个问法是：人类要进步，真的需要文明吗？

追踪科技体的完整进程时，我可以斩钉截铁地说：需要。人类进步需要科技体。不然我们要如何改变？特殊的一小群人可能会发现修道院里的小房间或池塘旁边隐士的小屋中有限的选择，或四处流浪的大师刻意加以限制的视野，会成为进步的理想路线。但在历史上大多数的时刻，大多数人看到丰富文明中累积起来的可能性才会让他们变得更好。这就是为什么我们创造出文明/科技。这就是为什么我们有工具。科技和工具带给我们选择，包括变好的选择。

没错，没有价值观的选择无法产生更高的效益，但没有选择的价值观也一样无趣。科技体已经赢得一系列完整的选择，我们需要这些选择来释放人类的潜力。

科技让每个人都有机会可以明白自己的身份，更重要的是我们能变成什么样的人。每个人终其一生都会获得个人独有的一组潜能、灵活的技巧、未成熟的洞察力和别人无法分享的潜在体验。就连共有DNA的双胞胎也不会有一模一样的生活。尽可能放大自己的才能时，你就会发光，因为其他人都没有你的能力。全力发挥独特的技能组合，没有人能模仿你，那就是你最受人重视的地方。把才能释放出来，并不表示你能去百老汇唱歌、参加奥林匹克运动会，或者赢得诺贝尔奖。这些备受瞩目的角色只是三种成为明星的老掉牙的方法，经过精心设计，是受到限制的特殊机会。流行文化误把明星角色当成成功人士的命运。事实上，这些地位和明星身份可能会变成监牢，别人胜出的方式反而变成你的束缚。

在理想的情况下，每个来到这世界上的人，都会找到适合自己的定位。一般对机会的看法并非如此，但这些让人有所成就的机会叫作“科技”。琴弦振动的科技为小提琴音乐名师创造了可能性。数个世纪以来，油画和帆布的科技释放了画家的天赋。胶卷的科技创造出电影奇才。书写、立法和数学等软性科技都扩展了我们创造和做好事的潜能。因此在我们的一生当中，我们不断发明，创造出别人还能延伸利用的新作品，我们（可能是朋友、家人、宗族、国家和社会）能直接启发其他人，让他们的才华登峰造极；或许不会变成名人，而是在个人独特的贡献上无人能比。

然而，如果我们无法放大其他人的机会，就会缩减他们的机会，这是不可原谅的缺失。因此，为其他人扩展创造力，是我们的责任。我们扩展科技体的机会，发展出更多科技，用更多共荣同乐的方法表现科技，就能扩展其他人。

要是人类史上首屈一指的教堂建筑大师生活在现代，而不是一千年前，他仍会找到好几座正在建造中的教堂，让他的骄傲变得更醒目。仍有人写十四行诗，仍有人在手稿中加上装饰画。但要是在弗兰德人发明大键琴的前一千年，巴赫就已经出生，想想看我们的世界将变得多贫乏？万一莫扎特比钢琴和交响乐更早出生呢？如果在便宜的油彩发明前五千年，梵高就来到这个世界上，人类的集体想象力会变得多么空洞？如果爱迪生、格林和迪克森在希区柯克和卓别林长大前尚未发展出电影科技，现代世界会变成什么样？（见图14-1）

图14-1 缺失的科技。没有科技的参与，坐在钢琴前的神童莫扎特就成了虚构的神话，摄影机前的阿尔弗雷德·希区柯克也无所适从，我的儿子迪文注视着的将是一片空白。

跟巴赫和梵高一样的天才，他们的天分扎根所需的科技还没出现，就离开人世，这样的人有多少？有多少人还没碰到他们或许能大放异彩的科技就去世了？我有三个孩子，虽然我们尽量提供机会给他们，他们的终极潜能或许仍会受到挫折，因为适合他们才能的理想科技还没发明出来。今日有个天才，可以说是我们这个时代的莎士比亚，但她的杰作不会为社会拥有，因为能彰显她伟大的科技尚未诞生（《星球大战》中的全像甲板、虫洞、心电感应、魔幻画笔）。这些可能的科技尚未制造出来，她就得不到该有的声誉，影响所及，所有人的力量都跟着缩减了。

在历史上随时可见的情况是，一个人独特的天赋、技能、洞察力和经验的组合找不到出口。如果你父亲是烘焙师父，你也多半是烘焙师父。科技扩展了空间的可能性，同时也扩展了个人为自身特质找到出口的机会。因此我们要负起道德责任，增加最好的科技。放大了科技的种类和可及范围，除了为自己和其他同时代的人增加选择，在接下来的世代，科技体变得更复杂更美好的同时，也给子孙后代更多的选择。

世界上的机会增加了，就有更多人能来制造更多的机会。那就是自主创造奇妙的循环，让下一代不断强过自己。手中的每项科技都代表文明（所有活着的人）得到另一种思考方式、对生活的看法和选择。实现出来的想法（科技）放大了我们必须在其中建构生活的空间。轮子这种简单的发明释放了数百种相关的新想法。从轮子发展出马拉运货车、制陶转轮、转经桶和齿轮。这些发明又启发了数百万有创意的人去释放更多想法。在过程中很多人透过这些工具写出了他们的故事。

这就是科技体的意义。能让个人发出和参与更多想法的东西、学识、做法、传统和选择累积下来，就变成了科技体。8000年前，从人类最早定居的流域开始的文明可以当成一个过程，随着时间累积给下一代可能性和机会。今日担任零售业店员的普通人所继承的选择比古代的君王更多，而古代的君王所继承的选择又比之前只求生存的游牧民族更多。

我们会积聚可能性，这么做是因为宇宙本身也在经历类似的扩展。人类知识所及的范围内，宇宙一开始只是一个没有明显特征的小点，慢慢展开成复杂的细微差别，也就是我们口中的物质和实境。过了几十亿年，宇宙创造出元素，元素生出分子，分子组成银河，各自放大了可能性的范围。

宇宙从空无一物到丰富的有形，这段旅程可以说是自由和选择的扩展，也展现出了可能性。一开始是没有选择，没有自由意志，除了空无什么也没有。大爆炸以后，物质和能量可能的排列方式越来越多，最后透过生命的过程，有可能的行动也享有更高的自由度。想象力出现后，就连可能性也变多了。仿佛整个宇宙就是自行组合的选择。

一般来说，科技的长期趋势让创造选择的人工制品、方法和技巧变得越来越多样化。进化的目标就是要让可能性的游戏一直玩下去。

开始写这本书的时候，我想要找到一个方法，或起码能够了解如何引导我在科技体中的选择。我需要更广阔的视野，才能选择可以带给我更多利益，但要求更少的科技。我的目标事实上要调和科技体的自私本质和慷慨本质，前者对自我需求更高，后者会帮我们更通晓人性。透过科技体的眼睛看世界，我越来越能领会科技体自私的自主权高到何种令人难以置信的地步。科技体内在的动力和方向比我一开始猜想的更深刻。同时，从科技体的眼睛看世界，也让我更能欣赏科技体能够变换形体的正面力量。没错，科技得到了自主权，会逐渐放大自身的目标，但这个目标包括为人类放大可能性，这也是科技体最重要的成果。

因此我得出结论，科技这两面性之困境无可避免。只要科技体存在（只要地球上有人在，科技体也必须存在），科技体给我们的礼物和对我们的要求之间的这种力量就会继续缠住我们。3000年后，大家都有了个人飞行器和空中飞车，科技体增长和人类增长之间固有的这种矛盾仍会让我们苦苦挣扎。这持久不衰的力量又是科技的另一面，我们必须接纳。

举例来说，我学会了为自己寻求最少量的科技，同时能为自己和其他人创造出数目最多的选择。控制论专家海因茨·冯·福尔斯特把这个做法称为“伦理规则”，并且解释说：“行动一定要增加选择的数目。”我们可以利用科技来为其他人增加选择，比方说提倡科学、创新、教育、识字率和多元论。就我自己的经验来说，这项原理从不失灵：在游戏中，增加你的选择。

宇宙中有两种游戏：有限游戏和无限游戏。玩有限游戏是为了要赢。纸牌、扑克牌、机会游戏、赌博、足球等运动，大富翁等桌上游戏，马拉松、拼图、俄罗斯方块、魔术方块、拼字游戏、数独、魔兽世界和最后一战等在线游戏，都是有限游戏。游戏结束时，一定有赢家。

无限游戏则要一直玩下去。没有赢家，因此不会终止。

有限游戏需要保持不变的规则。如果在玩的时候规则改变了，游戏就失败了。在玩游戏时改变规则非常不公平，因此不可原谅。所以，在有限游戏中，大家很努力地事先明确规则，在玩游戏时坚持规则。

然而，无限游戏要玩下去，就只能改变规则。要维持无限性，游戏必须“玩弄”规则。

棒球、国际象棋或超级玛丽等有限的游戏一定要有空间、时间或行为的界限。这么大，这么长，这么玩，或不可以那么玩。

无限游戏没有界限。詹姆斯·卡斯在他杰出的著作《有限与无限的游戏》中发展出这样的想法，他说：“有限的玩家在界限内玩游戏；无限的玩家玩弄界限。”

进化、生命、心智和科技体属于无限游戏。玩法是要让游戏一直继续下去。要让所有玩游戏的人玩越久越好。操弄游戏的规则就可以达成这个目的，所有无限游戏都采取这个方法。进化的进化就是那种游戏。

未经改革的武器科技产生有限的游戏。这些科技制造出赢家（和输家），并去掉选项。有限游戏充满戏剧性，比方说运动和战争。如果两个人在打架，跟两个人相安无事比起来，打架可以让我们想到数百个更刺激的故事。但两人打架相关的刺激故事若有上百个，结局却只有一个，一个人死掉或两个人死掉，除非在某一点他们转变了，愿意携手合作。然而，关于和平的故事没有结局。它可以引发出上千个出乎意料的故事；或许两人变成伙伴，建造新城镇、发现了新元素或写出了惊人的剧情。他们的创造会变成未来故事的大纲。两人开始了无限游戏。和平降临在世界各地，因为有了和平才能生出更多的机会，有限游戏与无限游戏不一样，含有无限的可能。

在生活当中（包括生活本身），我们最爱的就是无限游戏。玩起生命的游戏，或说是科技体的游戏，目标并未固定，不知道规则，规则也一直在变化。要怎么进行？增加选择，就是很好的选择。个人和社会都会发明方法，产生出大量新的好机会。好机会可以生出更多好机会……在自相矛盾的无限游戏中不断延续下去。最佳的“无限制”选择能够带来最多后续“无限制”的选择。不断循环的体系就是科技的无限游戏。

无限游戏的目标在于，持续玩下去，这时需要探索每种玩游戏的方法，纳入所有的游戏和所有能参加的玩家，扩大游戏的意义，花掉所有的资源，什么都不储存下来，在宇宙间播下种子，萌发出未必能成真的玩法，如果有可能，还要胜过之前的一切。

库兹韦尔是位多产发明家、科技狂热分子和无神论者，他在神话般的著作《奇点临近》中宣布：“进化朝着更高的复杂度、优雅度、知识、智力、美感、创造力和更高度的细致属性（例如爱）前进。在“一神论，的传统中，也同样把‘神’描述成具备所有这些特质，只是没有限制……因此，进化毫不宽容地朝着这个对‘神’的概念前进，只是一直无法达到这个理想。”

如果有神，科技体的弧线就会把目标对着“神”。我要再说一次这条弧线的伟大故事，最后一次简要叙述，因为弧线的目标超越了我们的理解能力。

大爆炸发生时，不明显的能量在宇宙空间扩张后冷却下来，结合成可以测量的实体，过了一段时间后，粒子浓缩成原子。进一步的扩张和冷却后，复杂的分子得以成形，自行组合成会自我繁殖的实体。时钟指针每滴答一下，这些初期的生物就增加了复杂度，并加快了改变的速度。在进化的时候，继续堆积不同的方法来适应和学习，直到最后动物脑产生了自觉。这种自觉培养出更多头脑，整个宇宙的头脑联合起来超越了之前一切的限制。集体头脑的命运就是，要往所有的方向扩展想象力，直到再也不孤单，反映出无限。

甚至还有现代学者假设神也会改变。这种神学叫作“历程神学”，它并不想钻牛角尖，它把“神”描述成一个历程，可以说是完美的过程。在这套神学理论中，“神”离我们不是很远、很伟大的白胡子翻修天才，而是持续的变迁，一种运动，一个过程，基本上从无开始成形。生命、进化、心智和科技体持续不断、自我组织的易变性反映出神的形成。把“神”当成动词，就能解开一组规则，展开成无限游戏，一场会持续循环回原点的游戏。

我在书末提到“神”，因为说到自动创造却不提到“神”，也就是自动创造的模范，似乎不公平。由之前的创造触发的一连串无止境的创造，只有一个替代方案，就是从自我肇因中浮现的创造。最初的自我肇因史无前例，先制造出自我，然后才制造出时间或空无，那才是神最符合逻辑的定义。把神想象成易变的样子，并无法脱离影响到所有自组织层次的自我创造所包含的矛盾，而是欣然接受所有的矛盾，认为它们是必然出现的。不管是不是神，自我创造都是一个谜。

从某种意义上来说，这本书的重点放在持续的自我创造上（不一定考虑到最初的自我创造）。这里的故事告诉读者，我们现在能在科技体中看到越来越高的复杂度、扩展中的可能性和越来越普及的知觉，相关的自主性不断增生，背后驱动的力量从一开始就在几乎看不见的一小点之中，现在这流动的种子已经开展，理论上来说，这种开展的模式会不断显露出来，也会延续很长的一段时间。

我希望通过这本书告诉大家，有一条很独特的自我繁衍线把宇宙、生物圈和科技圈绑成同一项创造。生命不是奇迹，而是物质和能量必然的结果。科技体不是生物的敌人，而是生物的延伸。人类不是这条轨迹的顶点，而是自然和人为之间的中间点。

几千年来，人类曾在生物世界中探索创造的本质有哪些线索，也曾探索过有没有创造者。生命反映出神性。尤其是人类，注定要按着神的形象被创造出来。但如果你相信人是用神（自动创造者）的形象被创造出来的，那我们的表现还不错，因为我们也刚刚赋予生命给自己的创造：科技体。很多人（包括很多相信神的人）会觉得这个说法太傲慢。看看之前的历史，就会觉得我们的成就微不足道。

“把目光从银河中移开，看向人类身上那一大群努力不懈的细胞，以达成某些不可能的任务，让我们回望人类，这些穿过冰河世代的自我制造者，望向镜子和科学的魔法。当然他并不只想看到自己或他野性的面容。他来，因为他心中渴望聆听，要寻找已经超越他的领域。”这段话引述自人类学家和作家劳伦 · 艾斯礼，他不断思考到目前为止他所谓“无垠的旅程”。

恒星超越一切的无限性严峻地告诉我们，我们什么也不是。要和5000

亿个银河争论并不容易，何况每个银河中都有10亿颗星。我们在这没有终点的宇宙中，在黑暗的角落里快速眨眨眼，完全不会对宇宙造成任何影响。

然而，在广大星际的某个角落，有东西正在奋力供养自己，确实能自给自足，从而驳斥了宇宙虚无主义。除非整个宇宙及物理学定律给予鼓励，不然最小的思维便无法存在。一个玫瑰花苞、一张油画、一列奇装异服走在砖路上的人、一片闪着光等待输入的屏幕，或一本描述人类创造本质的书，这些东西的存在都需要适合生命的特质被深深植入原始的存在定律。弗里曼·戴森说："宇宙知道我们会出现。"如果宇宙定律倾向于先制造出一比特的生命、心智和科技，然后又多一比特，我们浩瀚无边的旅程便是一丝丝细微、不太可能发生的事件堆栈成的一连串的必然。

科技体便是宇宙设计出的自我察觉的方式。卡尔·萨根的说法令人难忘："我们是星尘，反复思量着我们的母体，也就是恒星。"但到目前为止，人类伟大的、无边无际的旅程并不是从星尘成形到产生知觉的漫长跋涉，而是眼前无限的旅程。过去40亿年来，复杂度和无限度创造的弧线和眼前的一比，根本不算什么。

宇宙大多空空荡荡，因为宇宙等着要被生命和科技体的产物填满，还要填入问题和疑难，以及我们所谓的共知，意思是人类共享的知识，也就是片段与片段之间越来越浓厚的关系。

不管喜不喜欢，我们都站在未来的支点上。我们要为地球上不断向前的进化负某种程度的责任。

大约2500年前，在一段相当紧凑的时间内，人类的主要宗教纷纷兴起。孔子、老子、佛陀、袄教创始人琐罗亚斯德、《奥义书》的作者以及犹太教的长老彼此相隔不到20代。在那之后出现的主要宗教只有少数几个。历史学家把这段全球变化纷起的时间称为"轴心时代"。仿佛地球上所有人都同时觉醒，一瞬间全都在寻找他们神秘的起源。有些人类学家相信，世界各地大规模的灌溉和供水系统让农业创造出过剩的富饶，因此促成了轴心时代。

如果有一天，看到科技的洪流推动了另一次“轴心时代”的觉醒，我并不觉得意外。人类能不能创造出这样的机器人，他效用十足却又不会阻碍我们对宗教和神的看法？我觉得很难相信这一点。有一天我们会制造出其他的头脑，也会因此大吃一惊。这些头脑会想到我们从未想象到的事物，如果我们赋予这些头脑完整的形体，它们会自称是神的子民，那时我们该说什么？改变了血液中的基因，不会重新定义灵魂的意义吗？穿越到量子领域中，同样的物质可以同时存在于两个地方，那时我们还能不相信有天使吗？

放眼未来：科技正把地球上所有生物的头脑联结在一起，以电子神经构成、不断振动的斗篷包住整个世界，布满各大陆的机器彼此对话，整个群体透过百万架相机每天刊登出来的资料观察自己。人心能敏锐地察觉到比我们更大的事物，这怎么能不让那个器官怦然跳动呢？

风吹草长，自有历史以来，人类就坐在野外的树荫下寻求启蒙，希望能看见神。他们在自然世界中寻找人类起源的蛛丝马迹。在蕨类植物和鸟羽构成的虚华外表下，他们找到无限本源的幻影。就连不求神拜佛的人也会研究，在生物不断进化的世界中搜寻线索，想明白我们为什么在这里。对大多数人来说，自然是令人感到快乐的长期机遇，或详尽地反映出其创造者。就后者而言，每个物种都能解读成与神长达40亿年的邂逅。

然而，手机似乎比树蛙反映出了更高的神性。手机延伸了树蛙40亿年来的学习，增添了60亿个人脑无穷无尽的研究。有一天，我们可能会相信，人类所能制造出同乐性最高的科技并不会证明人的心灵手巧，而是“神存在的证据”。科技体的自主性上升，我们对人造事物的影响则会衰退。科技体会依循自身从大爆炸时就出现的动力。新的“轴心时代”来临，很有可能最伟大的科技成品在众人眼中会变成神的写照，跟人没有关系。除了在红杉树林中灵修，已有200岁的网络构成的迷宫，也会让我们臣服其下。横跨两个世纪累积下来的逻辑错综复杂、深不可测，仿自雨林的生态系统，由数百个活跃的人工脑袋编织在一起，成果非常美好，说的话跟红杉树林一样，只是声音更响亮更有说服力：“早在你们出生前，我就已经存在。”

科技体太小了，不是神，也不是乌托邦。甚至没有实体。科技体才刚开始形成，但包含的善早已超越我们所知的一切。

科技体扩展了生物基本的特质，同时也扩展了生物基本的善。越来越高的多样性、对知觉的寻求、从一般移向不同的长期趋势、能产生自身新版本的必要（也是矛盾的）能力、永久参与无限游戏，都是生物最重要的特质，也是科技体的“需求”。或者该说，科技体的愿望跟生物的一样。但是科技体不会停下来。科技体也将扩展心智的基本特质，同时扩展心智的基本的善。科技强化了人脑想要让所有想法融合的冲动，加深了全人类之间的联系，会为世人提供所有想象得到的方法，也会更真切地领会无限。

没有人能突破人性的极限；没有科技能捕捉科技的所有承诺。要集合所有的生物、所有的头脑、所有的科技，才能让现实显露。包括我们在内的整个科技体必须全力以赴，才能发现必要的工具，流光溢彩、石破天惊。在这趟旅程中，我们产生了更多选项、更多机会、更多关系、更丰富的多样性、更强的一致性、更多思维、更高层的美好，还有更多问题。总和起来，善的层次提高了，无限的游戏值得我们玩下去。

这就是科技想要的。

致谢

这本书要给我的三个孩子：凯琳、婷婷、迪文。也要献给我的妻子嘉敏，在这条漫漫长路上，她付出的爱伴随着我的需要。

非常感谢企鹅出版社的保罗·斯洛瓦克，在这本书孕育的多年间一直给予支持。他从不放弃，而且他对书中想法非常热切，他是本书的催化剂。

保罗·图赫是我这辈子合作过的最棒的编辑，他是这本书不流于冗赘的救星；他把叙述文字简化成好读的样子，从杂乱的书稿雕塑出一本书来。本书的大纲和完稿都要归功给图赫。

卡米尔·克鲁堤耶是我的主要共同研究员。她的贡献不胜枚举：寻找专家、安排访谈、准备引用和章节、找到关键的图表、检查全书的论据、加注解、校对、管理所有的版本、汇编书目、确保软件不会当机，用尽全力确认我说的话都确切无误。

本书中提到的原创研究几乎全由研究员米歇尔·麦金尼丝负责。她在图书馆待了好几个月，又花了5年的时间在网络上搜寻出处。她的研究结果让本书的每一页都改善了。

总设计师和插画家乔纳森·科勒姆用他充满特色、极度清楚的风格画出书中的图表。精装本的书皮则由本 · 怀斯曼设计。

约翰 · 布洛克曼是非凡的顾问和经纪人，这是我和他合作出版的第六本书。没有他，我就别想出书了。

在幕后工作的还有莱特，他把访谈内容确切地誊写出来；教人写书的施瓦尔贝给了我几句充满禅意的话，在我停滞的时候提供非常有帮助的建议。瑞丝妮可负责本书排版，卡鲁斯有限公司负责编辑索引。

几位读者忍耐着看完了本书的初稿，提供了极有价值、充满建设性的意见回馈，他们是：米契尔、托德、施瓦茨、普拉特、劳埃德、伍尔夫和莱恩高德。

在研究过程中，我所认识的最聪明的人接受了我的访问、与我对谈或和我通信。下面按字母排列，这些专家为我的作品拨出宝贵的时间和洞察力。在传达他们的想法时若有任何不当之处，都应归咎于我。

感谢他们：

Chris Anderson　Gordon Bell　Katy Borner　Stewart Brand

Eric Brende David Brin　Rob Carlson　James Carse

Jamais Cascio　Richard Dawkins　Eric Drexler　Freeman Dyson

George Dyson　Niles Eldredge　Brian Eno　Joel Garreau

Paul Hawken　Danny Hillis　Piet Hut　Derrick Jensen

Bill Joy　Stuart Kauff man　Donald Kraybill　Mark Kryder

Ray Kurzweil　Jaron Lanier　Pierre Lemonnier　Seth Lloyd

Lori Marino　Max More　Simon Conway Morris　Nathan Myhrvold

Howard Rheingold　Paul Saffo　Kirkpatrick Sale　Tim Sauder
Peter Schwartz　John Smart　Lee Smolin　Alex Steffen
Steve Talbot　Edward Tenner　Sherry Turkle　Hal Varian
Vernor Vinge　Jay Walker　Peter Warshall　Robert Wright

凯文·凯利

延伸阅读

写作过程中我查阅了数百本书，以下这些书给了我最大的帮助，按重要顺序排列：

1.Autonomous Technology: Technics-Out-of-Control as a Theme in Political Thought. Langdon Winner. Cambridge: MIT Press, 1977.

就科技的自主权来说，温纳的概念和我最为接近，不过他的想法比我早了几十年。他得出的结论很不一样，也做了不少研究，我从他的著作中获益良多。他的写作风格也十分简练。

2.Technology Matters: Questions to Live With. David Nye. Cambridge: MIT Press, 2006.

针对科技体的范围、规模和哲学，提出最杰出最全面的概论。奈伊提供了丰富的学识，在这本好读的小书中审慎公平地介绍各种理论，也纳入许多范例。

3.The Nature of Technology: What It Is and How It Evolves. W. Brian Arthur. New York: Free Press, 2009.

在我读过的书里面，这本书对科技的描述最清楚，最注重实用。阿瑟把科技的复杂度降低到数学般的纯粹。同时他的观点也很仁慈，很巧妙。我百分之百同意阿瑟的看法。

4.Visions of Technology: A Century of Vital Debate About Machines, Systems, and the Human World. Richard Rhodes, ed. New York: Simon & Schuster, 1999.

在这本单册文选中，罗德斯收集了过去一百年来和科技相关的著作。评论家、诗人、发明家、作家、艺术家和平民百姓呈现出最值得引述的科技篇章和观点。我在这本书里找到了前所未见的深入观察。

5.Does Technology Drive History? The Dilemma of Technological Determinism. Merritt Roe Smith and Leo Marx, eds. Cambridge: MIT Press, 1994.

学术性相当浓厚的文选，历史学家想要回答书名中令人费解的问题。

6.The Singularity Is Near. Ray Kurzweil. New York: Viking, 2005.

我说这本书很像神话，是因为我觉得“奇点”是我们这一代的神话。虽然不太可能成真，但或许很有影响力。奇点的神话就像超人或乌托邦，这个想法一旦诞生就不可能磨灭，永远会有人重新解读。本书提出了这个持久的想法，不可不读。

7.Thinking Through Technology: The Path Between Engineering and Philosophy. Carl Mitcham. Chicago: University of Chicago Press, 1994.

好读易懂的科技历史，也是学校采用的教科书。

8.Life's Solution: Inevitable Humans in a Lonely Universe. Simon Conway Morris. Cambridge: Cambridge University Press, 2004.

这本书的组织很散漫，它有两个主题：进化会趋同，生命形式是必然的。作者是破解了伯吉斯页岩化石的生物学家，这些化石也是古尔德《奇妙的生命》一书中的主题，但两人的结论相去甚远。

9.The Deep Structure of Biology: Is Convergence Sufficiently Ubiquitous to Give a Directional Signal? Simon Conway Morris, ed. West Conshohocken, PA: Templeton Foundation Press, 2008.

来自许多不同学科的文选，主题是趋同进化。

10.Cosmic Evolution. Eric J. Chaisson. Cambridge: Harvard University Press, 2002.

作者为物理学家，认为进化出现在连续体上，而这连续体比生物还早出现，他的探索并未广为人知。

11.Biocosm : The New Scientific Theory of Evolution: Intelligent Life Is the Architect of the Universe. James Gardner. Makawao Maui, HI: Inner Ocean, 2003.

本书的中心思想非常激进（宇宙是生物），或许对大多数人来说都很不寻常，但绕着这个核心思想，本书提供了众多的证据，证明无生命宇宙、生命和科技圈之间有个连续体。就我所知，只有这本书涵盖的宇宙趋势跟我想要捕捉的一样。

12.Cosmic Jackpot: Why Our Universe Is Just Right for Life. Paul Davies. Boston: Houghton Mifflin, 2007.

戴维斯利用物理学的专业知识，把生命过程、心智和熵捆绑在一起。今日最具原创性的记者非他莫属，尽管钻研伟大的哲学问题很艰难，却仍能以实验科学结果为基础。他引领我走入存在的大规模结构中。这本书是他最新的作品，也是最完善的总结。

13.Finite and Infinite Games. James Carse. New York: Free Press, 1986.

在这本小书内读者能找到无穷无尽的智慧。作者是位神学家，你可能只需要读第一章和最后一章，但这样就够了。这本书改变了我对生命、宇宙以及万事万物的看法。

14.The Riddle of Amish Culture. Donald B. Kraybill. Baltimore: The Johns Hopkins University Press, 2001.

克雷比尔传达了阿米什人的矛盾，同时表现出客观的洞察力和由衷的同情心。他熟知阿米什人使用科技的方法。有次去拜访阿米什人的时候，他担任我的向导。

15.Better Off : Flipping the Switch on Technology. Eric Brende. New York: HarperCollins, 2004.

布仁德曾离开电网两年，住在靠近阿米什人小区的地方，这本书描述那两年的日子，令人耳目一新，想要一口气看完。想感受极简的生活形态，这本书就是最好的管道，让读者感受到温暖、气味和气氛。因为布仁德有科技背景，他早就预料到读者会有什么问题。

16.Laws of Fear: Beyond the Precautionary Principle. Cass Sunstein. Cambridge: Cambridge University Press, 2005.

预防原则缺点的案例研究，也提议另一个方法的架构。

17.Whole Earth Discipline. Stewart Brand. New York: Viking, 2009.

关于进步、都市化和保持警觉，我有不少的主题都由布兰德首开先例。这本书也盛赞工具和科技能够变化的本质。

18.Limited Wants, Unlimited Means: A Reader on Hunter-Gatherer Economics and the Environment. John M. Gowdy, ed. Washington, D.C.: Island Press, 1998.

包含许多学术论文，探讨人类学家惊人的研究，他们发现狩猎采集的生活形态并不如现代人认为的那么讨人厌。在读这本文选的时候，你的想法一定会改变很多次。

19.The Foraging Spectrum: Diversity in Hunter-Gatherer Lifeways. Robert L. Kelly, ed. Washington, D.C.: Simthsonian Institution Press, 1995.

可信赖的跨文化数据，说明狩猎采集的人实际上怎么消磨时间、热量和注意力。对农业社会前生活的经济和群居性提供了最佳的科学研究。

20.Neanderthals, Bandits, and Farmers: How Agriculture Really Began. Colin Tudge. New Haven: Yale University Press, 1999.

一本很大胆的小书，将农业诞生的理由总结到小小的52页里。浓缩了整座研究图书馆中的5册巨作，把精华提炼到一篇漂亮的论文里。我真希望我也能写这样一本很精彩的小书。

21.After Eden: The Evolution of Human Domination. Kirkpatrick Sale. Durham: Duke University Press, 2006.

揭示早在农业或工业出现前，早期现代人快速掌控环境和造成崩溃的过程。

22.The Ascent of Man. Jacob Bronowski. Boston: Little, Brown, 1974.

根据英国国家广播公司于1972年拍摄的同名电视系列节目，这本书给了我灵感，提供了关键的改变。布鲁诺斯基集宅男、诗人、神秘学家和科学家于一身，走在时代的前端。